高等院校数字艺术精品课程系列教材

AutoCAD 核心应用案例教程

AutoCAD 2019

全彩慕课版

卢声亮 孔小丹 主编 / 沈鸿才 高莹 董亚萍 郭静姝 副主编

人 民 邮 电 出 版 社
北 京

图书在版编目（CIP）数据

AutoCAD核心应用案例教程 ：全彩慕课版 ：AutoCAD 2019 / 卢声亮，孔小丹主编. -- 北京 ：人民邮电出版社，2023.3
高等院校数字艺术精品课程系列教材
ISBN 978-7-115-59937-7

Ⅰ. ①A… Ⅱ. ①卢… ②孔… Ⅲ. ①AutoCAD软件－高等学校－教材 Ⅳ. ①TP391.72

中国版本图书馆CIP数据核字(2022)第156217号

内 容 提 要

本书全面、系统地介绍了 AutoCAD 2019 的基本操作技巧和核心功能，具体内容包括初识 AutoCAD 、AutoCAD 2019 基础知识、绘图设置、基本绘图、高级绘图、编辑对象、文字与表格、尺寸标注、图块与外部参照、三维模型和商业案例实训等。

本书以课堂案例为主线进行讲解：软件功能解析可以帮助学生学习软件功能；课堂案例和课堂练习可以帮助学生熟悉软件操作技巧，掌握制作流程；课后习题用于提高学生的实际应用能力；商业案例实训可以帮助学生掌握商业图形的设计理念和制作流程，顺利达到实战水平。

本书可作为高等职业院校设计类专业 AutoCAD 课程的教材，也可作为 AutoCAD 初学者的自学参考书。

◆ 主　　编　卢声亮　孔小丹
副 主 编　沈鸿才　高　莹　董亚萍　郭静姝
责任编辑　王亚娜
责任印制　王　郁　焦志炜
◆ 人民邮电出版社出版发行　　北京市丰台区成寿寺路 11 号
邮编　100164　　电子邮件　315@ptpress.com.cn
网址　https://www.ptpress.com.cn
北京宝隆世纪印刷有限公司印刷
◆ 开本：787×1092　1/16
印张：13.75　　2023 年 3 月第 1 版
字数：354 千字　　2023 年 3 月北京第 1 次印刷

定价：79.80 元

读者服务热线：(010)81055256　印装质量热线：(010)81055316
反盗版热线：(010)81055315
广告经营许可证：京东市监广登字 20170147 号

PREFACE 前言

AutoCAD 简介

AutoCAD 是由 Autodesk 公司开发的计算机辅助设计软件，在土木建筑、环境艺术、室内装饰等设计领域都有广泛的应用。它功能强大、易学易用，深受建筑工程师、工业设计师、园林规划师、室内设计师及服装设计师的喜爱。

如何使用本书

第一步，了解基础知识，快速上手 AutoCAD 2019。

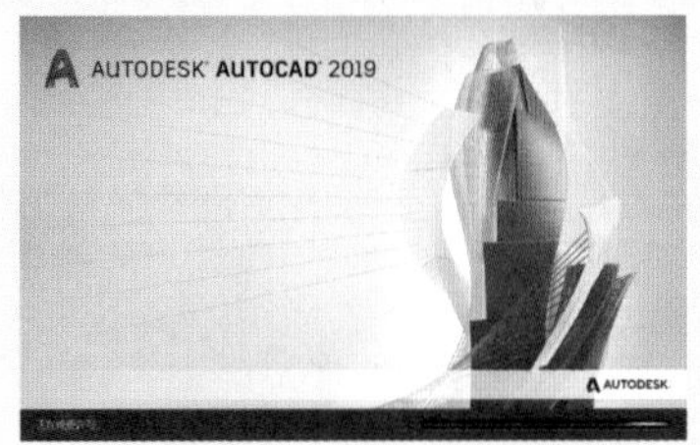

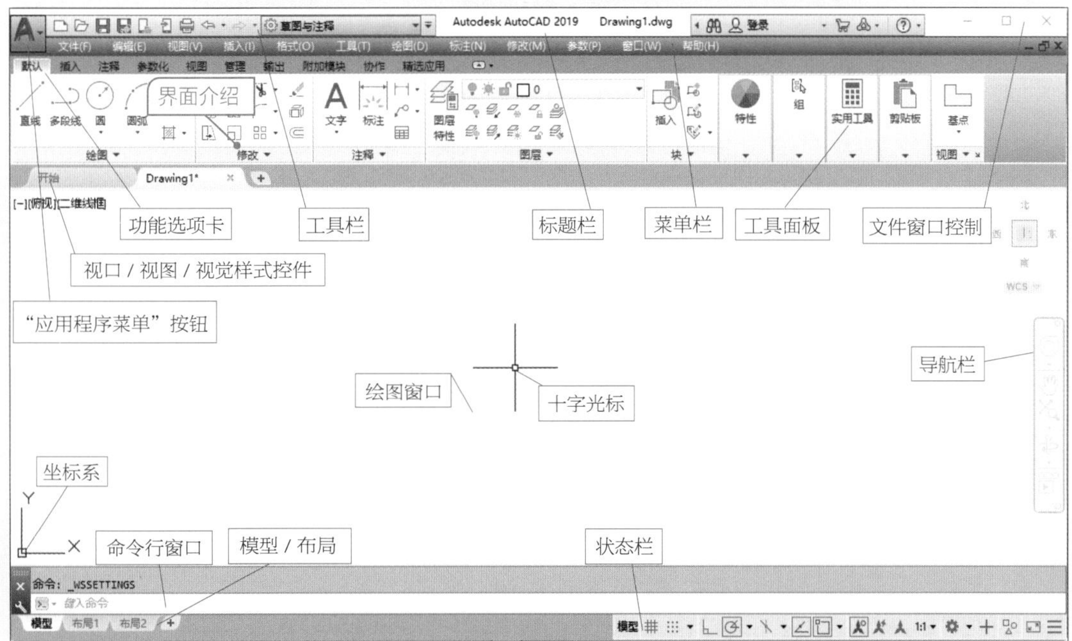

第二步，阅读课堂案例加软件功能解析，边做边学软件功能，掌握操作技巧。

5.1 绘制椭圆和椭圆弧

“基本绘图 + 高级绘图 + 文字与表格 + 尺寸标注 + 三维模型”五大核心功能

在工程设计图中，椭圆和椭圆弧也是比较常见的图形。在 AutoCAD 2019 中，可以利用“椭圆”命令和“椭圆弧”命令来绘制椭圆和椭圆弧。

5.1.1 课堂案例——绘制手柄

了解学习目标和知识要点

【案例学习目标】掌握并熟练使用“椭圆弧”命令。

【案例知识要点】利用“椭圆弧”“圆弧”命令绘制手柄，效果如图 5-1 所示。

【效果所在位置】云盘 /Ch05/DWG/ 绘制手柄。

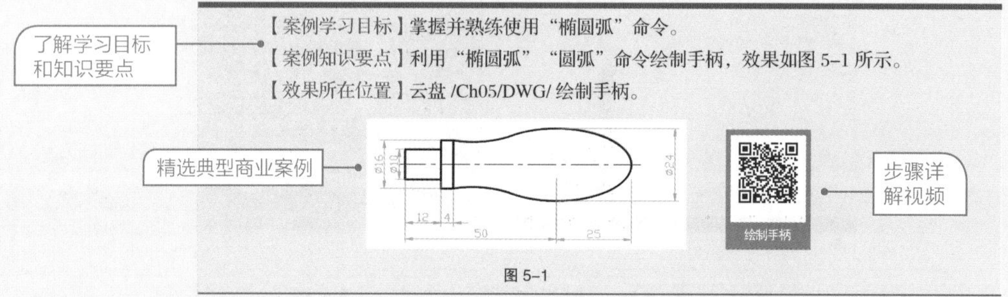

图 5-1

（1）选择“文件 > 打开”命令，打开云盘中的“Ch05 > 素材 > 绘制手柄.dwg”文件，如图 5-2 所示。

（2）绘制椭圆弧。单击“椭圆弧”按钮，绘制手柄的顶部，操作步骤如下。效果如图 5-3 所示。

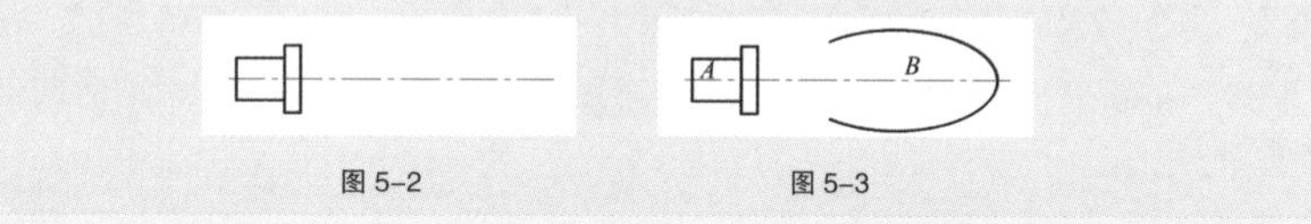

图 5-2　　图 5-3

5.1.2 绘制椭圆

椭圆的大小由定义其尺寸的两条轴决定。其中，较长的轴称为长轴，较短的轴称为短轴。在绘制椭圆时，长轴、短轴的次序与定义轴线的次序无关。绘制椭圆的默认方法是指定椭圆第一条轴的两个端点及另一条半轴长度。

启用命令的方法如下。

- 工具栏：单击“绘图”工具栏中的“椭圆”按钮。
- 菜单命令：选择“绘图 > 椭圆 > 轴、端点”命令。
- 命令行：输入“ELLIPSE”（快捷命令：EL），按 Enter 键。

C
A
完成案例后深入学习软件功能和制作特色

图 5-6

启用“椭圆”命令，绘制图 5-6 所示的图形。操作步骤如下。

```
命令: _ellipse                              //单击“椭圆”按钮
指定椭圆的轴端点或 [圆弧 (A)/ 中心点 (C)]:     //单击确定轴线的端点 A
指定轴的另一个端点:                          //单击确定轴线的端点 B
指定另一条半轴长度或 [旋转 (R)]:              //在 C 点处单击确定另一条半轴长度
```

第三步，完成课堂练习加课后习题，提高应用水平。

5.8 课堂练习——绘制大理石拼花

【练习知识要点】利用“矩形”“修剪”“圆”“直线”命令和“图案填充”命令绘制大理石拼花，效果如图 5-100 所示。

【效果所在位置】云盘 /Ch05/DWG/ 绘制大理石拼花。

图 5-100

5.9 课后习题——绘制钢琴平面图形

【习题知识要点】利用“多段线”命令绘制钢琴平面图形，效果如图 5-101 所示。

【效果所在位置】云盘 /Ch05/DWG/ 绘制钢琴平面图形。

训练本章所学知识

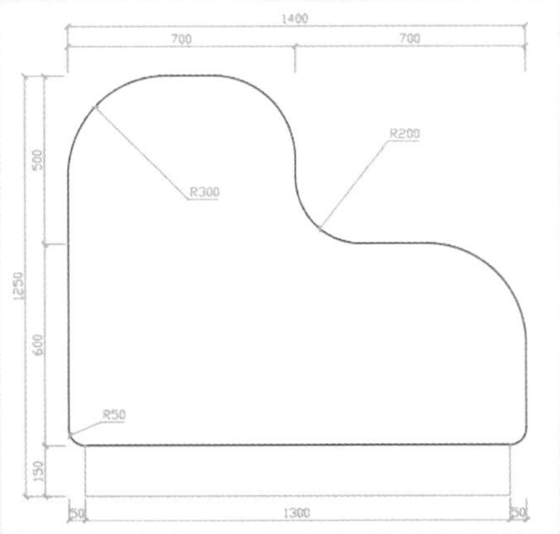

1400
700
700
R200
R300
1250
500
600
R50
150
50
1300
50

绘制钢琴平面图形

图 5-101

第四步，商业案例实训，演练真实商业项目，拓展设计思路。

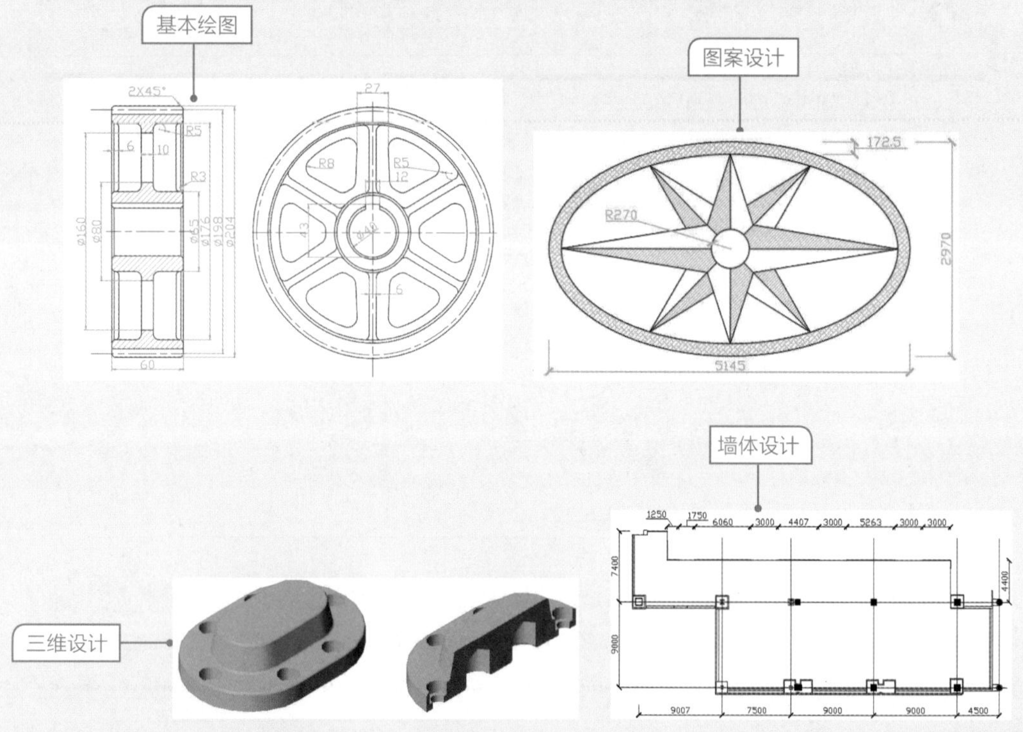

配套资源

● 全书慕课视频，登录人邮学院网站（www.rymooc.com）或扫描本书封面上的二维码，使用手机号码完成注册，在首页右上角选择“学习卡”选项，输入本书封底刮刮卡中的激活码，即可在线观看视频，用手机扫描书中二维码也可观看视频。

● 书中所有案例的素材及效果文件、PPT 课件、教学大纲、教案等资源，可在人邮教育社区（www.ryjiaoyu.com）免费下载。

教学指导

本书的参考学时为 64 学时，其中实训环节为 26 学时，各章的参考学时参见下页的学时分配表。

PREFACE —— 前言

学时分配表

章	课程内容	学时分配	
		讲授	实训
第 1 章	初识 AutoCAD	2	—
第 2 章	AutoCAD 2019 基础知识	2	—
第 3 章	绘图设置	2	—
第 4 章	基本绘图	4	4
第 5 章	高级绘图	4	4
第 6 章	编辑对象	6	4
第 7 章	文字与表格	2	2
第 8 章	尺寸标注	2	2
第 9 章	图块与外部参照	2	2
第 10 章	三维模型	6	4
第 11 章	商业案例实训	6	4
学时总计		38	26

本书约定

本书案例素材在云盘中的位置：章号 / 素材 / 案例名，如 Ch05/ 素材 / 手柄。

本书案例效果文件在云盘中的位置：章号 / DWG / 案例名，如 Ch05/ DWG / 绘制手柄 .dwg。

本书由卢声亮、孔小丹任主编，沈鸿才、高莹、董亚萍、郭静姝任副主编。由于作者水平有限，书中难免存在不妥之处，敬请广大读者批评指正。

编者

2022 年 12 月

A u t o C A D

CONTENTS 目录

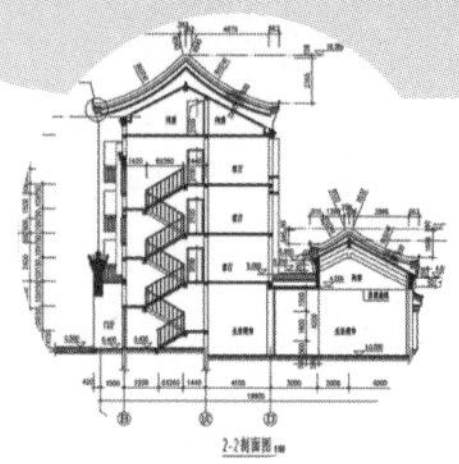
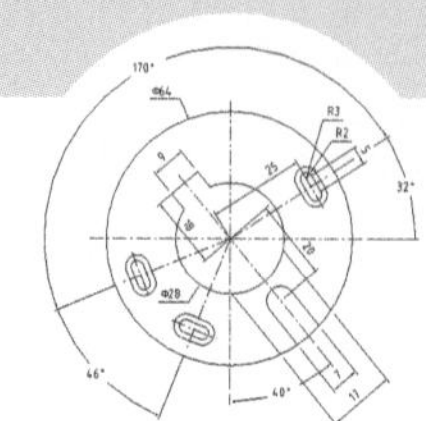

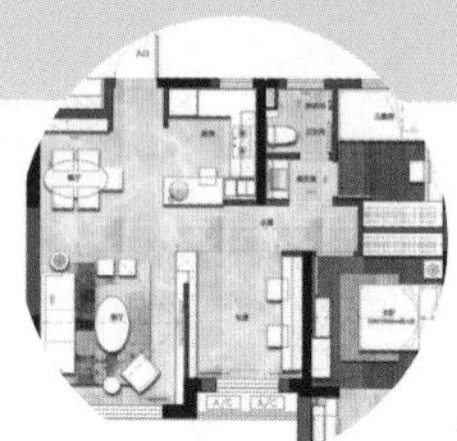

—01—

第1章 初识 AutoCAD

—02—

第2章 AutoCAD 2019 基础知识

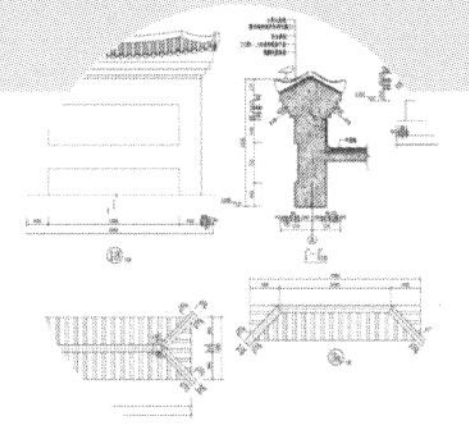

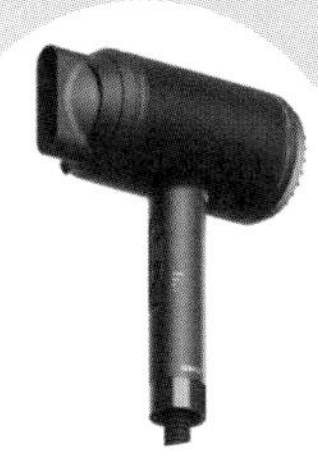

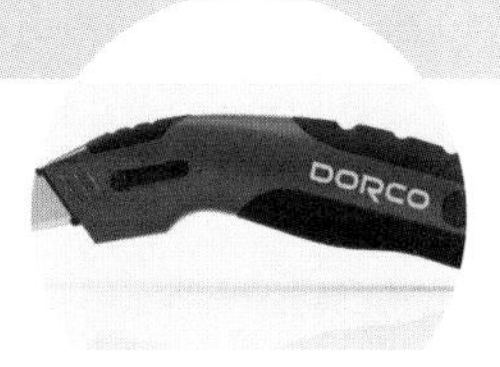

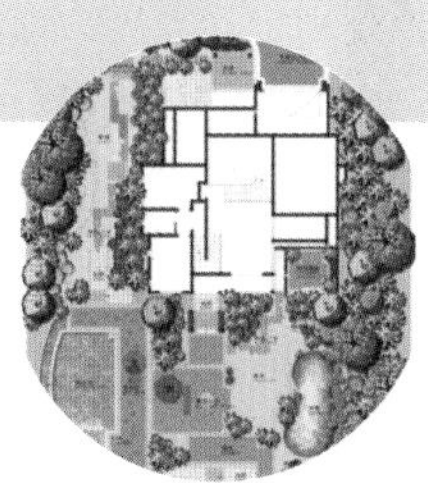

—03—

第 3 章　绘图设置

—04—

第 4 章　基本绘图

CONTENTS 目录

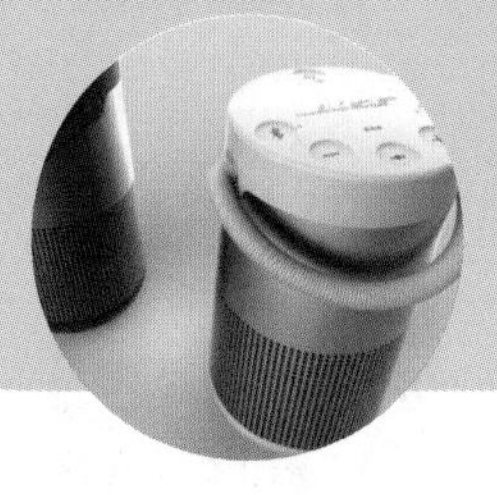
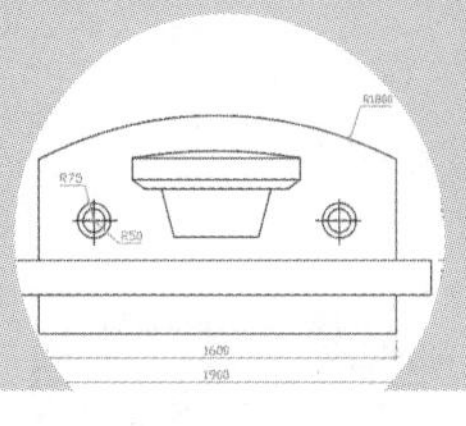

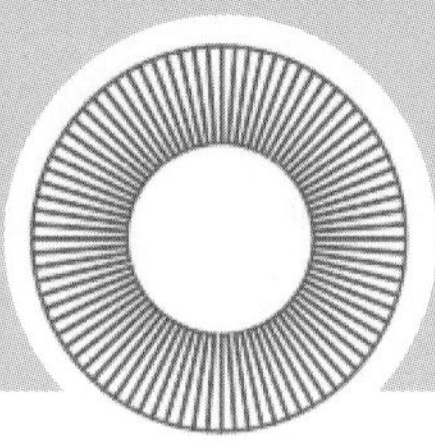

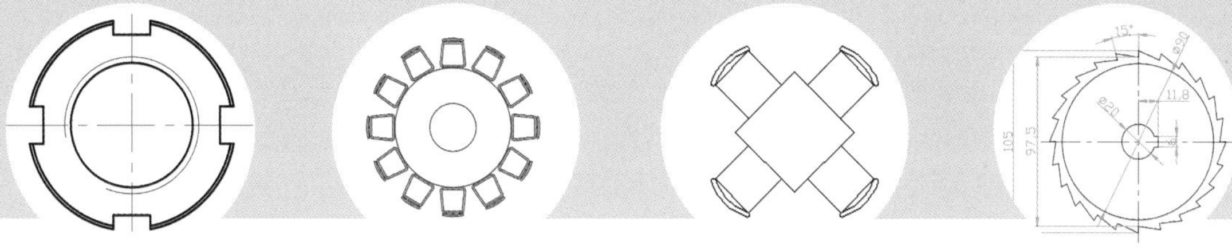

—06—

第 6 章　编辑对象

—07—

第 7 章　文字与表格

CONTENTS 目录

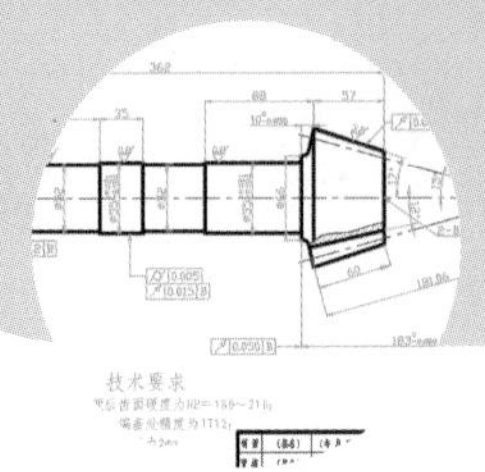
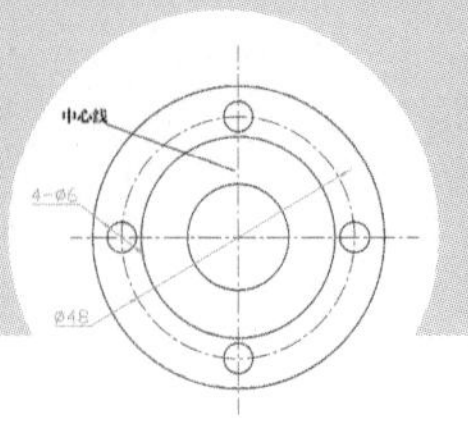

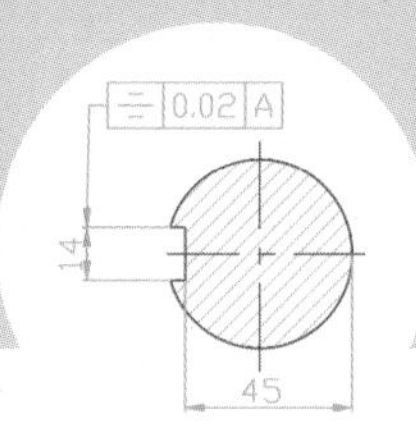

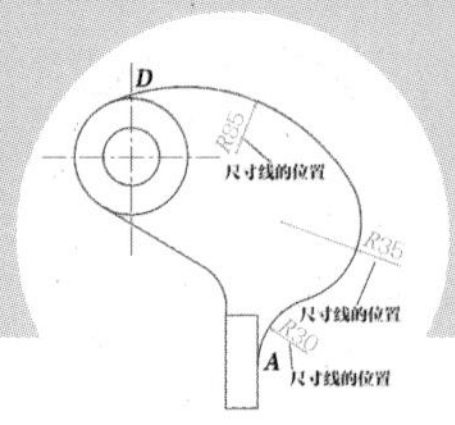

—08—

第 8 章 尺寸标注

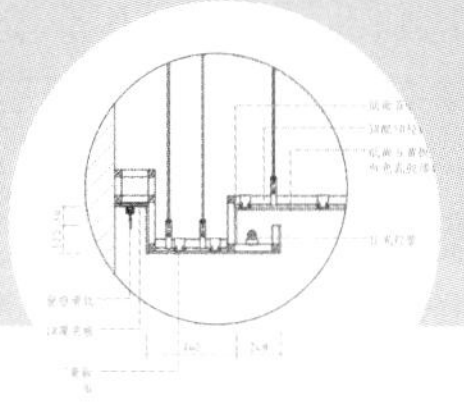
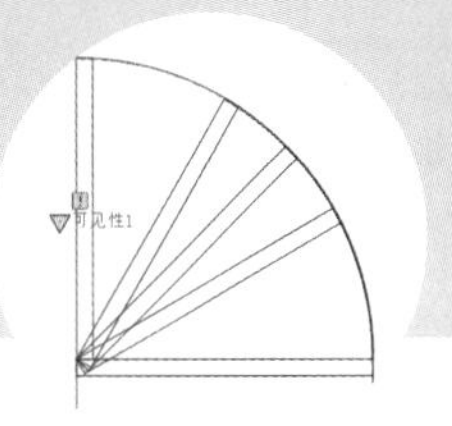
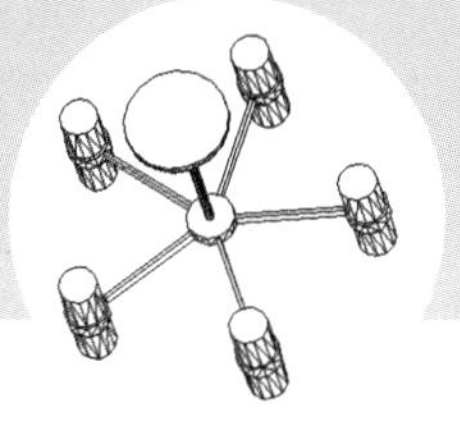
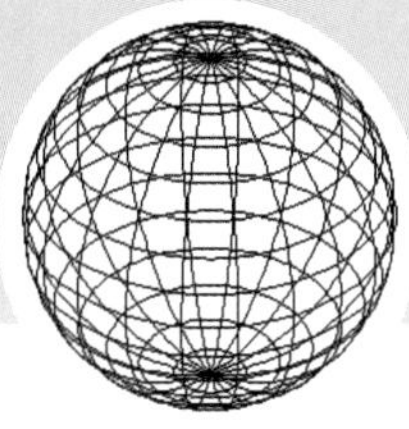

—09—

第 9 章 图块与外部参照

—10—

第 10 章 三维模型

CONTENTS 目录

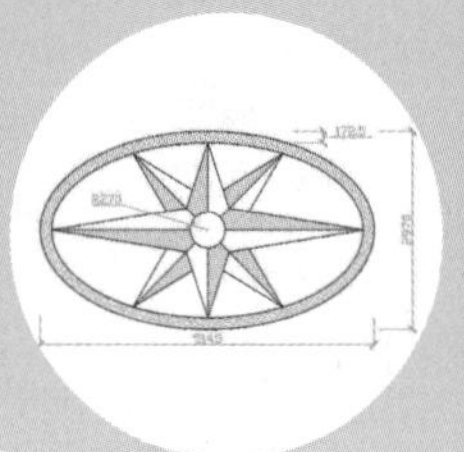

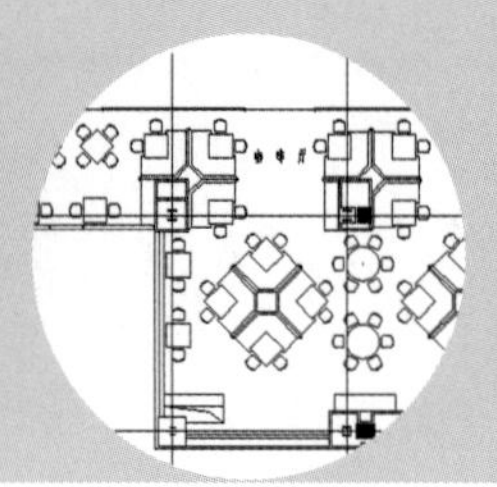
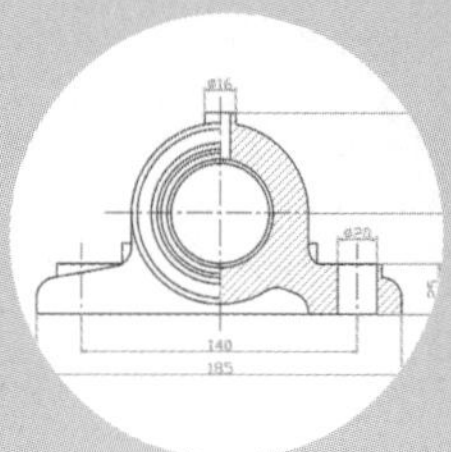

—11—

01

第1章 初识 AutoCAD

本章介绍

在学习 AutoCAD 操作之前，首先要了解该软件。通过本章的学习，读者可以了解 AutoCAD 的历史和 AutoCAD 的应用领域等，对软件概貌有所认识。

学习目标

- 了解 AutoCAD 的历史；
- 了解 AutoCAD 的应用领域。

1.1 AutoCAD 概述

AutoCAD（Autodesk Computer Aided Design）是 Autodesk 公司推出的计算机辅助设计软件。AutoCAD 拥有强大的二维制图功能和基本的三维建模功能，被广泛应用于土木建筑、环境艺术、室内装饰等多个设计领域，深受建筑工程师、工业设计师、园林规划师、室内设计师及服装设计师的喜爱。图 1-1 所示为 AutoCAD 2019 启动界面。

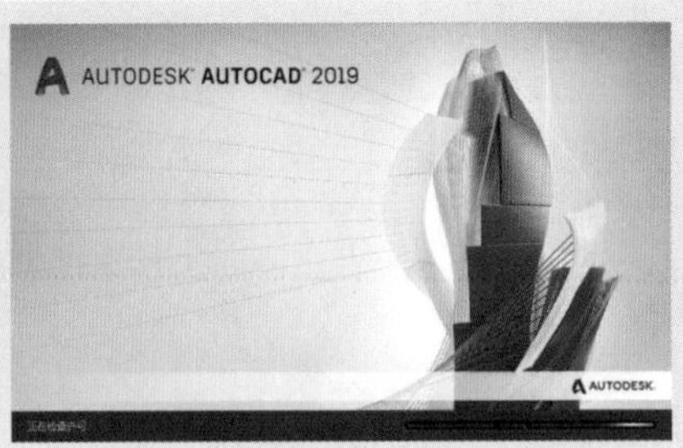

图 1-1

1.2 AutoCAD 的历史

1982 年，Autodesk 公司发布了 AutoCAD 的 1.0 版本，进入了 AutoCAD 发展的初级阶段。AutoCAD 进入 2.0 版本的时代后，其绘图能力有了质的提升。与此同时，AutoCAD 还改善了兼容性，增强和完善了 DWG 文件格式。AutoCAD 2.6 之后的版本不再延续 *x.x* 的版本号形式，而是改用了 R*x* 的编号形式，其中 *x* 是数字。从 1987 年到 1997 年，AutoCAD 发布了 R9 ~ R14 共 6 个版本，其中 R10 具有完整的图形用户界面和比较齐全的绘制功能。R10 版本的推出标志着 AutoCAD 进入成熟阶段。与此同时，AutoCAD 开始在我国普及。

2018 年，Autodesk 公司发布了 AutoCAD 2019。经过不断的发展与完善，AutoCAD 已经是一个在 2D 与 3D 方面都堪称强大的绘图软件。其历史图标分别如图 1-2 所示。

图 1-2

1.3 AutoCAD 的应用领域

1.3.1 土木建筑

与传统三维软件相比，AutoCAD 在进行土木建筑制图的过程中具有典型的优势。其清晰的界面、便捷的操作及强大的功能，可以有效地提高土木建筑制图效率，准确表现土木建筑的特征，如图 1-3 所示。

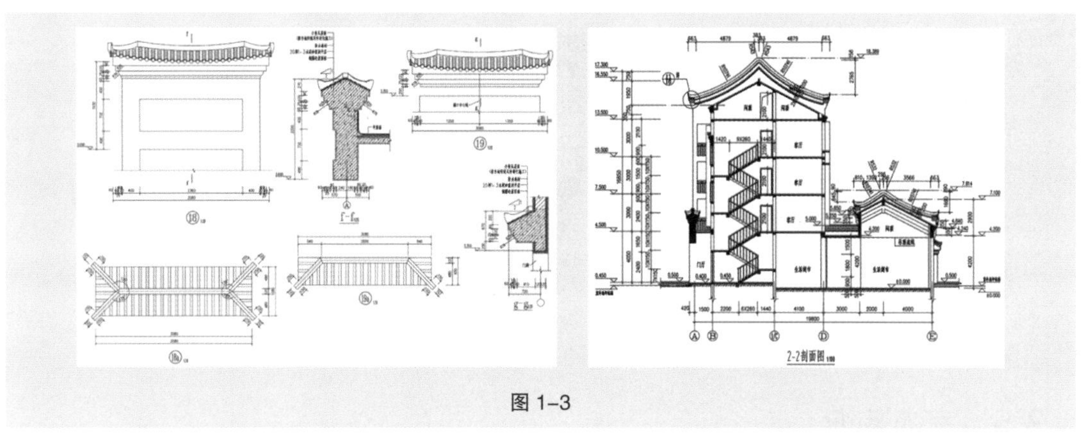

图 1–3

1.3.2　机械制造

机械制造中传统的制图方法为手动绘制，随着 AutoCAD 的出现与发展，其强大的图形绘制功能与编辑修改能力在很大程度上提高了机械制图的绘图质量与效率。图 1–4 所示为 Auto CAD 制图范例。

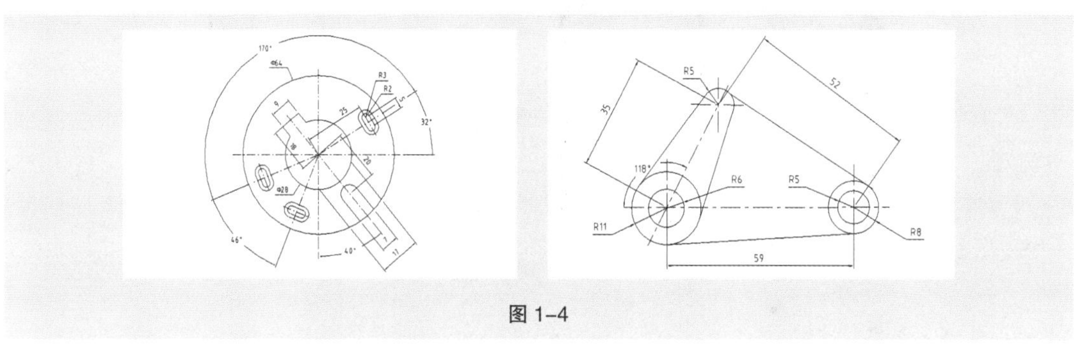

图 1–4

1.3.3　工业设计

随着社会的发展与进步，企业需要批量生产品质较高且价格适中的产品。在工业产品设计中运用 AutoCAD，可以设计出更加美观、实用的产品，并且能够促进企业获取更多的经济效益。图 1–5 所示为 AutoCAD 制图范例。

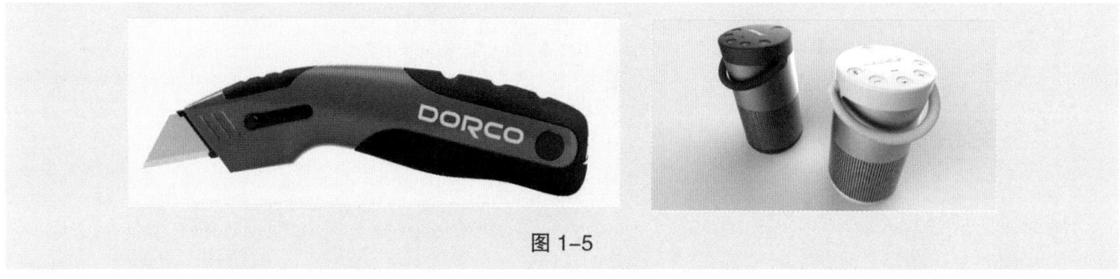

图 1–5

1.3.4　风景园林设计

运用数字技术辅助园林景观设计已经成为必然趋势。风景园林的设计可以借助 AutoCAD 建立模型，使其过程更加参数化、规范化及多元化。图 1–6 所示为 AutoCAD 制图范例。

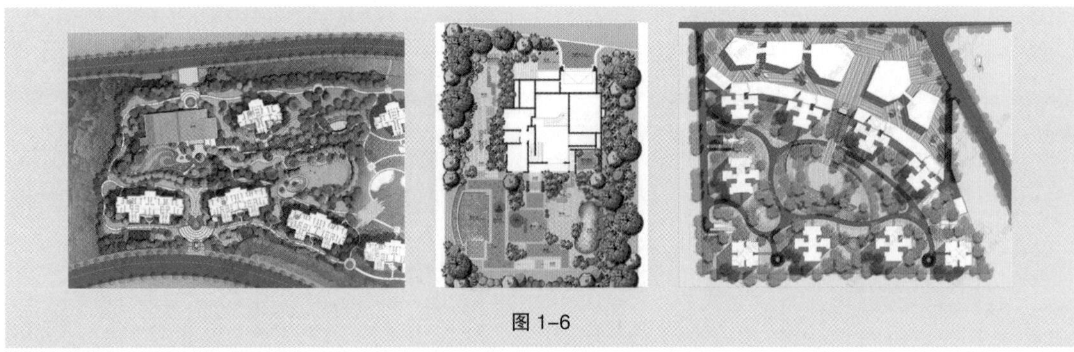

图 1-6

1.3.5 室内装饰

室内装饰需要设计和制作灯具布置图、电路系统图及轴测图等施工图。使用 AutoCAD 可以快速、准确、精细地绘制出这些施工图，如图 1-7 所示。

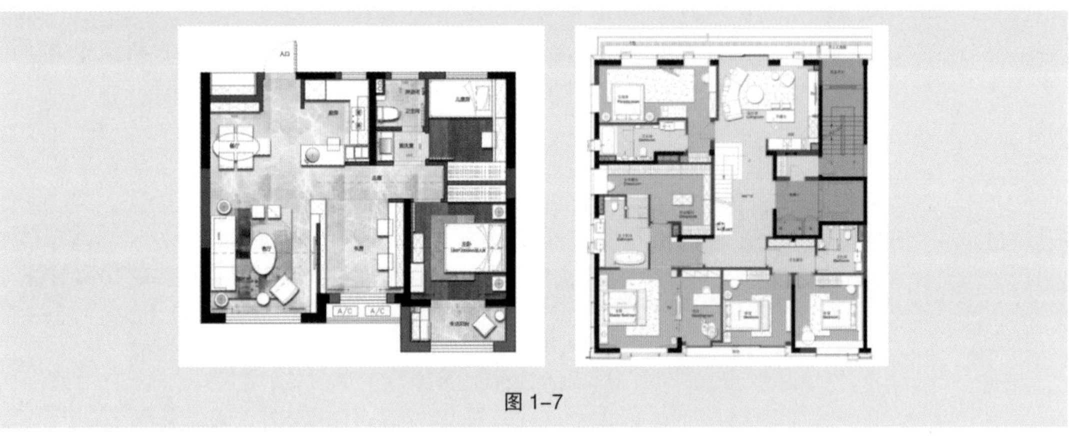

图 1-7

02

第2章 AutoCAD 2019 基础知识

本章介绍

本章主要介绍 AutoCAD 2019 的工作界面、文件的基础操作、命令的使用方法、绘图窗口的视图显示和鼠标的定义，以及文件打印和文件输出格式。通过本章的学习，读者可以了解 AutoCAD 2019 的基本功能与特点，为熟悉使用 AutoCAD 2019 打下坚实的基础。

学习目标

- 熟悉 AutoCAD 2019 的工作界面；
- 了解绘图窗口的视图操作方法；
- 了解将图形输出为其他格式的方法；
- 了解鼠标按键的定义。

技能目标

- 掌握文件的基础操作方法；
- 掌握命令的使用方法；
- 掌握打印文件的方法。

2.1 AutoCAD 2019 的工作界面

AutoCAD 2019 中文版的工作界面主要由标题栏、绘图窗口、菜单栏、功能选项卡、工具栏、命令行窗口和状态栏等部分组成，如图 2-1 所示。AutoCAD 2019 提供了比较完善的操作环境，下面介绍主要部分的功能。

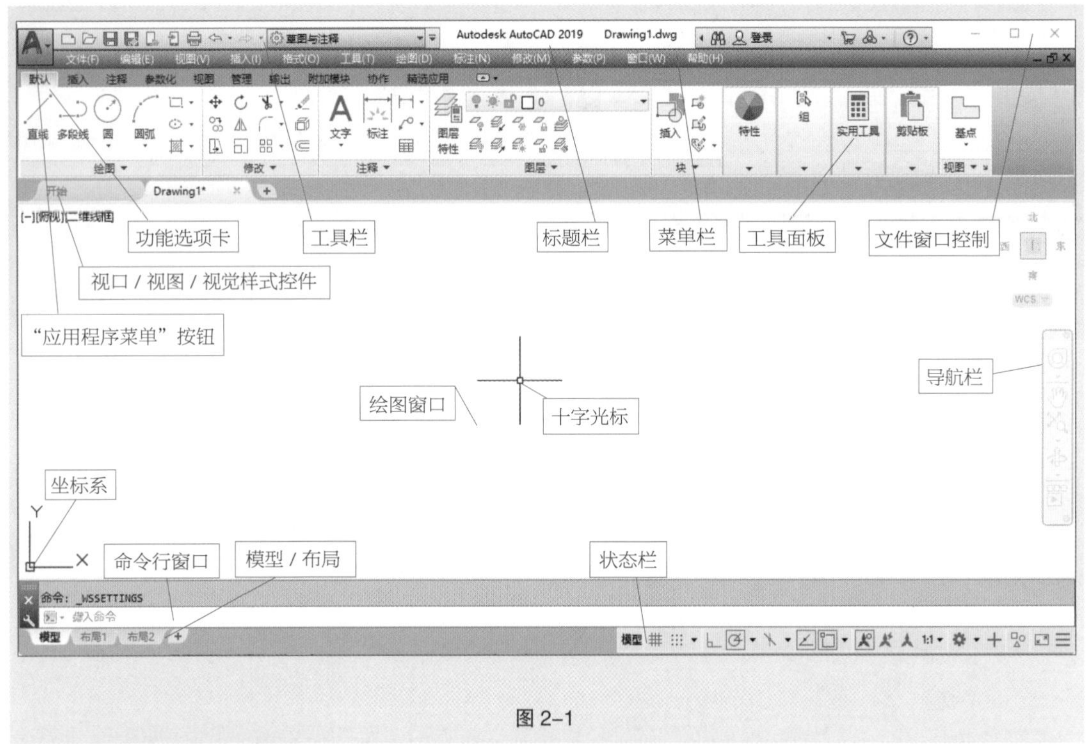

图 2-1

2.1.1 标题栏

标题栏显示软件的名称、版本，以及当前绘制的图形文件的文件名。运行 AutoCAD 2019 时，在没有打开任何图形文件的情况下，标题栏显示的是"AutoCAD 2019 Drawing1.dwg"，其中"Drawing1"是系统默认的文件名，"dwg"是 AutoCAD 图形文件的后缀名。

2.1.2 绘图窗口

绘图窗口是用户绘图的工作区域，相当于手动绘图时绘图板上的绘图纸，用户绘制的图形显示于该窗口。绘图窗口的左下方显示坐标系的图标。该图标指示绘图时的方位，其中的"X"和"Y"分别表示 x 轴和 y 轴，线条分别指示 x 轴和 y 轴的正方向。

AutoCAD 2019 包含两种绘图环境，分别为模型空间和图纸空间。系统在绘图窗口的左下角提供了 3 个选项卡，如图 2-2 所示。默认的绘图环境为模型空间，单击"布局 1"或"布局 2"选项卡，绘图窗口会从模型空间切换至图纸空间。

图 2-2

2.1.3 菜单栏

菜单栏集合了 AutoCAD 2019 中所有的绘图命令，如图 2-3 所示。这些命令按照不同类别放置在不同的菜单中，供用户选择使用。

图 2-3

2.1.4 功能选项卡

AutoCAD 2019 会根据任务的不同将多个面板集合到一个选项卡中，方便用户操作。图 2-4 所示为“插入”选项卡。

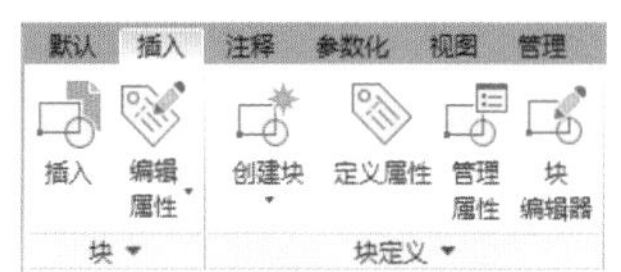

图 2-4

2.1.5 工具栏

工具栏是由形象化的图标按钮组成的。选择“工具 > 工具栏 > AutoCAD”命令，在弹出的子菜单中选择命令，如图 2-5 所示，可以打开相应的工具栏。在工具栏中单击图标按钮，即可执行相应的命令。

图 2-5

将鼠标指针悬停在某个命令的按钮之上，系统将显示该按钮的名称，同时在状态栏中显示该按钮的功能与相应命令的名称。

2.1.6 命令行窗口

命令行窗口是用户与 AutoCAD 2019 进行交互的位置，用于显示系统的提示信息与用户的输入信息。命令行窗口位于绘图窗口的下方，是一个水平方向的较长的小窗口，如图 2-6 所示。

图 2-6

2.1.7 状态栏

状态栏位于命令行窗口的下方，用于显示当前的工作状态与相关的信息。当鼠标指针出现在绘图窗口时，状态栏左边的坐标显示区将显示当前鼠标指针所在位置的坐标，如图 2-7 所示。

图 2-7

状态栏中间有 15 个按钮用于控制相应的工作状态。当按钮处于高亮状态时，表示打开了相应功能的开关，该功能处于打开状态。

例如，单击“正交限制光标”按钮，使其处于高亮显示状态，即可打开正交模式，再次单击“正交限制光标”按钮，即可关闭正交模式。

状态栏中间的 15 个按钮的功能如下。

- “显示图形栅格”按钮：控制是否显示栅格。
- “捕捉模式”按钮：控制是否使用捕捉功能。
- “推断约束”按钮：控制是否使用推断约束功能。
- “正交限制光标”按钮：控制是否以正交模式绘图。
- “极轴追踪”按钮：控制是否使用极轴追踪功能。
- “对象捕捉”按钮：控制是否使用对象捕捉功能。
- “三维对象捕捉”按钮：控制是否使用三维对象捕捉功能。
- “对象捕捉追踪”按钮：控制是否使用对象捕捉追踪功能。
- “动态 UCS”按钮：控制是否使用动态用户坐标系（User Coordinate System，UCS）。
- “动态输入”按钮：控制是否采用动态输入。
- “显示 / 隐藏线宽”按钮：控制是否显示线条的宽度。
- “透明度”按钮：控制显示或隐藏透明度。
- “快捷特性”按钮：控制是否使用快捷特性面板。
- “选择循环”按钮：控制是否选择循环。
- “注释监视器”按钮：控制是否打开注释监视器。

2.2 文件的基础操作

文件的基础操作一般包括新建图形文件、打开图形文件、保存图形文件和关闭图形文件等。在进行绘图之前，用户必须掌握文件的基础操作。因此，本节将详细介绍在 AutoCAD 2019 中文件的基础操作。

2.2.1　新建图形文件

在使用 AutoCAD 2019 绘图时，需要先新建一个图形文件。AutoCAD 2019 为用户提供了“新建”命令，用于新建图形文件。

启用命令的方法：单击快速访问工具栏中的“新建”按钮，或单击“标准”工具栏中的“新建”按钮。

启用命令的快捷方法：按 Ctrl+N 组合键。

单击“应用程序菜单”按钮，在弹出的菜单中选择“新建 > 图形”命令，弹出“选择样板”对话框，如图 2-8 所示。在“选择样板”对话框中，可以选择系统提供的样板文件，或选择不同的单位制，创建空白图形文件。

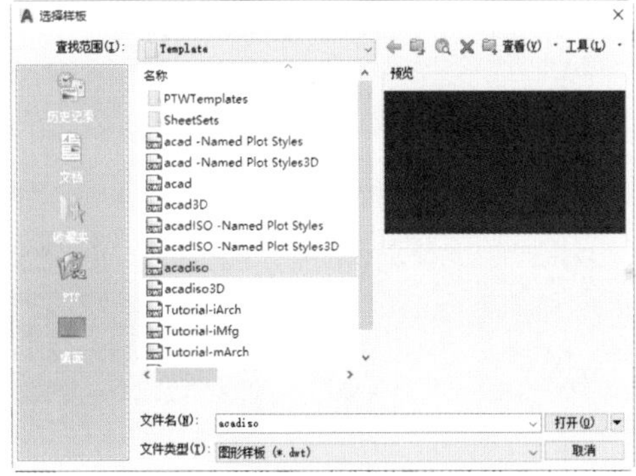

图 2-8

1. 利用样板文件创建图形

“选择样板”对话框的列表框中提供了许多标准的样板文件。选择需要的样板文件，单击“打开”按钮，将选中的样板文件打开，便可在该样板文件上创建图形；也可直接双击列表框中的样板文件将其打开。

AutoCAD 2019 根据不同的绘图标准设置了不同的样板文件，其目的是使图纸中的字体、标注样式、图层等一致。

2. 通过空白文件创建图形

在“选择样板”对话框中，AutoCAD 2019 还提供了两个空白文件：“acad”和“acadiso”。当需要通过空白文件创建图形时，可以选择这两个文件。

提示

“acad”文件使用的是英制单位，其绘图界限为 12in × 9in；“acadiso”文件使用的是公制单位，其绘图界限为 420mm × 297mm。

单击“选择样板”对话框中“打开”按钮右侧的按钮，弹出下拉菜单，如图 2-9 所示。当选择“无样板打开 - 英制”命令时，打开的是使用英制单位的空白文件；当选择“无样板打开 - 公制”命令时，打开的是使用公制单位的空白文件。

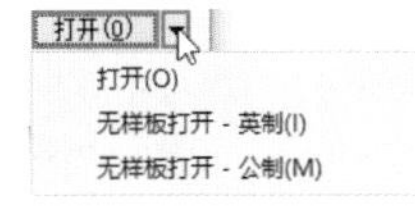

图 2-9

2.2.2　打开图形文件

可以利用“打开”命令来打开绘制好的图形文件。

启用命令的方法：单击快速访问工具栏中的“打开”按钮，或单击“标准”工具栏中的“打开”按钮。

启用命令的快捷方法：按 Ctrl+O 组合键。

单击“应用程序菜单”按钮，在弹出的菜单中选择“打开 > 图形”命令，弹出“选择文件”对话框，如图 2-10 所示。在“选择文件”对话框中，用户可选择不同的方式打开图形文件。

在“选择文件”对话框的列表框中选择要打开的文件，或者在“文件名”文本框中输入要打开文件的路径与名称，单击“打开”按钮，即可打开选中的图形文件。

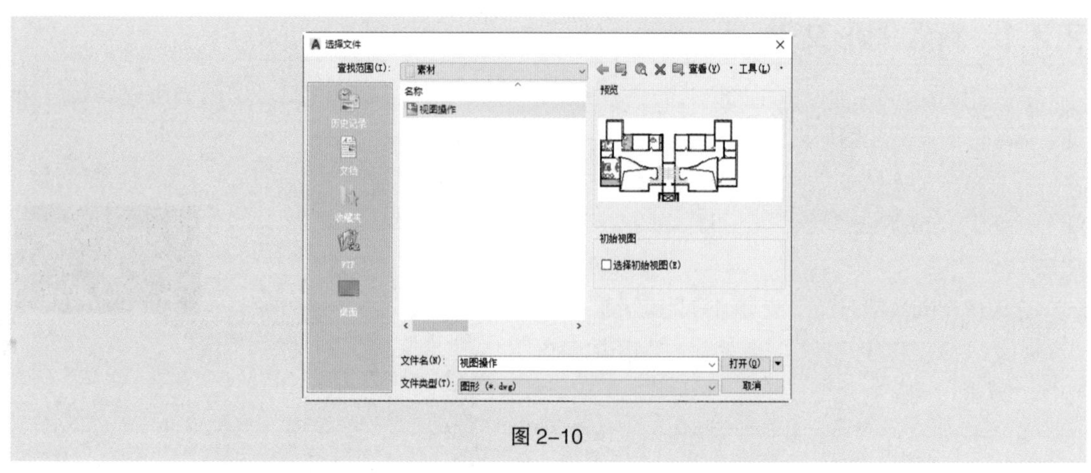

图 2-10

单击“打开”按钮右侧的▾按钮，弹出下拉菜单，如图 2-11 所示。选择“以只读方式打开”命令，图形文件将以只读方式打开；选择“局部打开”命令，则只打开图形的一部分；如果选择“以只读方式局部打开”命令，则以只读方式打开图形的一部分。

当图形文件中包含多个视图时，勾选“选择文件”对话框中的“选择初始视图”复选框，即可在打开图形文件时指定显示的视图。

在“选择文件”对话框中单击“工具”下拉按钮，弹出下拉菜单，如图 2-12 所示。选择“查找”命令，弹出“查找”对话框，如图 2-13 所示。在“查找”对话框中，可以根据图形文件的名称、位置或修改日期来查找相应的图形文件。

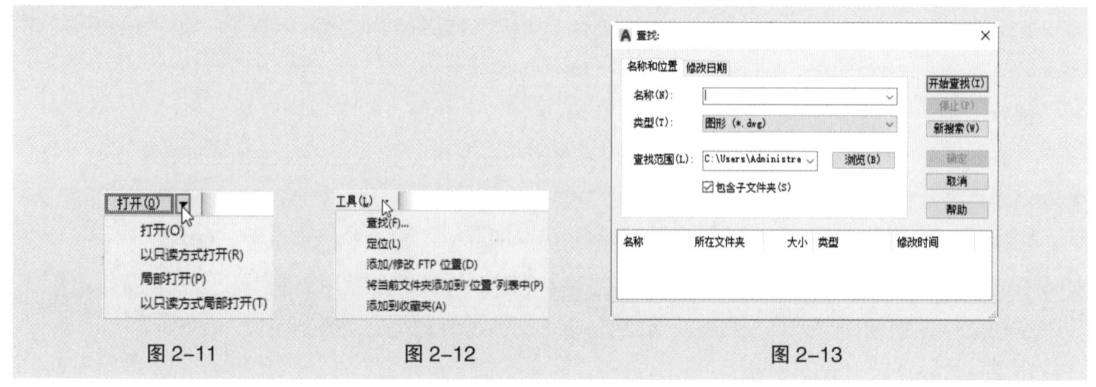

图 2-11　　图 2-12　　图 2-13

2.2.3　保存图形文件

绘制图形后，就可以对其进行保存。保存图形文件的方法有两种：一种是用当前文件名保存图形，另一种是指定新的文件名保存图形。

1．用当前文件名保存图形

使用“保存”命令可以采用当前文件名称保存图形文件。

启用命令的方法：单击快速访问工具栏中的“保存”按钮，或单击“标准”工具栏中的“保存”按钮。

启用命令的快捷方法：按 Ctrl+S 组合键。

单击“应用程序菜单”按钮，在弹出的菜单中选择“保存”命令，当前图形文件将以原名称直接保存到原来的位置。若是第一次保存图形文件，则弹出“图形另存为”对话框，用户可按需要输入文件名称，并指定保存文件的位置和类型，如图 2-14 所示。然后单击“保存”按钮，保存图形文件。

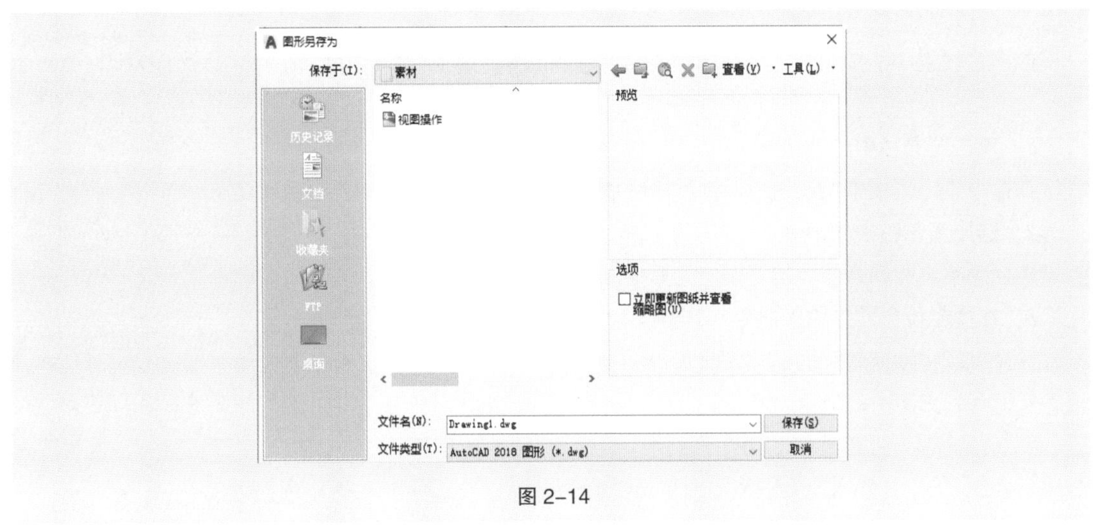

图 2-14

2. 指定新的文件名保存图形

使用“另存为”命令可以指定新的文件名称保存图形文件。

启用命令的方法：单击快速访问工具栏中的“另存为”按钮。

启用命令的快捷方法：按 Ctrl+Shift+S 组合键。

单击“应用程序菜单”按钮，在弹出的菜单中选择“另存为 > 图形”命令，弹出“图形另存为”对话框，可以在“文件名”文本框中输入文件的新名称，指定文件保存位置和类型。单击“保存”按钮，保存图形文件。

2.2.4 关闭图形文件

保存图形文件后，可以将绘图窗口中的图形文件关闭。

1. 关闭当前图形文件

启用命令的方法：单击“应用程序菜单”按钮，在弹出的菜单中选择“关闭 > 当前图形 / 所有图形”命令，或单击绘图窗口右上角的按钮，关闭当前图形文件。如果图形文件尚未保存，则弹出“AutoCAD”提示框，询问用户是否保存文件，如图 2-15 所示，根据实际需求单击相应按钮，即可关闭当前图形文件。

图 2-15

2. 退出 AutoCAD 2019

单击标题栏右侧的按钮，或单击“应用程序菜单”按钮，在弹出的菜单中单击退出 Autodesk AutoCAD 2019按钮，即可退出 AutoCAD 2019。

2.3 命令的使用方法

在 AutoCAD 2019 中，命令是系统的核心，用户执行的每一个操作都需要启用相应的命令。因此，用户有必要掌握启用命令的方法。

2.3.1 启用命令

单击工具栏中的按钮或选择菜单中的命令，可以启用相应的命令在 AutoCAD 2019 中，启用命令通常有以下 5 种方式。

1. 单击工具栏中的按钮

直接单击工具栏中的按钮，启用相应的命令。

2. 选择菜单栏中的命令

选择菜单栏中的命令，启用相应的命令。

3. 在命令行窗口中输入命令

在命令行中输入命令的名称，按 Enter 键即可启用相应的命令。有些命令还有相应的缩写名称，输入其缩写名称也可以启用该命令。

例如，绘制一个圆时，可以输入“圆”命令的名称“CIRCLE”（大小写字母均可），也可输入其缩写名称“C”。输入命令的缩写名称是快捷的操作方法，有利于提高工作效率。

4. 使用快捷菜单中的命令

在绘图窗口中单击鼠标右键，弹出相应的快捷菜单，从中选择命令，可以启用相应的命令。

无论以哪种方式启用命令，命令行窗口中都会显示与该命令相关的信息，其中还包含一些选项，这些选项显示在方括号“[ ]”中。如果要选择方括号中的某个选项，可在命令行窗口中输入该选项后的数字或大写字母（输入字母时大写或小写均可）。

例如：启用“矩形”命令，命令行的信息如图 2-16 所示，如果需要选择“圆角”选项，输入“f”，按 Enter 键即可。

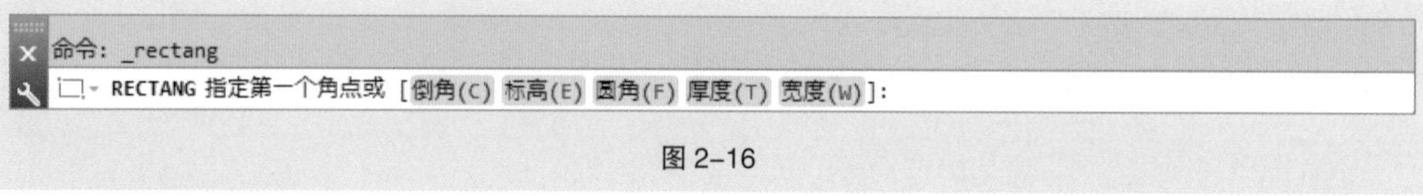

图 2-16

5. 使用快捷键

除此之外，启用命令还可以使用快捷键，在此不再详叙，具体操作时会有提示。

2.3.2 取消正在执行的命令

在绘图过程中，可以随时按 Esc 键取消当前正在执行的命令，也可以在绘图窗口内单击鼠标右键，在弹出的快捷菜单中选择“取消”命令，取消正在执行的命令。

2.3.3 重复启用命令

当需要重复启用某个命令时，可以按 Enter 键或空格键，或者在绘图窗口中单击鼠标右键，从弹出的快捷菜单中选择“重复 × ×”命令（其中 × × 为上一步使用过的命令）。

2.3.4 放弃已经执行的命令

在绘图过程中，当出现一些错误而需要取消前面执行的一个或多个操作时，可以使用“放弃”命令。

启用命令的方法：单击“放弃”按钮，或单击“标准”工具栏中的“放弃”按钮。

例如：用户在绘图窗口中绘制了一条线段，绘制完成后发现了一些错误，希望删除该线段，操作方法如下。

（1）单击“直线”按钮，或选择“绘图 > 直线”命令，在绘图窗口中绘制一条线段。

（2）单击“放弃”按钮，或选择“编辑 > 放弃”命令，删除该线段。

另外，用户还可以一次性撤销前面进行的多个操作，操作方法如下。

（1）在命令行窗口中输入“UNDO”，按 Enter 键。

（2）系统将提示用户输入想要放弃的操作数目，如图 2-17 所示，在命令行窗口中输入相应的数字，按 Enter 键。例如，想要放弃最近的 5 次操作，可输入“5”再按 Enter 键。

当前设置：自动 = 开，控制 = 全部，合并 = 是，图层 = 是
UNDO 输入要放弃的操作数目或 [自动(A) 控制(C) 开始(BE) 结束(E) 标记(M) 后退(B)] <1>:

图 2-17

2.3.5 恢复已经放弃的命令

当放弃一个或多个操作后，又想恢复这些操作，可以使用“重做”命令：单击“标准”工具栏中的“重做”按钮，或选择“编辑 > 重做 × ×”命令（其中 × × 为上一步撤销操作的命令）。反复执行“重做”命令，可恢复多个已放弃的操作。

2.4 绘图窗口的视图操作

AutoCAD 2019 的绘图区域是无限大的。在绘图过程中，用户可以通过实时平移命令实现绘图窗口显示区域的移动，通过缩放命令实现绘图窗口的放大和缩小显示，还可以设置不同的视图显示方式。

2.4.1 缩放图形

AutoCAD 2019 提供了多种缩放图形的命令，下面对常用命令进行详细讲解。

1. 实时缩放

在 AutoCAD 2019 中，“标准”工具栏中的“实时缩放”按钮用于缩放图形。单击“实时缩放”按钮，启用实时缩放功能，鼠标指针变成放大镜的形状。向右、上方拖动鼠标指针，可以放大图形；向左、下方拖动鼠标指针，可以缩小图形。完成图形的缩放后，按 Esc 键可以退出缩放图形的状态。

当鼠标有滚轮时，将鼠标指针放置于绘图窗口中，然后向上滚动滚轮，可以放大图形；向下滚动滚轮，可以缩小图形。

2. 窗口缩放

单击“窗口缩放”按钮，启用窗口缩放功能，鼠标指针会变成“十”字形。在需要放大图形的一侧单击，并向其对角方向移动鼠标指针，系统会显示出一个矩形框。用矩形框框住需要放大的图形并单击，矩形框内的图形就会被放大并充满整个绘图窗口。矩形框的中心就是新的显示中心。

还可以在命令行窗口中输入命令来调用此命令，操作步骤如下。

命令 : _zoom　　　　　　　　　　　　　　　　　　　　// 输入“缩放”命令

指定窗口的角点，输入比例因子 (nX 或 nXP)，或者

[全部 (A)/ 中心 (C)/ 动态 (D)/ 范围 (E)/ 上一个 (P)/ 比例 (S)/ 窗口 (W) / 对象 (O)] < 实时 >:w

　　　　　　　　　　　　　　　　　　　　　　　　　　// 选择“窗口”选项

指定第一个角点 : 指定对角点 :　　　　　　　　　　　　// 绘制矩形框放大图形

3. “缩放”工具栏

在“窗口缩放”按钮上长按鼠标左键，会弹出 9 种调整图形显示的按钮，如图 2-18 所示。下面详细介绍这些按钮的功能。

● 动态缩放

单击“动态缩放”按钮，鼠标指针变成中心有“×”标记的矩形框，如图 2-19 所示。移动鼠标指针，将矩形框放在图形的适当位置单击，使其变为右侧有“→”标记的矩形框，调整矩形框的大小，矩形框的左侧位置不会发生变化，如图 2-20 所示。按 Enter 键，矩形框中的图形被放大并充满整个绘图窗口，如图 2-21 所示。

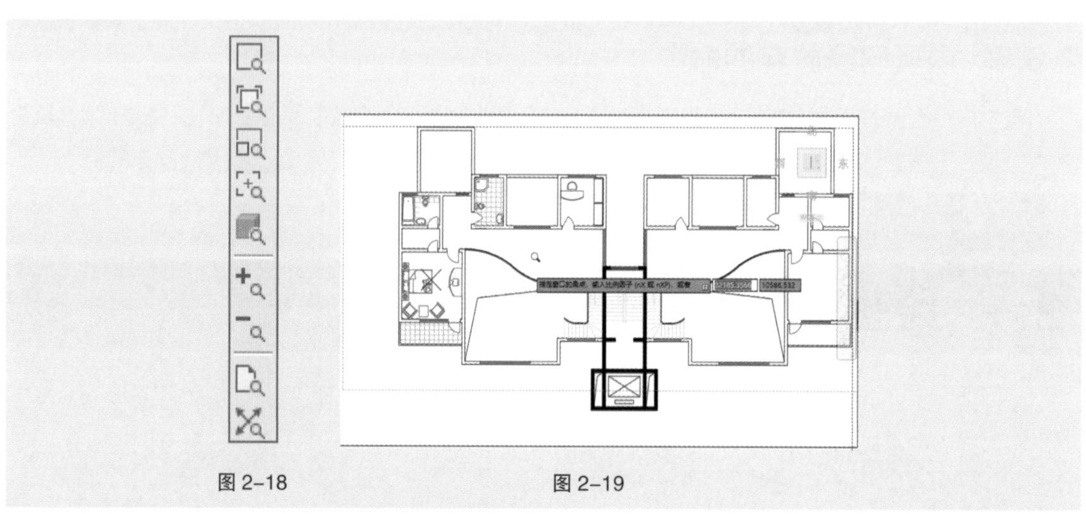

图 2-18　　图 2-19

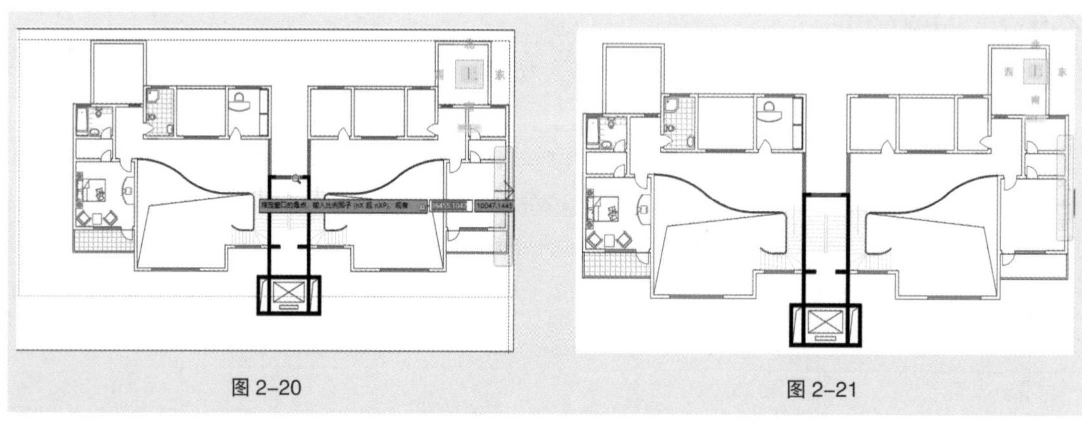

图 2-20　　图 2-21

还可以在命令行窗口中输入命令来调用此命令，操作步骤如下。

命令 : _zoom　　　　　　　　　　　　　　　　　　　　// 输入“缩放”命令

指定窗口的角点，输入比例因子 (nX 或 nXP)，或者

[全部 (A)/ 中心 (C)/ 动态 (D)/ 范围 (E)/ 上一个 (P)/ 比例 (S)/ 窗口 (W) / 对象 (O)] < 实时 >:d

// 选择“动态”选项

● 比例缩放

单击“比例缩放”按钮，鼠标指针变成“十字”形。在图形的适当位置单击并移动鼠标指针到适当比例长度的位置上，再次单击，图形被按比例放大显示。

还可以在命令行窗口中输入命令来调用此命令，操作步骤如下。

命令 : _zoom　　// 输入“缩放”命令

指定窗口的角点，输入比例因子 (nX 或 nXP)，或者

[全部 (A)/ 中心 (C)/ 动态 (D)/ 范围 (E)/ 上一个 (P)/ 比例 (S)/ 窗口 (W) / 对象 (O)] < 实时 >:s

// 选择“比例”选项

输入比例因子 (nX 或 nXP): 2X　　// 输入比例数值

提示

如果要相对于图纸空间缩放图形，则需要在比例因子后面加上字母“XP”。

● 中心缩放

单击“中心缩放”按钮，鼠标指针变成“十”字形，如图 2-22 所示。在需要放大的图形中间位置单击，确定放大显示的中心点，再绘制一条线段来确定需要放大显示的方向和高度，如图 2-23 所示。图形将按照所确定的方向和高度被放大并充满整个绘图窗口，如图 2-24 所示。

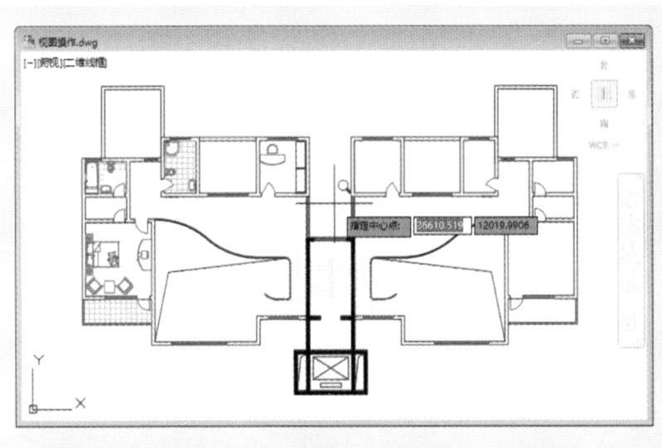

图 2-22

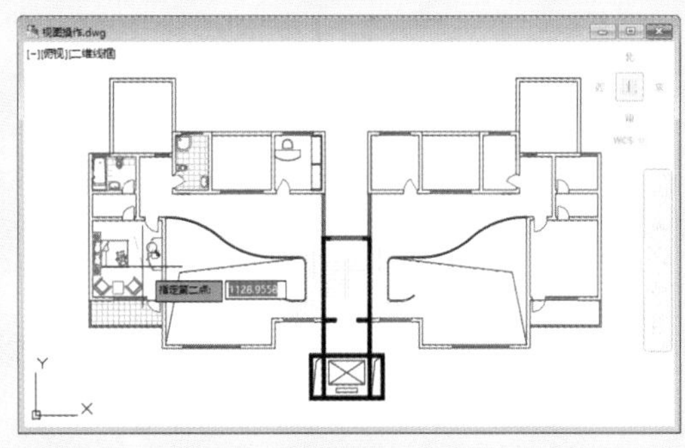

图 2-23

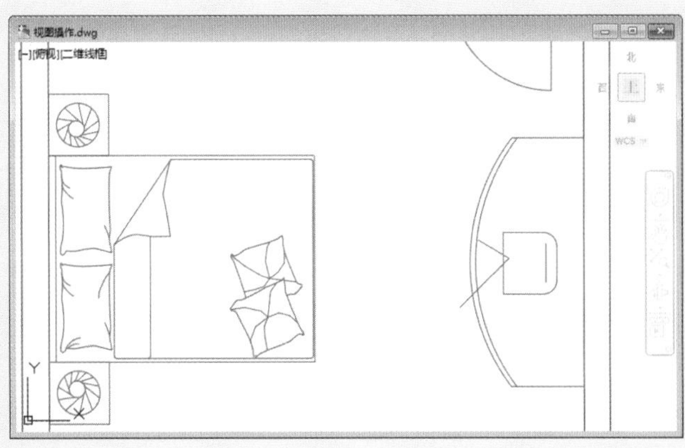

图 2-24

还可以在命令行窗口中输入命令来调用此命令，操作步骤如下。

命令 : _zoom　　　　　　　　　　　　　　　　　　// 输入“缩放”命令

指定窗口的角点，输入比例因子 (nX 或 nXP)，或者

[全部 (A)/ 中心 (C)/ 动态 (D)/ 范围 (E)/ 上一个 (P)/ 比例 (S)/ 窗口 (W)/ 对象 (O)]< 实时 >:c

　　　　　　　　　　　　　　　　　　　　　　　　// 选择“中心”选项

指定中心点 :　　　　　　　　　　　　　　　　　　// 单击确定放大区域的中心点的位置

输入比例或高度 <1129.0898 >: 指定第二点 :　　　　// 绘制线段指定放大区域的高度

提示

输入高度时，如果输入的数值比当前显示的数值小，视图将进行放大显示；反之，视图将进行缩小显示。缩放比例因子的方式是输入“nX”，*n* 表示放大倍数。

● 缩放对象

单击“缩放对象”按钮，鼠标指针会变为拾取框。选择需要显示的图形，如图 2-25 所示。按 Enter 键，所选择的图形将以适合绘图窗口的形式进行显示，如图 2-26 所示。

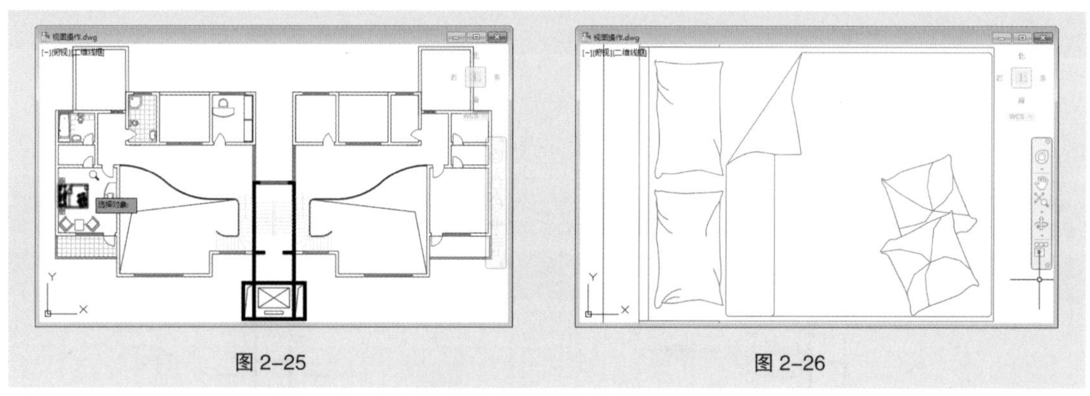

图 2-25　　　　图 2-26

还可以在命令行窗口中输入命令来调用此命令，操作步骤如下。

命令 : _zoom　　　　　　　　　　　　　　　　　　// 输入“缩放”命令

指定窗口的角点，输入比例因子 (nX 或 nXP)，或者

[全部 (A)/ 中心 (C)/ 动态 (D)/ 范围 (E)/ 上一个 (P)/ 比例 (S)/ 窗口 (W)/ 对象 (O)] < 实时 >:o

　　　　　　　　　　　　　　　　　　　　　　　　// 选择“对象”选项

选择对象 : 指定对角点 : 找到 329 个　　　　　　　// 显示选择对象的数量

选择对象 :　　　　　　　　　　　　　　　　　　　// 按 Enter 键

● 放大

单击“放大”按钮，将把当前视图放大一倍。命令行窗口中会显示视图放大的比例数值，操作步骤如下。

命令 : _zoom　　　　　　　　　　　　　　　　　　// 单击“放大”按钮

指定窗口的角点，输入比例因子 (nX 或 nXP)，或者

[全部 (A)/ 中心 (C)/ 动态 (D)/ 范围 (E)/ 上一个 (P)/ 比例 (S)/ 窗口 (W) / 对象 (O)] < 实时 >:2x

　　　　　　　　　　　　　　　　　　　　　　　　// 图像被放大一倍显示

● 缩小

单击“缩小”按钮，将把当前视图缩小至原来的 50%。命令行窗口中会显示视图缩小的比

例数值，操作步骤如下。

命令 : _zoom　　　　　　　　　　　　　　　　　　// 单击“缩小”按钮

指定窗口的角点，输入比例因子 (nX 或 nXP)，或者

[全部 (A)/ 中心 (C)/ 动态 (D)/ 范围 (E)/ 上一个 (P)/ 比例 (S)/ 窗口 (W) / 对象 (O)] < 实时 >: .5x

// 图像缩小至原来的 50% 显示

● 全部缩放

单击“全部缩放”按钮，如果图形超出当前所设置的图形界限，绘图窗口将适合全部图形对象进行显示；如果图形没有超出图形界限，绘图窗口将适合整个图形界限进行显示。

还可以在命令行窗口中输入命令来调用此命令，操作步骤如下。

命令 : _zoom　　　　　　　　　　　　　　　　　　// 输入“缩放”命令

指定窗口的角点，输入比例因子 (nX 或 nXP)，或者

[全部 (A)/ 中心 (C)/ 动态 (D)/ 范围 (E)/ 上一个 (P)/ 比例 (S)/ 窗口 (W)/ 对象 (O)]< 实时 >:a

// 选择“全部”选项

● 范围缩放

单击“范围缩放”按钮，绘图窗口中将显示全部图形对象，且与图形界限无关。

4．缩放上一个

单击“缩放上一个”按钮，将缩放显示前一个视图效果。

还可以在命令行窗口中输入命令来调用此命令，操作步骤如下。

命令 : ZOOM　　　　　　　　　　　　　　　　　　// 输入“缩放”命令

指定窗口的角点，输入比例因子 (nX 或 nXP)，或者

[全部 (A)/ 中心 (C)/ 动态 (D)/ 范围 (E)/ 上一个 (P)/ 比例 (S)/ 窗口 (W) / 对象 (O)] < 实时 >:p

// 选择“上一个”选项

提示

连续进行视图缩放操作后，如果需要返回上一个缩放的视图效果，可以单击“放弃”按钮进行返回操作。

2.4.2　平移视图

在绘制图形的过程中，使用平移视图功能可以更便捷地观察和编辑图形。

启用命令的方法：单击“实时平移”按钮。

启用“实时平移”命令后，十字光标变成实时平移图标，按住鼠标左键并拖动鼠标，可平移视图来调整绘图窗口的显示区域。此时命令行窗口中的提示如下。

命令 : _pan　　　　　　　　　　　　　　　　　　// 单击“实时平移”按钮

按 Esc 或 Enter 键退出，或单击右键显示快捷菜单　　// 退出平移状态

2.4.3　命名视图

在绘图过程中，常通过“缩放上一个”按钮，返回到前一个视图。如果要返回到特定的视图，并且常常会切换到这个视图，就无法通此按钮来实现。如果绘制的是复杂的大型建筑设计图，使用缩放和平移工具来寻找想要显示的视图，会花费大量的时间。使用“命名视图”命令来命名所需要

显示的视图，并在需要时根据视图的名称来恢复视图的显示，可以轻松地解决这些问题。

启用命令的方法：选择“视图 > 命名视图”命令。

选择“视图 > 命名视图”命令，弹出“视图管理器”对话框，如图 2–27 所示。在对话框中可以保存、恢复及删除已命名的视图，也可以改变已有视图的名称和查看视图的信息。

1．保存命名视图

（1）在“视图管理器”对话框中单击“新建”按钮，弹出“新建视图 / 快照特性”对话框，如图 2–28 所示。

（2）在“视图名称”文本框中输入新建视图的名称。

（3）在“视图类别”下拉列表框中选择一个视图类别，如立视图或剖视图，也可以输入新的类别或保留此选项为空。

（4）如果只想保存当前视图的某一部分，可以选择“定义窗口”单选按钮，单击“定义视图窗口”按钮，可以在绘图窗口中选择要保存的视图区域。若选择“当前显示”单选按钮，则 AutoCAD 2019 自动保存当前绘图窗口中显示的视图。

（5）勾选“将图层快照与视图一起保存”复选框，可以在视图中保存当前图层设置，还可以设置“UCS”“活动截面”“视觉样式”。

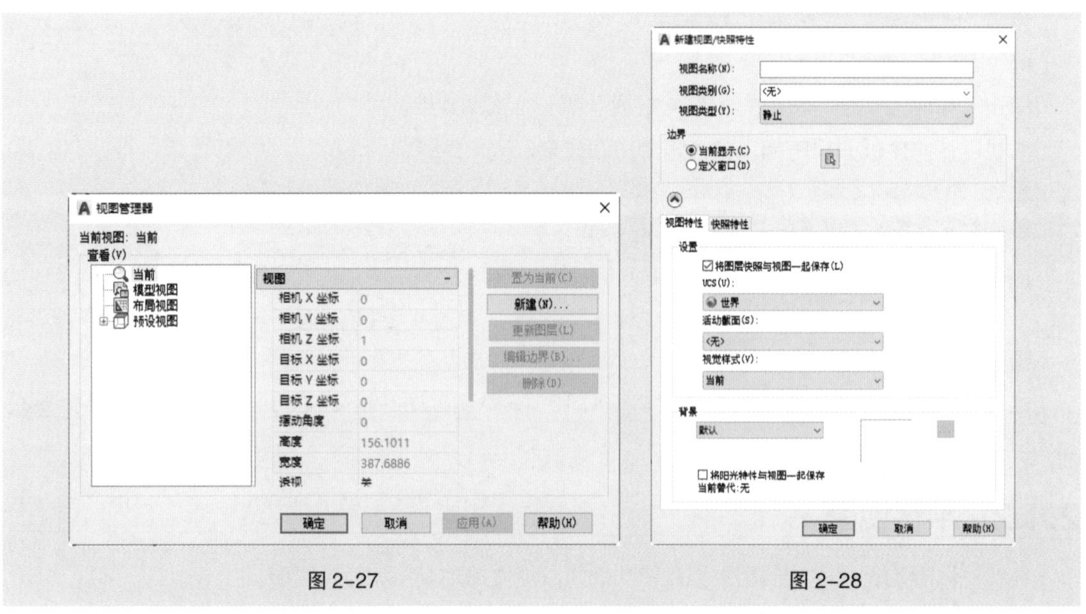

图 2–27　　　　图 2–28

（6）在“背景”选项组的下拉列表提供了“默认”“纯色”“渐变色”“图像”“阳光与天光”“环境”等选项，可以使用任何一种三维视觉样式来替换视图的背景。例如，选择“纯色”选项，弹出“背景”对话框，可以改变背景颜色，单击“确定”按钮，返回“新建视图”对话框。

（7）单击“确定”按钮，返回“视图管理器”对话框。

（8）单击“确定”按钮，关闭“视图管理器”对话框。

2．恢复命名视图

在绘图过程中，如果需要回到指定的某个视图，可以通过“命名视图”命令来实现。

（1）选择“视图 > 命名视图”命令，弹出“视图管理器”对话框。

（2）在“视图管理器”对话框的“视图”列表中选择要恢复的视图。

（3）单击“置为当前”按钮。

（4）单击“确定”按钮，关闭“视图管理器”对话框。

3．改变命名视图的名称

（1）选择“视图 > 命名视图”命令，弹出“视图管理器”对话框。

（2）在“视图管理器”对话框的“视图”列表中选择要重命名的视图。

（3）在中间的“常规”栏中，选择需要重命名的视图名称，输入视图的新名称，如图 2-29 所示。

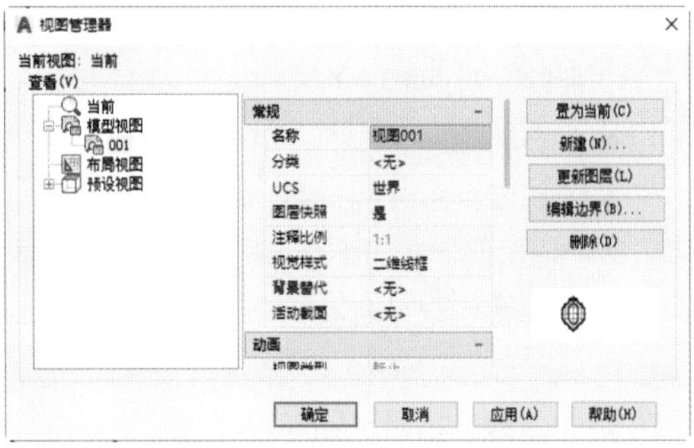

图 2-29

（4）单击“确定”按钮，关闭“视图管理器”对话框。

4．更新视图图层

（1）选择“视图 > 命名视图”命令，弹出“视图管理器”对话框。

（2）在“视图管理器”对话框的“视图”列表中选择要更新图层的视图。

（3）单击“更新图层”按钮，更新选定的命名视图的图层信息，使其与当前模型空间和布局视口中的图层可见性匹配。

（4）单击“确定”按钮，关闭“视图管理器”对话框。

5．编辑视图边界

（1）选择“视图 > 命名视图”命令，弹出“视图管理器”对话框。

（2）在“视图管理器”对话框的“视图”列表中选择要编辑边界的视图。

（3）单击“编辑边界”按钮，选择的命名视图居中并缩小显示，绘图区域的其他部分以较浅的颜色显示，从而突出命名视图的边界。可以重复指定新边界的对角点，然后按 Enter 键确认。

（4）单击“确定”按钮，关闭“视图管理器”对话框。

6．删除命名视图

不再需要某个视图时，可以将其删除。

（1）选择“视图 > 命名视图”命令，弹出“视图管理器”对话框。

（2）在“视图管理器”对话框的“视图”列表中选择要删除的视图。

（3）单击“删除”按钮，将视图删除。

（4）单击“确定”按钮，关闭“视图管理器”对话框。

2.4.4 平铺视图

使用模型空间绘图，一般情况下都是在充满整个工作界面的单个视口中进行。如果需要同时显示一幅图的不同视图，可以利用平铺视图功能，将绘图窗口分成几个部分。这时，工作界面上会出现多个视口。

启用命令的方法：选择“视图 > 视口 > 新建视口”命令。

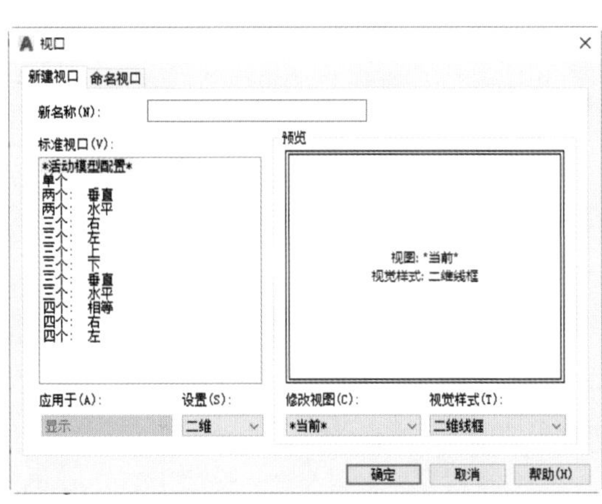

图 2-30

选择“视图 > 视口 > 新建视口”命令，弹出“视口”对话框，如图 2-30 所示。在“视口”对话框中，可以根据需要设置多个视口，进行平铺视图的操作。

“视口”对话框中的选项说明如下。

- “新名称”文本框：用于输入新建视口的名称。
- “标准视口”列表框：用于选择需要的标准视口样式。
- “应用于”下拉列表框：用于选择平铺视图的应用范围。
- “设置”下拉列表框：在进行二维图形操作时，可以在该下拉列表框中选择“二维”选项；如果是进行三维图形操作，则可以在该下拉列表框中选择“三维”选项。
- “预览”窗口：在“标准视口”列表框中选择所需配置后，可以通过该窗口预览平铺视图的样式。
- “修改视图”下拉列表框：当在“设置”下拉列表框中选择“三维”选项时，可以在该下拉列表框中选择定义各平铺视图的视角；当在“设置”下拉列表框中选择“二维”选项时，该下拉列表框中只有“当前”一个选项，即选择的平铺视图内都将显示同一个视图。
- “视觉样式”下拉列表框：有“二维线框”“隐藏”“线框”“概念”“真实”等选项可以选择。

2.4.5 重生成视图

使用 AutoCAD 2019 绘制的图形是精确的，但是为了提高显示速度，系统常常将曲线图形以简化的形式进行显示，如使用连续的折线来表示平滑的曲线。如果要恢复为平滑的曲线显示模式，可以使用如下几种方法。

1. 重生成

使用“重生成”命令，可以在当前视口中重新生成整个图形并重新计算所有图形对象的坐标，优化显示和对象选择性能。

2. 全部重生成

“全部重生成”命令与“重生成”命令的功能基本相同，不同的是“全部重生成”命令可以在所有视口中重新生成图形并重新计算所有图形对象的坐标，优化显示和对象选择性能。

3. 设置系统的显示精度

通过对系统显示精度的设置，可以控制圆、圆弧、椭圆和样条曲线的外观，该功能可使圆的外观变得平滑。

启用命令的方法如下。

- 菜单命令：选择“工具 > 选项”命令。
- 命令行：输入“VIERES”，按 Enter 键。

选择“工具 > 选项”命令，弹出“选项”对话框，单击“显示”选项卡，如图 2-31 所示。

在对话框右侧的“显示精度”选项组中，在“圆弧和圆的平滑度”选项前面的数值框中输入数值可以控制系统的显示精度，其默认数值为 1000，有效的输入范围为 1 ~ 20000。数值越大，系统显示的精度就越高，但是显示速度就越慢。单击“确定”按钮，完成系统显示精度设置。

输入命令进行设置与在“选项”对话框中进行设置的结果相同。增大缩放百分比数值，会重生成更新的图形，并使圆的外观平滑；减小缩放百分比数值则会有相反的效果。增大缩放百分比数值可能会增加重生成图形的时间。

在命令行窗口中输入命令来调用此命令，操作步骤如下。

```
命令 :VIERES                                         // 输入“快速缩放”命令
是否需要快速缩放？ [ 是 (Y)/ 否 (N)] < >: y            // 选择“是”选项
输入圆的缩放百分比 (1−20000) <1000>: 10000             // 输入缩放百分比数值
```

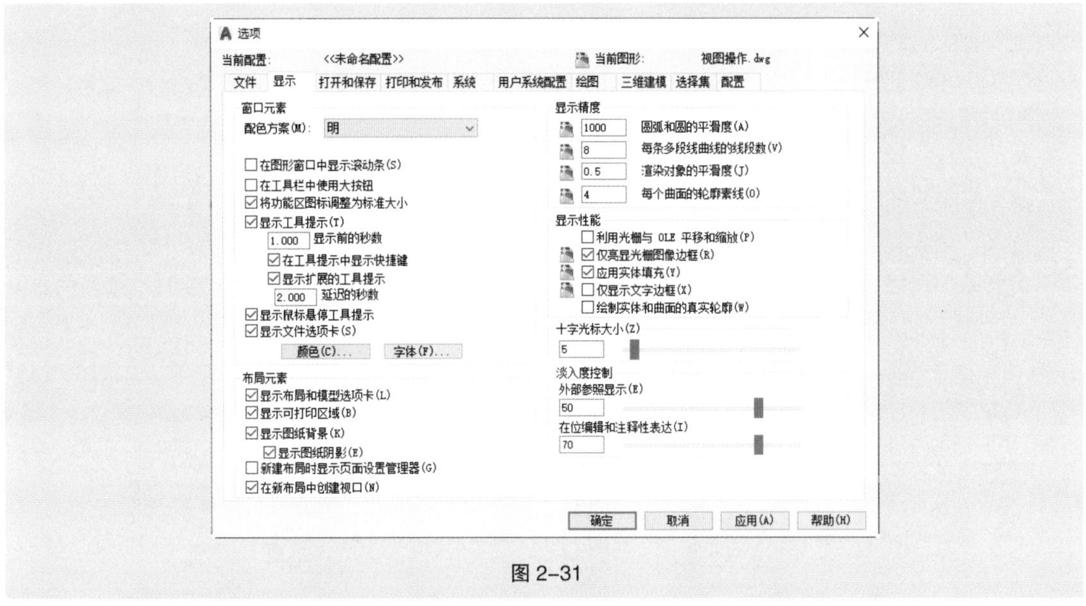

图 2-31

2.5 鼠标按键的定义

在 AutoCAD 2019 中进行操作时，鼠标各按键具有不同的功能，具体如下。

1．左键

左键为拾取键，用于单击工具栏按钮、选取菜单命令以发出命令，也可以用于在绘图过程中选择点和图形对象等。

2．右键

右键的默认设置是用于显示快捷菜单，单击鼠标右键可以弹出快捷菜单。

用户可以自定义右键的功能，方法如下。

选择“工具 > 选项”命令，弹出“选项”对话框，单击“用户系统配置”选项卡，单击其中的“自定义右键单击”按钮，弹出“自定义右键单击”对话框，如图 2-32 所示，可以在其中自定义右键的功能。

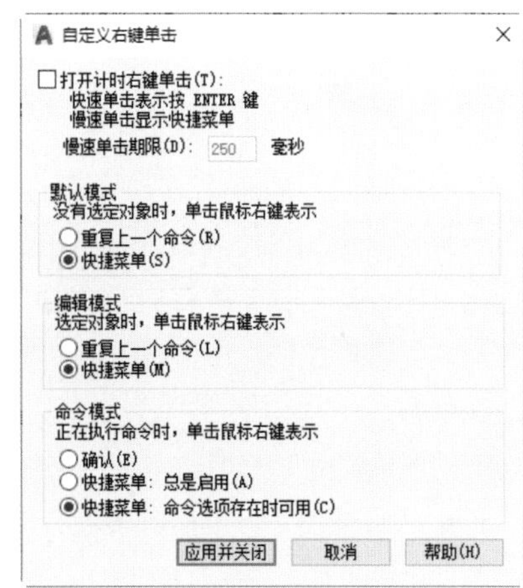

图 2-32

3．中键

中键常用于快速浏览图形。在绘图窗口中按住中键，十字光标将变为✋形状，移动鼠标可快速移动图形；双击中键，绘图窗口将显示全部图形对象。当鼠标中键为滚轮时，将十字光标放置于绘图窗口中，直接向下滚动滚轮可缩小图形，向上滚动滚轮可放大图形。

2.6 文件打印

通常在图形绘制完成后，需要将其打印于图纸上。在打印图形的操作过程中，用户需要先启用“打印”命令，然后选择或设置相应的选项即可打印图形。

启用命令的方法如下。

- 菜单命令：选择“文件 > 打印”命令。
- 命令行：输入“PLOT”，按 Enter 键。

文件打印的基础操作如下，

选择“文件 > 打印”命令，启用“打印”命令，弹出“打印 – 模型”对话框，如图 2–33 所示。用户需要从中选择打印设备、图纸尺寸、打印区域和打印比例等。单击“打印 – 模型”对话框右下角的“展开”按钮⊙，可展开右侧隐藏部分的内容，如图 2–34 所示。

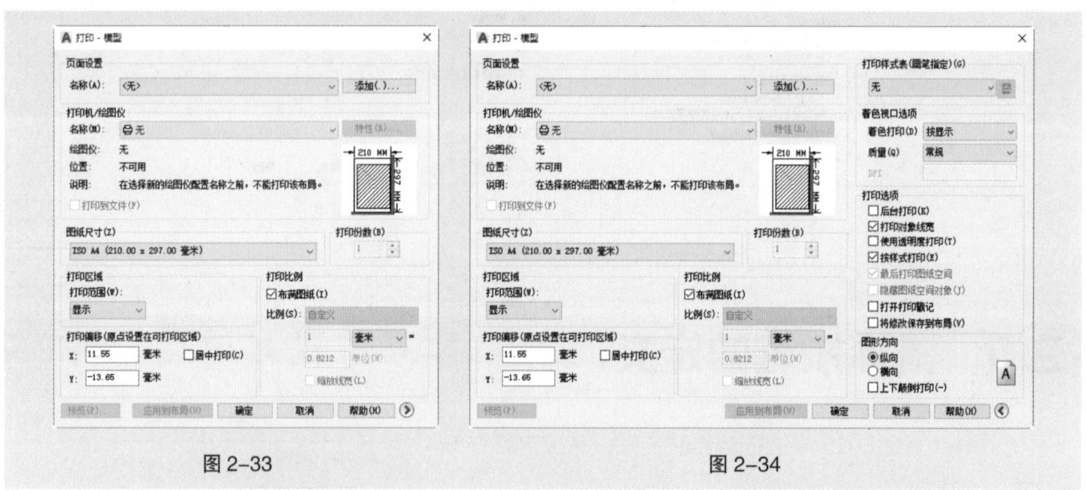

图 2–33　　图 2–34

该对话框中的选项说明如下。

“打印机 / 绘图仪”选项组用于选择打印设备。

- “名称”下拉列表框：用于选择打印设备的名称。当用户选定打印设备后，系统将显示该设备的名称、连接方式、网络位置及与打印相关的注释信息，同时其右侧的“特性”按钮将变为可选状态。

“图纸尺寸”选项组用于选择图纸的尺寸。

- “图纸尺寸”下拉列表框：可以根据打印的要求选择相应的图纸尺寸，如图 2–35 所示。

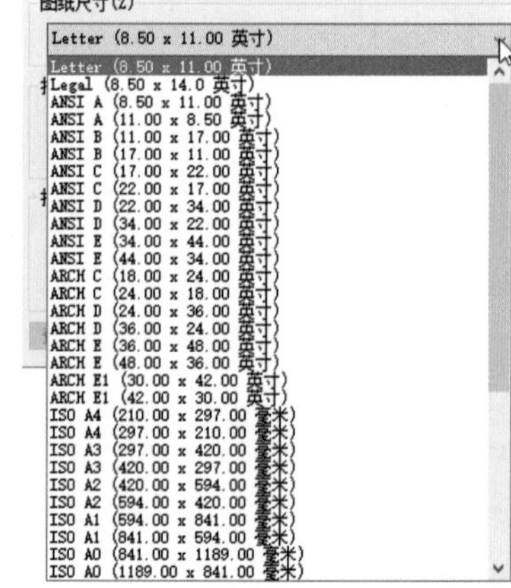

图 2–35

若该下拉列表框中没有相应的图纸尺寸，则需要用户自定义图纸尺寸。其操作方法是：单击“打印机 / 绘图仪”选项组中的“特性”按钮，弹出“绘图仪配置编辑器”对话框，然后选择“自定义图纸尺寸”选项，并在出现的“自定义图纸尺寸”选项组中单击“特性”按钮，随后根据系统的提示依次输入相应的图纸尺寸。

“打印区域”选项组用于设置图形的打印范围。

● “打印范围”下拉列表框：从中可选择要输出图形的范围，如图 2–36 所示。

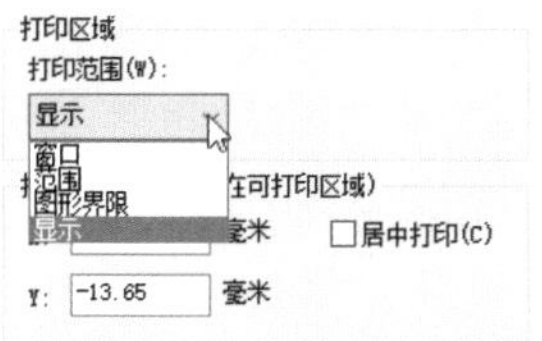

图 2–36

当用户在“打印范围”下拉列表框中选择“窗口”选项时，用户可以选择指定的打印区域。其操作方法是：在“打印范围”下拉列表框中选择“窗口”选项，其右侧将出现“窗口”按钮，单击“窗口”按钮，系统将隐藏“打印 – 模型”对话框，此时用户可在绘图窗口内指定打印的区域，如图 2–37 所示。打印预览效果如图 2–38 所示。

当用户在“打印范围”下拉列表框中选择“范围”选项时，可以通过设置的范围来选择打印区域。

当用户在“打印范围”下拉列表框中选择“图形界限”选项时，可以通过设置的图形界限来选择打印区域。

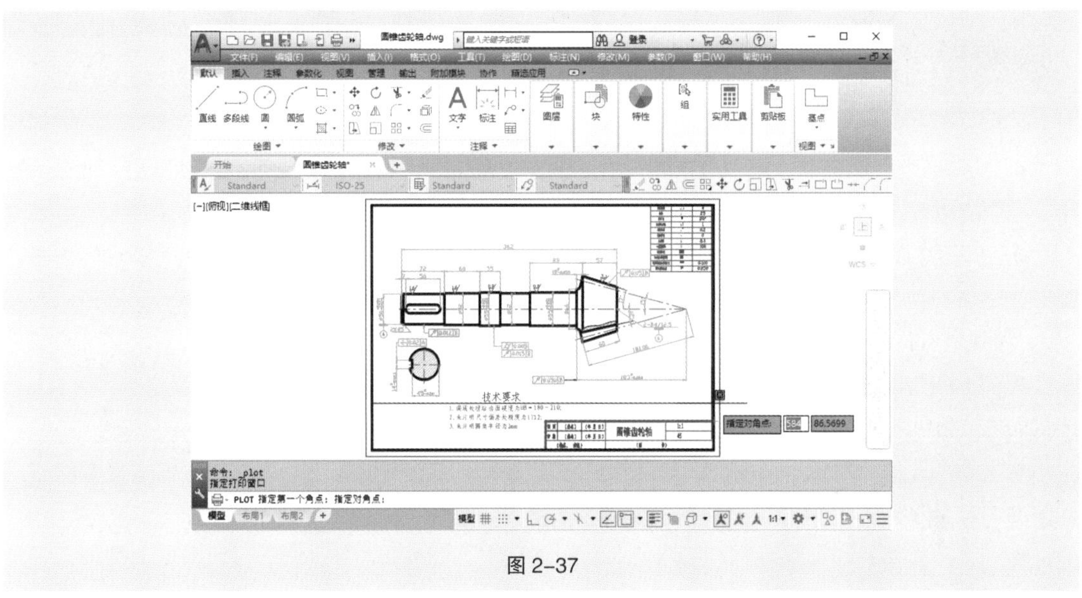

图 2–37

图 2–38

当用户在“打印范围”下拉列表框中选择“显示”选项时，可以通过绘图窗口来选择打印区域。

● “布满图纸”复选框：勾选该复选框后，将自动按照图纸的大小适当缩放图形，使打印的图形布满整张图纸。勾选“布满图纸”复选框后，“打印比例”选项组的其他选项变为不可选状态。

● “比例”下拉列表框：用于选择图形的打印比例，如图 2-39 所示。当用户选择比例选项后，系统将在下面的数值框中显示相应的比例数值，如图 2-40 所示。

“打印偏移（原点设置在可打印区域）”选项组用于设置图纸打印的位置，如图 2-41 所示。在默认状态下，AutoCAD 2019 将从图纸的左下角打印图形，其打印原点的坐标是（0,0）。

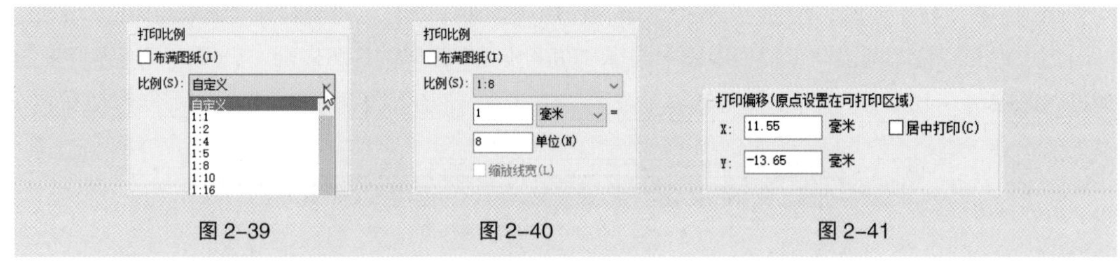

图 2-39　　图 2-40　　图 2-41

● “X”“Y”数值框：用于设置图形打印的原点位置。设置后，图形将在图纸上沿 x 轴和 y 轴移动相应的位置。

● “居中打印”复选框：勾选该利复选框后，可在图纸的正中间打印图形。

图 2-42

“图形方向”选项组用于设置图形在图纸上的打印方向，如图 2-42 所示。

● “纵向”单选按钮：当用户选择“纵向”单选按钮时，图形在图纸上的打印位置是纵向的，即图形的长边为垂直方向。

● “横向”单选按钮：当用户选择“横向”单选按钮时，图形在图纸上的打印位置是横向的，即图形的长边为水平方向。

● “上下颠倒打印”复选框：勾选“上下颠倒打印”复选框，可以使图形在图纸上倒置打印。该选项可以与“纵向”“横向”两个单选按钮结合使用。

“着色视口选项”选项组用于打印经过着色或渲染的三维图形，如图 2-43 所示。

“着色打印”下拉列表框提供了“按显示”“传统线框”“传统消隐”“渲染”等多个选项。

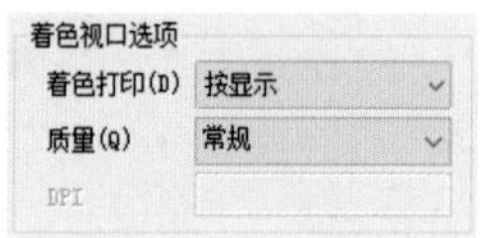

图 2-43

● “按显示”选项：按图形对象在工作界面上的显示情况进行打印。

● 传统“线框”选项：按线框模式打印图形对象，而不考虑图形在工作界面上的显示情况。

● 传统“消隐”选项：按消隐模式打印图形对象，即在打印图形时去除其隐藏线。

● “渲染”选项：按渲染模式打印图形对象。

“质量”下拉列表框中有 6 个选项，分别为“草稿”“预览”“常规”“演示”“最高”“自定义”。

● “草稿”选项：渲染或着色的图形以线框的方式打印。

● “预览”选项：将渲染或着色的图形的打印分辨率设置为当前设备分辨率的 1/4，DPI 最大值为 150。

● “常规”选项：将渲染或着色的图形的打印分辨率设置为当前设备分辨率的 1/2，DPI 最大值为 300。

● “演示”选项：将渲染或着色的图形的打印分辨率设置为当前设备的分辨率，DPI 最大值为 600。

● “最高”选项：将渲染或着色的图形的打印分辨率设置为当前设备的分辨率。

● “自定义”选项：将渲染或着色的图形的打印分辨率设置为“DPI”文本框中用户指定的分辨率。

● “预览”按钮：显示图纸打印的预览图。如果要直接进行打印，可以单击“打印”按钮，打印图形；如果设置的打印效果不理想，可以单击“关闭预览”按钮⊗，返回到“打印”对话框中进行修改，再进行打印。

用户常常需要在一张图纸上打印多个图形，以便节省图纸，操作步骤如下。

（1）选择“文件 > 新建”命令，创建新的图形文件。

（2）选择“插入 > 块”命令，弹出“插入”对话框，单击“浏览”按钮，弹出“选择图形文件”对话框。从中选择要插入的图形文件，单击“打开”按钮。此时，“插入”对话框的“名称”文本框内将显示所选文件的名称，如图 2-44 所示，单击“确定”按钮，将图形插入指定的位置。

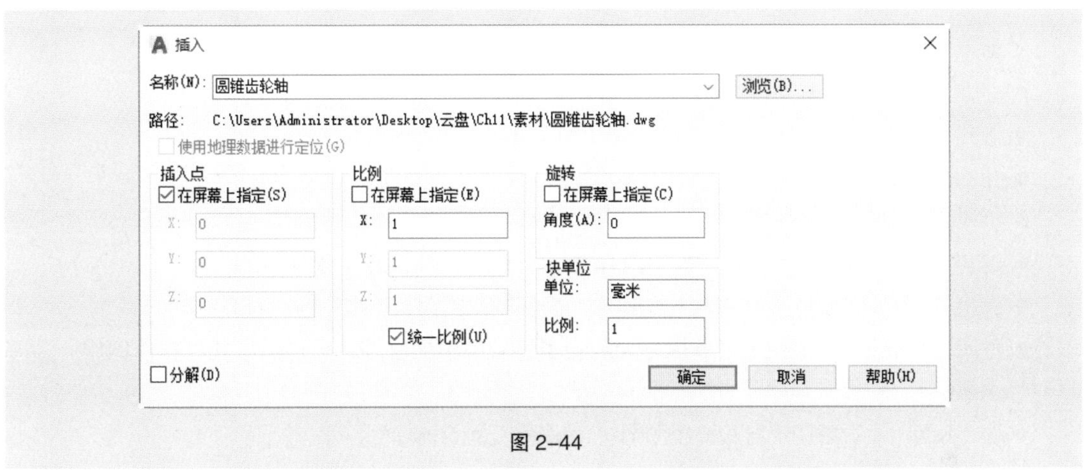

图 2-44

（3）利用相同的方法插入其他图形。单击“缩放”按钮，将图形进行缩放，其缩放的比例与打印比例相同，使其组成一张图纸幅面。

（4）选择“文件 > 打印”命令，弹出“打印”对话框，设置比例为 1:1，并打印图形。

2.7 文件输出格式

在 AutoCAD 2019 中，利用“输出”命令可以将绘制的图形输出为 BMP 和 3DS 等格式的文件，可以并在其他应用程序中使用它们。

启用命令的方法如下。

● 菜单命令：选择“文件 > 输出”命令。

● 命令行：输入“EXPORT”（快捷命令：EXP），按 Enter 键。

选择“文件 > 输出”命令，弹出“输出数据”对话框。指定文件的名称和保存路径，并在“文件类型”下拉列表框中选择相应的输出格式，如图 2-45 所示。单击“保存”按钮，将图形输出为所选格式的文件。

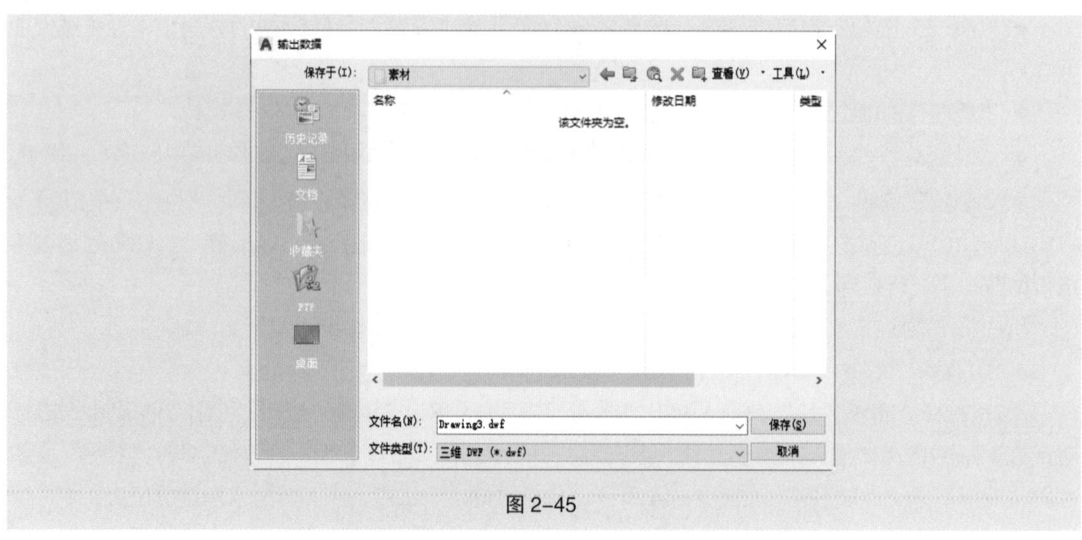

图 2-45

“文件类型”下拉列表框中各选项的介绍如下。

- 三维 DWF (*.dwf)：Autodesk Web 图形格式。
- 图元文件（*. wmf）：将图形对象输出为图元文件，后缀名为“wmf ”。
- ACIS（*.sat）：将图形对象输出为实体对象文件，后缀名为“sat”。
- 平板印刷（*.stl）：将图形对象输出为实体对象立体画文件，后缀名为“stl”。
- 封装 PS（*.eps）：将图形对象输出为 PostScript 文件，后缀名为“eps”。
- DXX 提取（*.dxx）：将图形对象输出为属性抽取文件，后缀名为“dxx”。
- 位图（*.bmp）：将图形对象输出为与设备无关的位图文件，可供图像处理软件调用，后缀名为“bmp”。
- 块（*.dwg）：将图形对象输出为图块，后缀名为“dwg”。
- V8 DGN (*.dgn)：将图形对象输出为 MicroStation DGN 文件。

03 第 3 章 绘图设置

第 3 章简介

本章介绍

本章主要介绍 AutoCAD 2019 的绘图设置，如坐标系统、单位与界限、工具栏、图层管理、图形对象属性及非连续线的外观等的设置。通过本章的学习，读者可以掌握如何进行绘图设置，为绘制建筑工程图做好准备。

学习目标

- 了解世界坐标系和用户坐标系的区别；
- 了解图形单位与界限的设置方法；
- 了解工具栏的设置方法。

技能目标

- 掌握图层的应用与操作技巧；
- 掌握图形对象属性的设置方法和技巧；
- 掌握非连续线的外观的设置方法。

3.1 坐标系统

AutoCAD 2019 有两个坐标系统：一个是称为世界坐标系（World Coordinate System, WCS）的固定坐标系，另一个是称为用户坐标系（User Coordinte System，UCS）的可移动坐标系。用户可以依据世界坐标系定义用户坐标系。

3.1.1 世界坐标系

世界坐标系是 AutoCAD 2019 的默认坐标系，如图 3-1 所示。在世界坐标系中，x 轴为水平方向，y 轴为垂直方向，z 轴垂直于 xy 平面。原点是图形左下角 x 轴和 y 轴的交点（0,0）。图形中的任何一点都可以用相对于其原点（0,0）的距离和方向来表示。

图 3-1

在世界坐标系中，AutoCAD 2019 提供了以下几种坐标输入方式。

1. 直角坐标方式

在二维空间中，利用直角坐标方式输入点的坐标值时，只需输入点的 x、y 坐标值，AutoCAD 将自动分配 z 坐标值为 0。

在输入点的坐标值（即 x、y 坐标值）时，可以使用绝对坐标值或相对坐标值形式。绝对坐标值是相对于坐标系原点的数值；而相对坐标值是指相对于最后输入点的坐标值。

- 绝对坐标值

绝对坐标值的输入形式是：x,y。

其中，x、y 分别是输入点相对于原点的 x 坐标和 y 坐标。

- 相对坐标值

相对坐标值的输入形式是：@x,y。

即在坐标值前面加上符号 @。例如：“@10,5”表示距当前点沿 x 轴正方向 10 个单位、沿 y 轴正方向 5 个单位的新点。

2. 极坐标方式

在二维空间中，利用极坐标方式输入点的坐标值时，只需输入点的距离 r、夹角 θ，AutoCAD 2019 将自动分配 z 坐标值为 0。

利用极坐标方式输入点的坐标值时，也可以使用绝对坐标值或相对坐标值形式。

- 绝对极坐标值

绝对极坐标值的输入形式是：$r<\theta$。

其中，r 表示输入点与原点的距离，θ 表示输入点和原点的连线与 x 轴正方向的夹角。默认情况下，逆时针为正，顺时针为负，如图 3-2 所示。

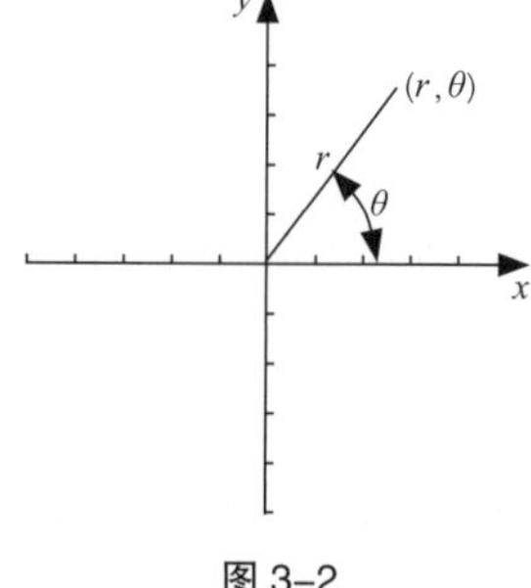

图 3-2

- 相对极坐标值

相对极坐标值的输入形式是：@ $r<\theta$。

表 3-1 所示为坐标输入方式。

表 3-1

坐标输入方式	直角坐标	极坐标
绝对坐标值形式	x,y	r（距离值）<θ（角度值）
相对坐标值形式	@x,y	@r（距离值）<θ（角度值）

3.1.2　用户坐标系

AutoCAD 2019 的另一种坐标系是用户坐标系。世界坐标系是系统提供的，不能移动或旋转，而用户坐标系是由用户相对于世界坐标系而建立的，其可以移动、旋转。用户可以设定工作界面上的任意一点为坐标原点，也可指定任何方向为 x 轴的正方向。

在用户坐标系中，输入坐标的方式与世界坐标系相同，也有 4 种输入方式（见表 3-1）。但其坐标值不是相对于世界坐标系，而是相对于当前坐标系的。

3.2　单位与界限

利用 AutoCAD 2019 绘制建筑工程图时，一般根据建筑物体的实际尺寸来绘制。这就需要选择某种度量单位作为绘图标准，才能绘制出精确的工程图，并且还需要对图形制定一个类似图纸边界的限制，使绘制的图形能够按合适的比例尺打印成图纸。因此，在绘制建筑工程图前需要选择绘图使用的单位，设置图形的界限，然后才能开始绘制。

3.2.1　设置图形单位

可以在创建新文件时对图形文件的单位进行设置，也可以在建立图形文件后改变其默认的单位。

1. 创建新文件时进行单位设置

选择“文件 > 新建”命令，弹出“选择样板”对话框，单击“打开”按钮右侧的▾按钮，在弹出的下拉菜单中选择相应的打开命令，创建一个使用公制或英制单位的图形文件。

2. 改变已存在图形的单位设置

在绘制图形的过程中，可以改变图形的单位设置，操作步骤如下。

（1）选择“格式 > 单位”命令，弹出“图形单位”对话框，如图 3-3 所示。

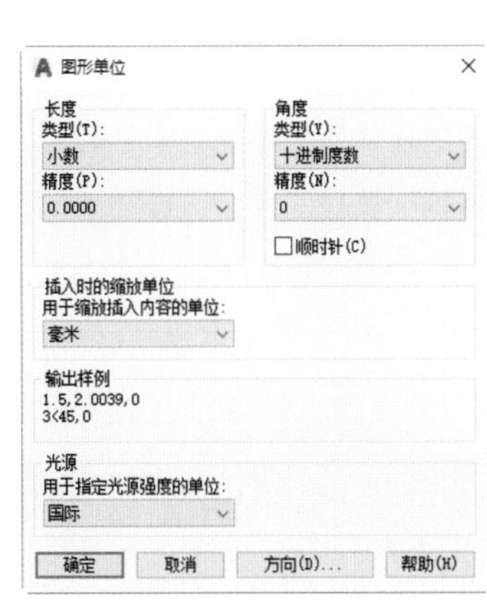

图 3-3

（2）在“长度”选项组中，可以设置长度单位的类型和精度；在“角度”选项组中，可以设置用于角度单位的类型、精度和方向；在“插入时的缩放单位”选项组中，可以设置用于缩放插入内容的单位。

（3）单击“方向”按钮，弹出“方向控制”对话框，可以设置基准角度，如图 3-4 所示。单击“确定”按钮，返回“图形单位”对话框。

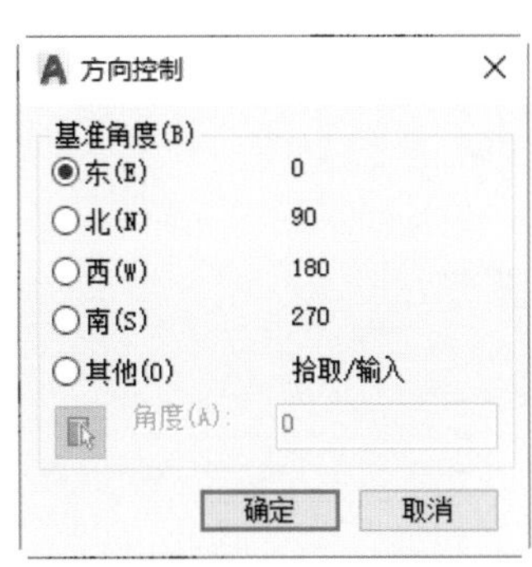

图 3-4

（4）单击“确定”按钮，确认文件的单位设置。

3.2.2　设置图形界限

设置图形界限就是设置图纸的大小。绘制建筑工程图时，通常需要根据建筑物体的实际尺寸来绘制图形，因此需要设定图形的界限。在 AutoCAD 2019 中，设置图形界限主要是为确定图纸的边界。

建筑图纸常用的几种比较固定的图纸规格有 A0（1189mm × 841mm）、A1（841mm × 594mm）、A2（594mm × 420mm）、A3（420mm × 297mm）和 A4（297mm × 210mm）等。

选择“格式 > 图形界限”命令，或在命令行窗口中输入“LIMITS”，均可启用设置图形界限的命令。操作步骤如下。

命令 :_limits　　　　　　　　　　　　　　　　　　　// 输入“图形界限”命令

重新设置模型空间界限 :

指定左下角点或 [开 (ON)/ 关 (OFF)] <0.0000,0.0000>:　　　　// 按 Enter 键

指定右上角点 <420.0000,297.0000>: 10000,8000　　　　　　// 输入设置的数值

3.3　工具栏

工具栏提供访问 AutoCAD 2019 中的命令的快捷方式，利用工具栏中的工具可以完成大部分绘图工作。

3.3.1　打开常用工具栏

在绘制图形的过程中可以打开一些常用的工具栏，如“标注”“对象捕捉”等。

在任意一个工具栏上单击鼠标右键，会弹出图 3-5 所示的快捷菜单。命令左侧有“√”标记表示其工具栏已打开。选择菜单中的命令，如“对象捕捉”和“标注”命令，可打开其工具栏。

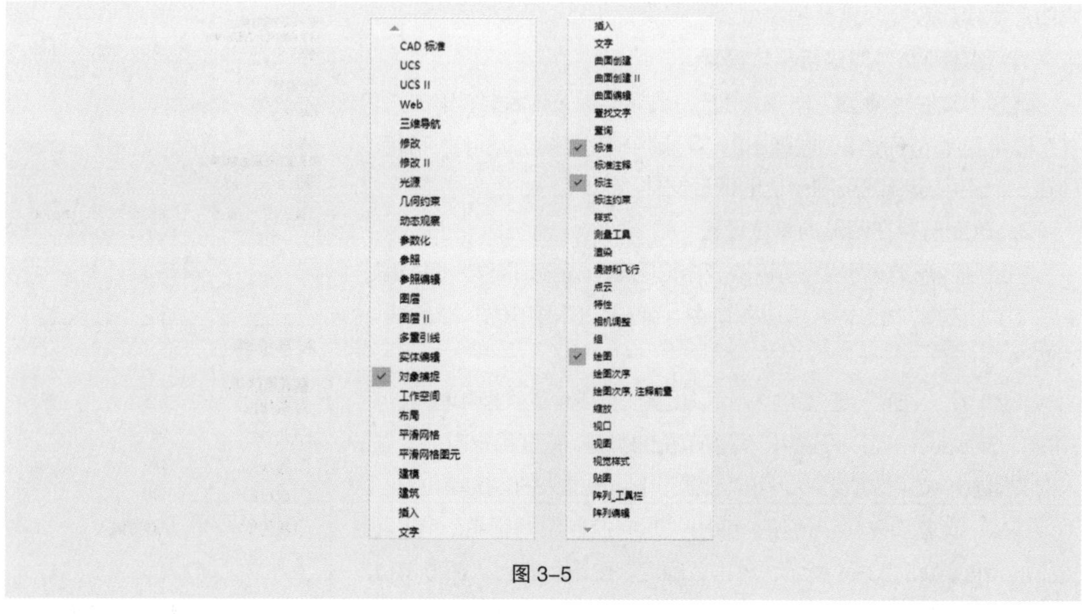

图 3-5

将绘图过程中常用的工具栏（如“对象捕捉”“标注”等）打开，合理地使用工具栏，可以提高工作效率。

3.3.2 自定义工具栏

“自定义用户界面”对话框可以用来自定义工作空间、工具栏、菜单、快捷菜单和其他用户界面元素。在“自定义用户界面”对话框中，可以创建新的工具栏。例如，可以将绘图过程中常用的按钮放置于同一工具栏中，以满足绘图需要，提高绘图效率。

启用命令的方法如下。

- 菜单命令：选择“视图 > 工具栏”或“工具 > 自定义 > 界面”命令。
- 命令行：输入“TOOLBAR”或“CUI”，按 Enter 键。

在绘制图形的过程中，可以自定义工具栏，操作步骤如下。

（1）选择“工具 > 自定义 > 界面”命令，弹出“自定义用户界面”对话框，如图 3-6 所示。

图 3-6

（2）在“自定义用户界面”对话框的“所有文件中的自定义设置”窗口中，选择“ACAD > 工具栏”选项，如图 3-7 所示。在该选项上单击鼠标右键，在弹出的快捷菜单中选择“新建工具栏”命令。输入新建的工具栏的名称“建筑”，如图 3-8 所示。

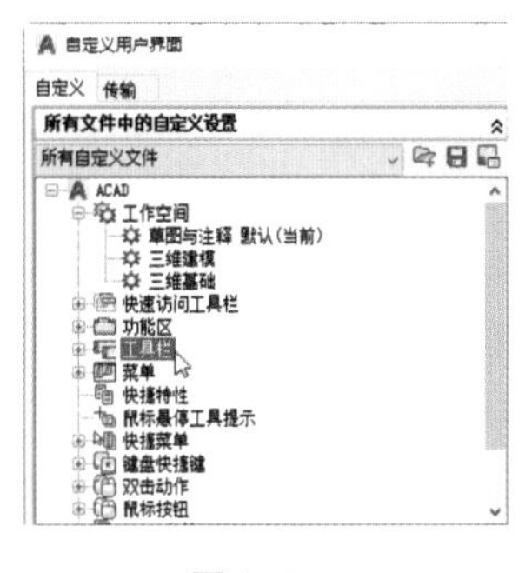

图 3-7

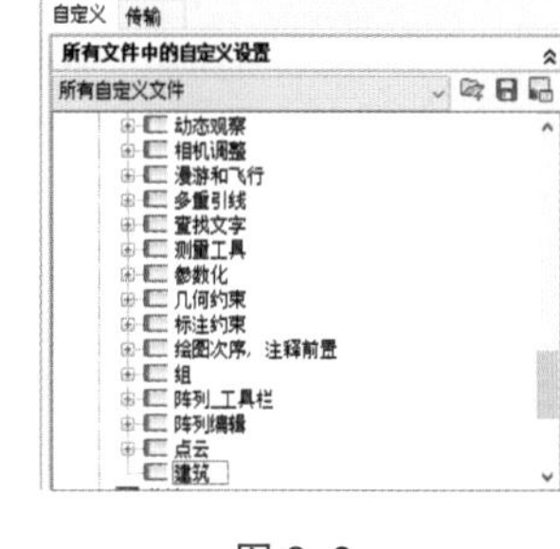

图 3-8

（3）在“命令列表”窗口中，单击“仅所有命令”下拉列表框，选择“修改”选项，“命令”列表框会列出相应的命令，如图 3-9 所示。

（4）在“命令列表”窗口中选择需要添加的命令，按住鼠标左键不放，将其拖到“建筑”工具栏下，如图 3-10 所示。

（5）按照自己的绘图习惯将常用的命令拖到“建筑”工具栏下，创建自定义的工具栏。

（6）单击“确定”按钮，返回绘图窗口，自定义的“建筑”工具栏如图 3-11 所示。

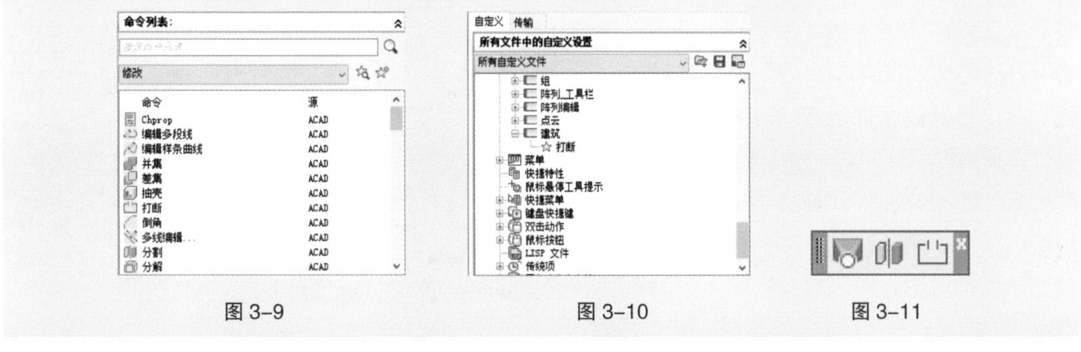

图 3-9　　图 3-10　　图 3-11

3.3.3 布置工具栏

根据工具栏的显示方式，AutoCAD 2019 的工具栏可分为弹出式工具栏、固定式工具栏和浮动式工具栏 3 种，如图 3–12 所示。

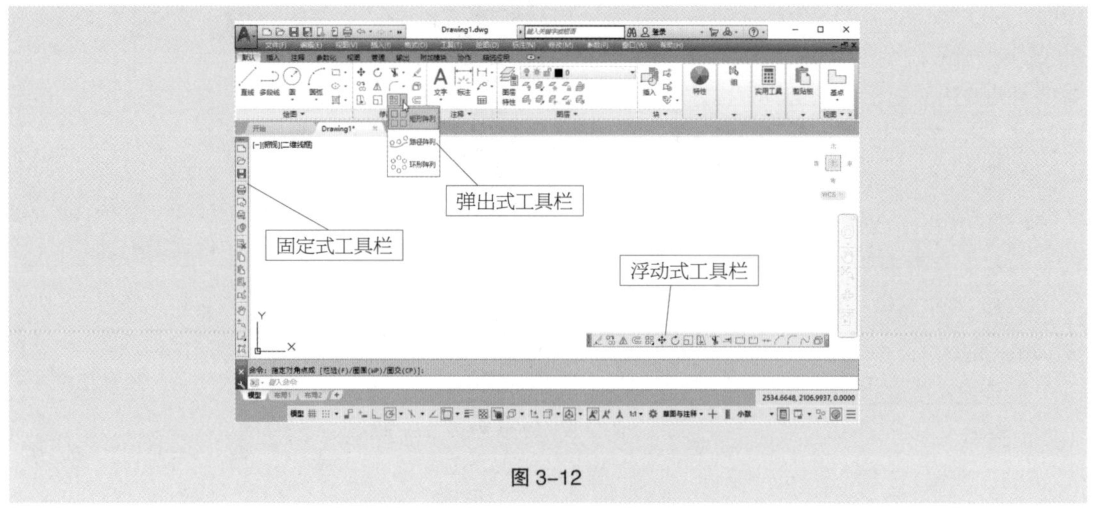

图 3–12

- 弹出式工具栏：有些按钮的右下角或右侧有一个三角标记，如“矩形阵列”按钮，单击这样的按钮或三角标记并按住鼠标左键不放时，系统会显示弹出式工具栏。
- 固定式工具栏：显示于绘图窗口的四周，其上部或左部有两条凸起的线条。
- 浮动式工具栏：显示于绘图窗口内。可以将浮动工具栏拖曳至新位置、调整其大小或将其固定。

提示

将浮动式工具栏拖曳到固定式工具栏的区域，可将其设置为固定式工具栏；同理，将固定式工具栏拖曳到浮动式工具栏的区域，可将其设置为浮动式工具栏。

调整好工具栏的位置后，可将工具栏锁定。选择“窗口 > 锁定位置 > 浮动工具栏”命令，可以锁定浮动工具栏。选择“窗口 > 锁定位置 > 固定工具栏”命令，可以锁定固定的工具栏。如果想移动工具栏，需要临时解锁工具栏，可以按住 Ctrl 键后单击工具栏，将其拖曳、调整大小或将其固定。

3.4 图层管理

绘制建筑工程图时，为了方便管理和修改图形，需要将特性相似的对象绘制在同一图层上。例如，将建筑工程图中的墙体线绘制在“墙体”图层，将所有的尺寸标注绘制在“尺寸标注”图层。

在“图层特性管理器”对话框中可以对图层进行设置和管理，如图 3–13 所示。在“图层特性管理器”对话框中，可以显示图层列表及其特性，也可以添加、删除和重命名图层，以及修改图层特性或添加说明。图层过滤器用于控制在列表中显示哪些图层，并可同时对多个图层进行修改。

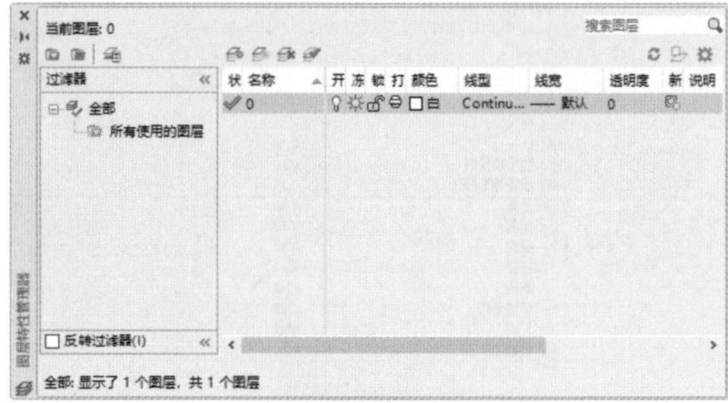

图 3–13

启用命令的方法如下。

- 工具栏：单击“图层”工具栏中的“图层特性管理器”按钮。
- 菜单命令：选择“格式 > 图层”命令。
- 命令行：输入“LAYER”（快捷命令：LA），按 Enter 键。

3.4.1 创建图层

在绘制建筑工程图的过程中，可以根据绘图需要来创建图层。

创建图层的操作步骤如下。

（1）选择“格式 > 图层”命令，或单击“图层”工具栏中的“图层特性管理器”按钮，弹出“图层特性管理器”对话框。

（2）单击“图层特性管理器”对话框中的“新建图层”按钮，或按 Alt+N 组合键。

（3）系统将在图层列表中添加新图层，其默认名称为“图层 1”，并且高亮显示，如图 3-14 所示。在“名称”栏中输入图层的名称，按 Enter 键，确定新图层的名称。

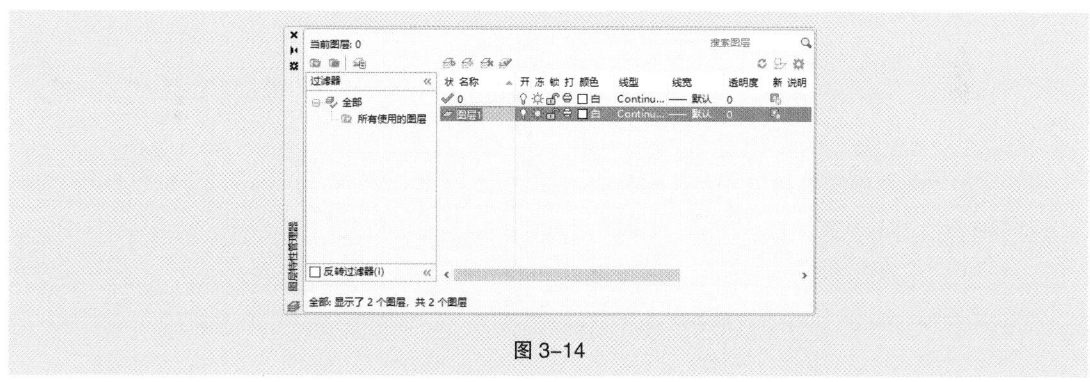

图 3-14

图层的名称最多可有 225 个字符，可以是数字、汉字、字母等。有些符号是不能使用的，例如“，”“>”“<”等。为了区别不同的图层，应该为每个图层设置不同的图层名称。通常在建筑工程图中，图层的名称不使用汉字，而是采用阿拉伯数字或英文缩写形式表示。用户还可以用不同的颜色表示不同的元素，如表 3-2 所示。

表 3-2

图层名称	颜色	内容
2	黄色	建筑结构线
3	绿色	虚线、较为密集的线
4	湖蓝色	轮廓线
7	白色	其余各种线
DIM	绿色	尺寸标注
BH	绿色	填充
TEXT	绿色	文字、材料标注线

3.4.2 删除图层

在绘制图形的过程中，为了减小图形所占的空间，可以删除不使用的图层。

删除图层的操作步骤如下。

（1）选择“格式 > 图层”命令，或单击“图层”工具栏中的“图层特性管理器”按钮，弹出“图层特性管理器”对话框。

（2）在“图层特性管理器”对话框的图层列表中选择要删除的图层，单击“删除图层”按钮，或按 Alt+D 组合键。

提示

系统默认的“0”图层与“Defpoints”图层、当前图层、包含图形对象的图层及使用外部参照的图层是不能被删除的，如图 3-15 所示。

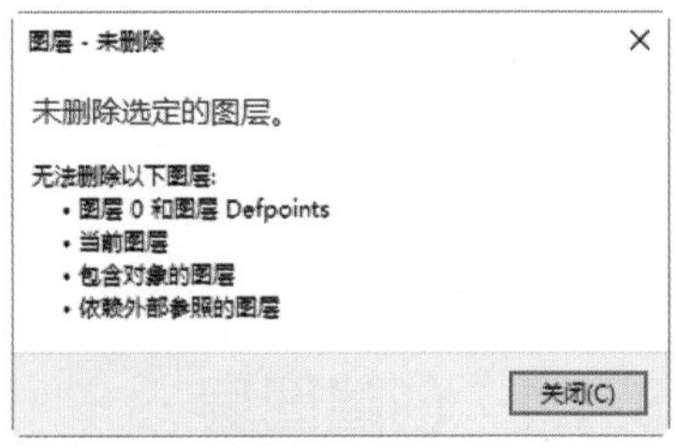

图 3-15

在“图层特性管理器”对话框的图层列表中，图层名称前的状态图标（蓝色）表示图层中包含图形对象，（灰色）表示图层中不包含图形对象。

3.4.3 设置图层的名称

在 AutoCAD 2019 中，图层名称默认为“图层 1”“图层 2”“图层 3”等，在绘制图形的过程中，可以对图层进行重命名。

设置图层名称的操作步骤如下。

（1）选择“格式 > 图层”命令，或单击“图层”工具栏中的“图层特性管理器”按钮，弹出“图层特性管理器”对话框。

（2）在“图层特性管理器”对话框的图层列表中选择需要重命名的图层。

（3）单击该图层的名称或按 F2 键，使之变为文本编辑状态，输入新的名称，如图 3-16 所示，按 Enter 键，确认新设置的图层名称。

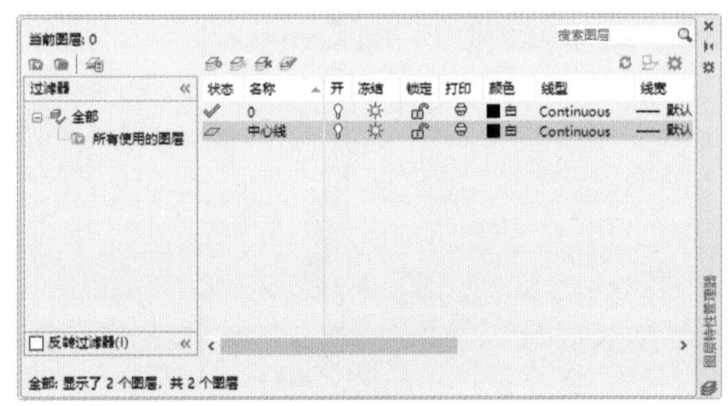

图 3-16

3.4.4 设置图层的颜色、线型和线宽

1．设置图层颜色

图层的默认颜色为“白色”。为了区别每个图层，应该为每个图层设置不同的颜色。在绘制图形时，可以通过设置图层的颜色来区分不同种类的图形对象。在打印图形时，单独为某种颜色指定一种线宽，则此颜色所有的图形对象都会以同一线宽进行打印。用颜色代表线宽可以减少存储量，提高显示效率。

AutoCAD 2019 中提供了 256 种颜色，通常在设置图层的颜色时，会采用 7 种标准颜色：红色、黄色、绿色、青色、蓝色、紫色及白色。这 7 种颜色区别较大又带有名称，便于识别和调用。

设置图层颜色的操作步骤如下。

（1）选择“格式 > 图层”命令，或单击“图层”工具栏中的“图层特性管理器”按钮，弹出“图层特性管理器”对话框。

（2）单击图层列表中需要改变颜色的图层的“颜色”栏图标■白，弹出“选择颜色”对话框。

（3）从颜色列表中选择适合的颜色，此时“颜色”文本框将显示颜色的名称，如图 3-17 所示。

（4）单击“确定”按钮，返回“图层特性管理器”对话框，图层列表中会显示新设置的颜色，如图 3-18 所示。

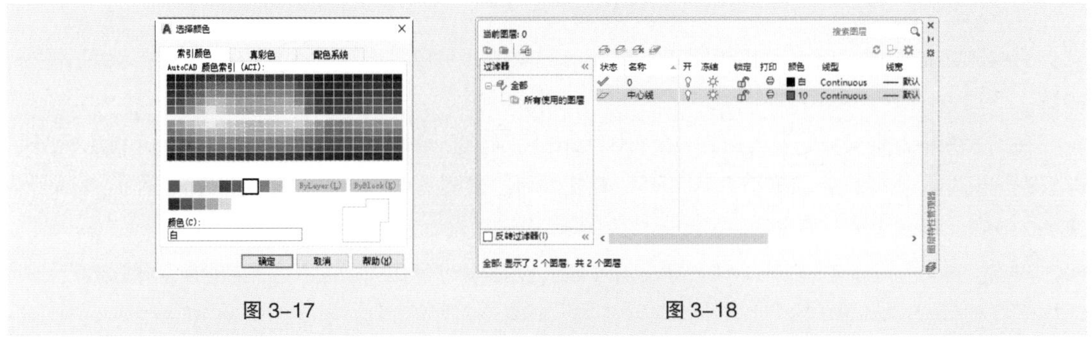

图 3-17　　图 3-18

2. 设置图层线型

图层的线型用来表示图层中图形线条的特性，通过设置图层的线型可以区分不同对象所代表的含义和作用，系统默认的线型设置为“Continuous”。

设置图层线型的操作步骤如下。

（1）选择“格式 > 图层”命令，或单击“图层”工具栏中的“图层特性管理器”按钮，弹出“图层特性管理器”对话框。

（2）在对话框的图层列表中单击“线型”栏的图标**Continuous**，弹出“选择线型”对话框，如图 3-19 所示。线型列表显示默认的线型设置，单击“加载”按钮，在弹出的“加载或重载线型”对话框中选择适合的线型样式，如图 3-20 所示。

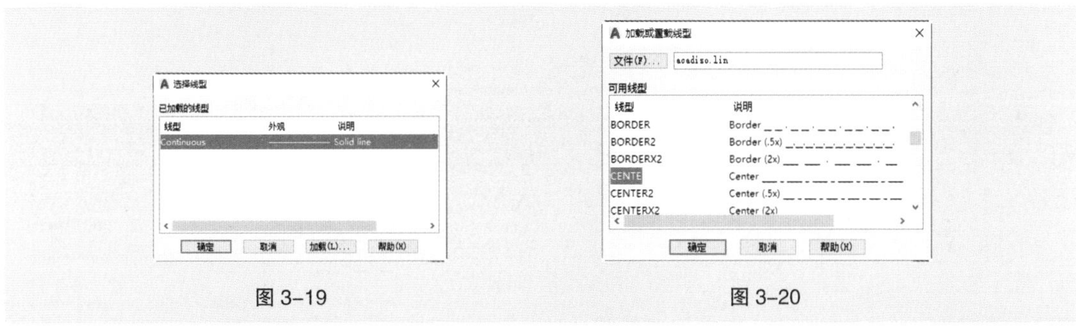

图 3-19　　图 3-20

（3）单击“确定”按钮，返回“选择线型”对话框，所选择的线型显示在线型列表中，单击所加载的线型，如图 3-21 所示。

（4）单击“确定”按钮，返回“图层特性管理器”对话框。图层列表将显示新设置的线型，如图 3-22 所示。

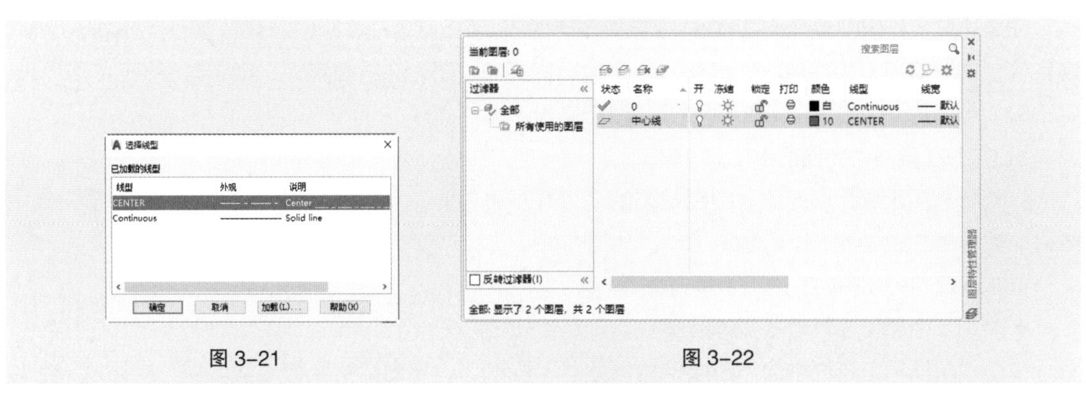

图 3-21　　图 3-22

3．设置图层线宽

图层的线宽设置会应用到此图层的所有图形对象中，用户可以在绘图窗口中选择显示或不显示线宽。

在工程图中，粗实线一般设置为 0.3 ~ 0.6mm，细实线一般设置为 0.13 ~ 0.25mm，具体情况可以根据图纸的大小来确定。通常在 A4 纸中，粗实线可以设置为 0.3mm，细实线可以设置为 0.13mm；在 A0 纸中，粗实线可以设置为 0.6mm，细实线可以设置为 0.25mm。

单击“图层”工具栏中的“图层特性管理器”按钮，弹出“图层特性管理器”对话框。在对话框的图层列表中单击“线宽”栏的图标 — 默认，弹出“线宽”对话框，在“线宽”列表框中选择需要的线宽，如图 3-23 所示。单击“确定”按钮，返回“图层特性管理器”对话框，图层列表将显示新设置的线宽，如图 3-24 所示。

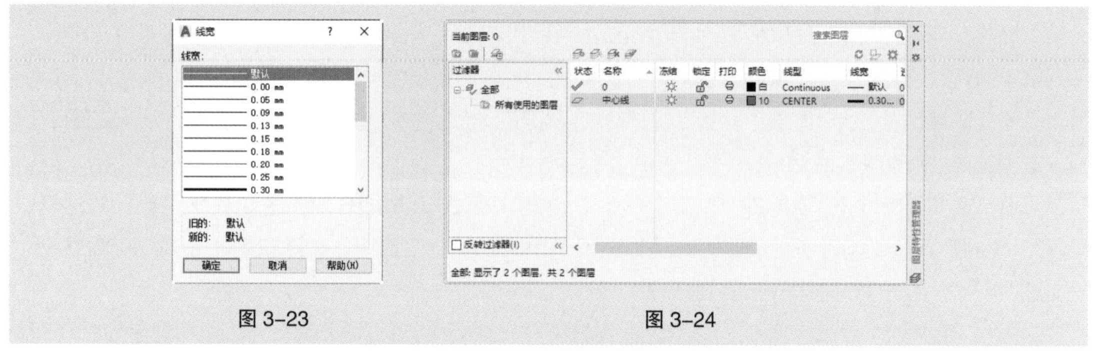

图 3-23　　图 3-24

显示图形的线宽有以下两种方法。

● 利用状态栏中的“线框”按钮：单击状态栏中的“线框”按钮，可以切换工作界面中线宽的显示。当“线框”按钮处于灰色状态时，图形不显示线宽；当“线框”按钮处于蓝色状态时，图形显示线宽。

● 利用菜单命令：选择“格式 > 线宽”命令，弹出“线宽设置”对话框，如图 3-25 所示。用户可设置系统默认的线宽和单位。勾选“显示线宽”复选框，单击“确定”按钮，在绘图窗口显示线宽；若取消勾选“显示线宽”复选框，则不显示线宽。

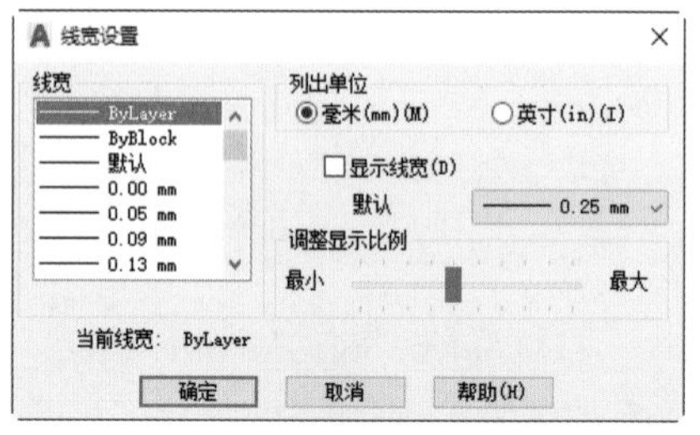

图 3-25

3.4.5　控制图层的显示状态

如果建筑工程图中包含大量信息，并且有多个图层，那么可通过控制图层显示状态，使编辑、绘制、观察等工作变得更方便。图层显示状态主要包括打开与关闭、冻结与解冻、锁定与解锁、打印与不打印等。AutoCAD 2019 采用不同形式的图标来表示这些状态。

1．打开图层与关闭图层

打开状态的图层是可见的，关闭状态的图层是不可见的，且不能被编辑或打印。当图形重新生成时，被关闭的图层将一起被生成。

打开图层与关闭图层有以下两种方法。

● 利用“图层特性管理器”对话框

单击“图层”工具栏中的“图层特性管理器”按钮，弹出“图层特性管理器”对话框，在对话框中选中“中心线”图层，单击“开”栏的💡或💡图标，切换图层的打开与关闭状态。当图标为💡（黄色）时，表示图层被打开；当图标为💡（蓝色）时，表示图层被关闭。如果关闭的图层是当前图层，则系统将弹出“图层 - 关闭当前图层”提示框，如图 3-26 所示。

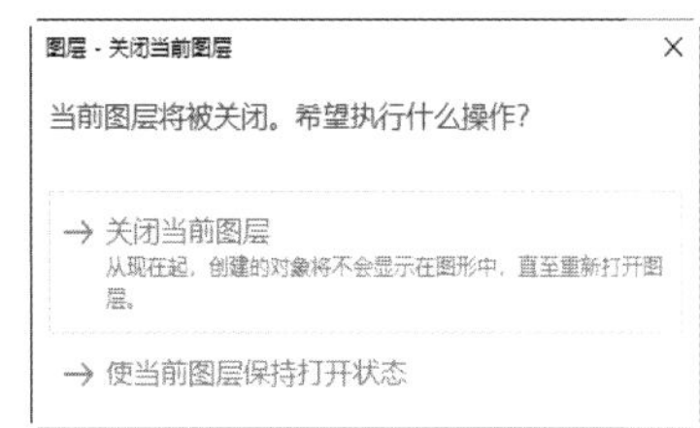

图 3-26

● 利用“图层”工具栏

单击“图层”工具栏中的图层信息下拉列表框，单击灯泡图标💡或💡，如图 3-27 所示，可以切换图层的打开与关闭状态。

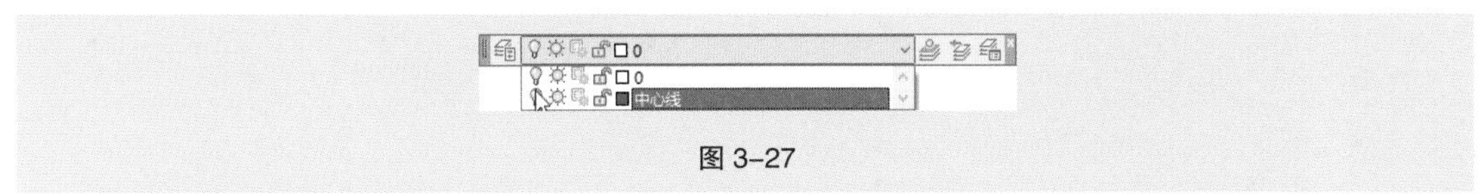

图 3-27

2．冻结图层与解冻图层

冻结图层可以减少复杂图形重新生成时的显示时间，并且可以加快绘图、缩放、编辑等命令的执行速度。处于冻结状态的图层上的图形对象将不能被显示、打印或重生成。解冻图层将重新生成并显示该图层上的图形对象。

冻结图层与解冻图层有以下两种方法。

● 利用“图层特性管理器”对话框

单击“图层”工具栏中的“图层特性管理器”按钮，弹出“图层特性管理器”对话框，在对话框的图层列表中，单击“冻结”栏的☼或❄图标，切换图层的冻结与解冻状态。当图标为☼时，表示图层处于解冻状态；当图标为❄时，表示图层处于冻结状态。

提示

当前图层是不能被冻结的。

● 利用“图层”工具栏

单击“图层”工具栏中的图层信息下拉列表框，单击图标❄或☼，如图 3-28 所示，可以切换图层的冻结与解冻状态。

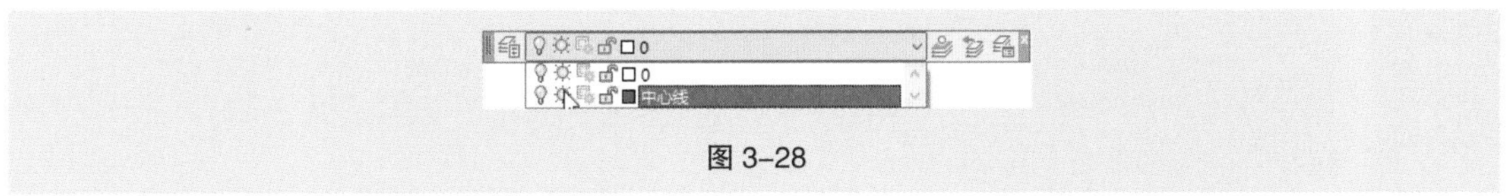

图 3-28

提示

解冻一个图层将让整个图形重新生成，而打开一个图层则只是重画这个图层上的对象，因此如果需要频繁地改变图层的可见性，应使用关闭而不应使用冻结。

3．解锁图层与锁定图层

锁定的图层中的对象不能被编辑和选择。解锁图层可以将图层恢复为可编辑和可选择的状态。

图层的锁定与解锁有以下两种方法。

● 利用“图层特性管理器”对话框

单击“图层”工具栏中的“图层特性管理器”按钮，弹出“图层特性管理器”对话框，在对话框的图层列表中，单击“锁定”栏的🔓或🔒图标，切换图层的解锁与锁定状态。图标为🔓时，表示图层处于解锁状态；图标为时，表示图层处于锁定状态。

● 利用“图层”工具栏

单击“图层”工具栏中的图层信息下拉列表框，单击图标或，如图 3-29 所示，切换图层的解锁与锁定状态。

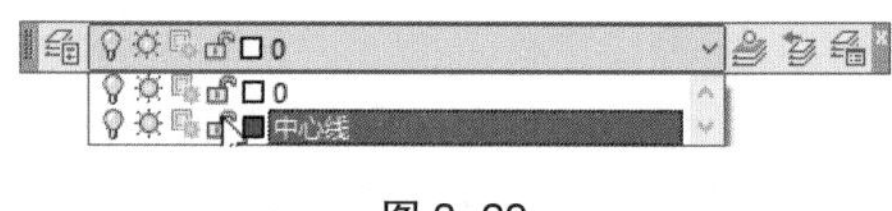

图 3-29

提示

被锁定的图层是可见的，用户可以查看、捕捉锁定图层上的对象，还可以在锁定图层上绘制新的图形对象。

4. 打印图层与不打印图层

当指定一个图层不打印后，该图层上的对象仍是可见的。操作方法如下。

单击“图层”工具栏中的“图层特性管理器”按钮，弹出“图层特性管理器”对话框，在对话框的图层列表中，单击“打印”栏的或图标，可以切换图层的打印与不打印状态。

提示

图层的不打印设置只对图形中可见的图层（即图层是打开的并且是解冻的）有效。若图层设为可打印但该层是冻结的或关闭的，此时 AutoCAD 2019 将不打印该图层。

3.4.6 切换当前图层

当需要在一个图层上绘制图形时，必须先设置该图层为当前图层。系统默认的当前图层为“0”图层。

1. 设置图层为当前图层

设置图层为当前图层有以下两种方法。

● 利用“图层特性管理器”对话框

单击“图层”工具栏中的“图层特性管理器”按钮，弹出“图层特性管理器”对话框，在对话框的图层列表中选择要切换为当前图层的图层，然后双击“状态”栏中的图标，或单击“置为当前”按钮；或按 Alt+C 组合键，使状“态栏”的图标变为当前图层的图标，如图 3-30 所示。

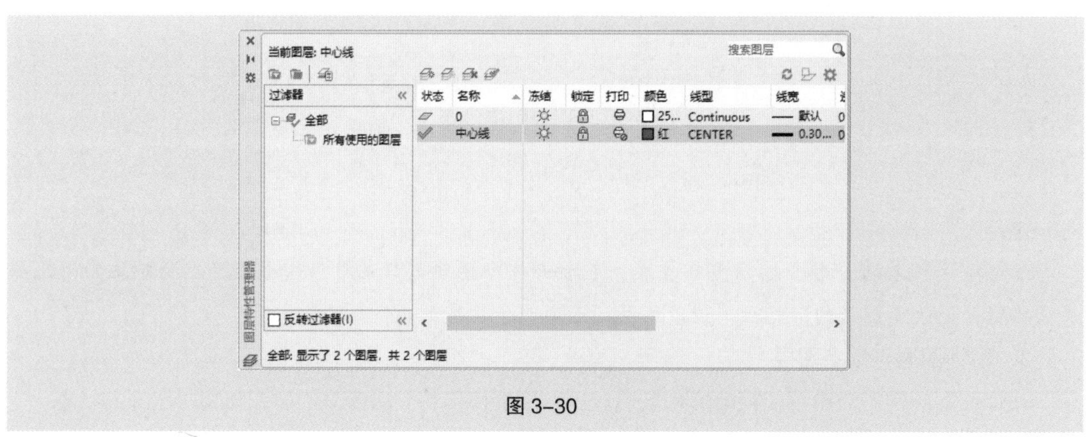

图 3-30

提示

在“图层特性管理器”对话框中，对当前图层的特性进行设置后，再建立新图层时，新图层的特性将复制当前图层的特性。

● 利用“图层”工具栏

在不选择任何图形对象的情况下，在“图层”工具栏的图层信息下拉列表框中直接选择要设置为当前图层的图层，如图 3-31 所示。

图 3-31

2. 设置对象图层为当前图层

在绘图窗口中选择某个图形对象，单击“图层”工具栏中的“将对象的图层置为当前”按钮，然后选择某个图形对象，可以将该图形对象所在的图层切换为当前图层。

3. 返回上一个图层

单击“图层”工具栏中的“上一个图层”按钮，系统将自动把上一次设置的当前图层设置为当前图层，即返回上一个图层。

3.5 设置图形对象的属性

在绘图过程中，需要特意指定一个图形对象的颜色、线型及线宽时，应单独设置该图形对象的颜色、线型及线宽。

通过系统提供的“特性”工具栏可以方便地设置对象的颜色、线型及线宽等特性。默认情况下，“特性”工具栏的“颜色控制”“线型控制”“线宽控制”3 个下拉列表框中都显示“ByLayer”（即随层），如图 3-32 所示。“ByLayer”表示所绘制对象的颜色、线型和线宽等特性与当前图层所设置的特性完全相同。

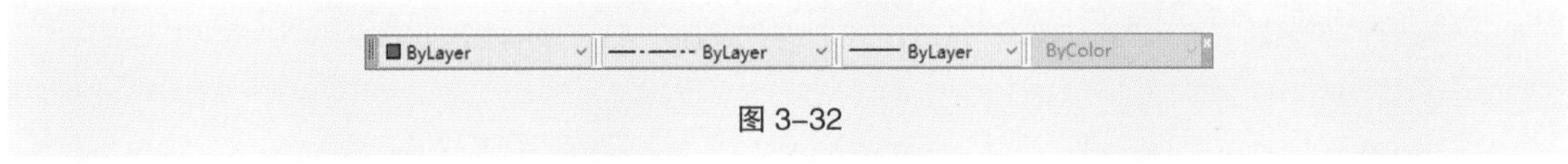

图 3-32

提示

在不需要特意指定某一图形对象的颜色、线型及线宽的情况下，不要随意设置对象的颜色、线型和线宽，否则不利于管理和修改图层。

3.5.1 设置图形对象的颜色、线型和线宽

1. 设置图形对象的颜色

设置图形对象的颜色的操作步骤如下。

（1）在绘图窗口中选择需要改变颜色的一个或多个图形对象。

（2）单击“特性”工具栏中的“颜色控制”下拉列表框，如图 3-33 所示。从该列表中选择需要的颜色，修改图形对象的颜色。按 Esc 键，取消图形对象的选择状态。

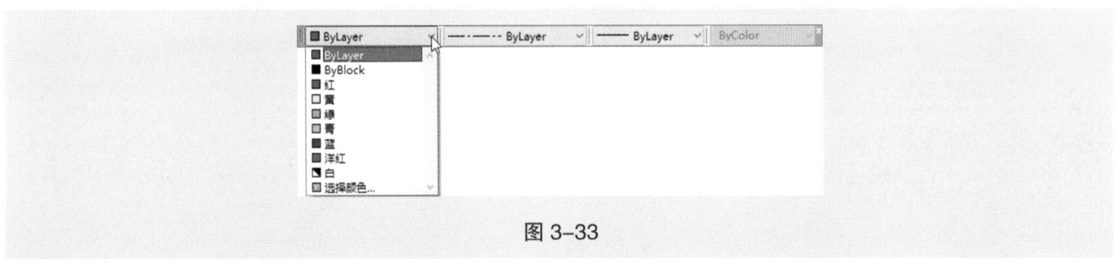

图 3-33

如果需要选择其他的颜色，可以选择“颜色控制”下拉列表框中的“选择颜色”选项，弹出“选择颜色”对话框，如图 3-34 所示。在对话框中可以选择一种需要的颜色，单击“确定”按钮，新选择的颜色会出现在“颜色控制”下拉列表框中。

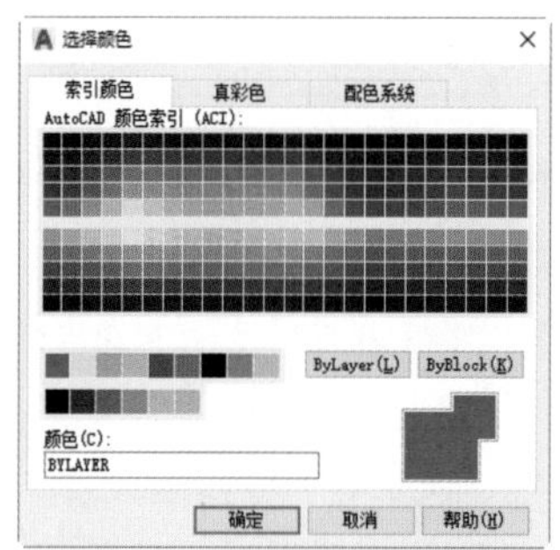

图 3-34

2. 设置图形对象的线型

设置图形对象的线型的操作步骤如下。

（1）在绘图窗口中选择需要改变线型的图形对象。

（2）单击“特性”工具栏中的“线型控制”下拉列表框，如图 3-35 所示。从该列表中选择需要的线型，修改图形对象的线型。按 Esc 键，取消图形对象的选择状态。

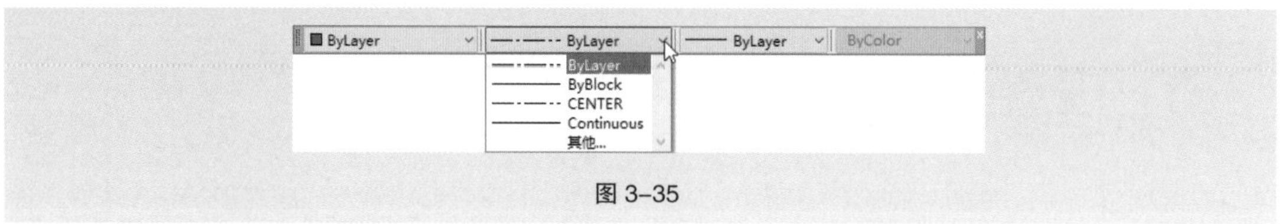

图 3-35

如果需要选择其他的线型，可选择“线型控制”下拉列表框中的“其他”选项，弹出“线型管理器”对话框，如图 3-36 所示。单击对话框中的“加载”按钮，弹出“加载或重载线型”对话框，如图 3-37 所示。

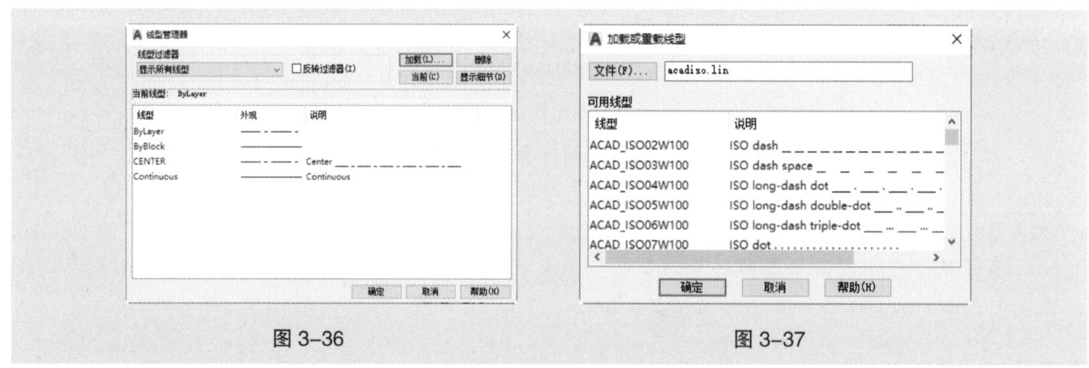

图 3-36　　图 3-37

在“可用线型”列表框中可以选择一个或多个线型，如图 3-38 所示。单击“确定”按钮，返回“线型管理器”对话框，选择的线型会出现在“线型管理器”对话框的列表框中。再次将其选择，如图 3-39 所示，单击“确定”按钮，新选择的线型会出现在“线型控制”下拉列表框中。

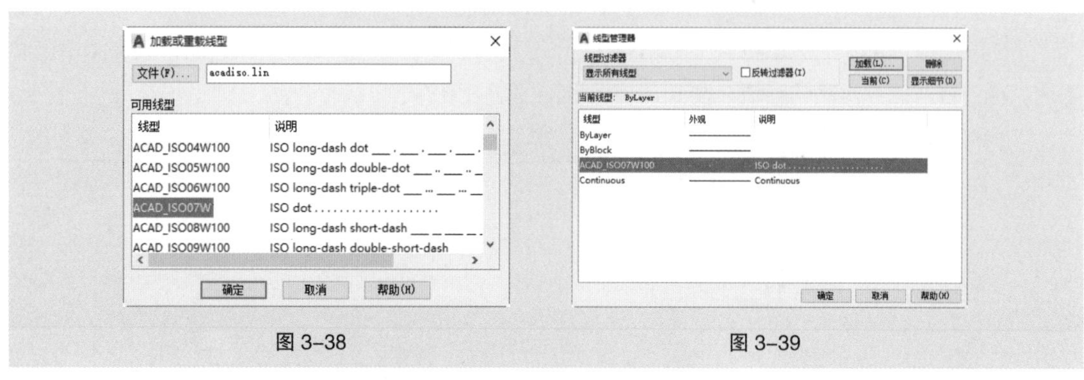

图 3-38　　图 3-39

3．设置图形对象的线宽

设置图形对象的线宽的操作步骤如下。

（1）在绘图窗口中选择需要改变线宽的图形对象。

（2）单击“特性”工具栏中的“线宽控制”下拉列表框，如图 3-40 所示。从该列表中选择需要的线宽，修改图形对象的线宽。按 Esc 键，取消图形对象的选择状态。

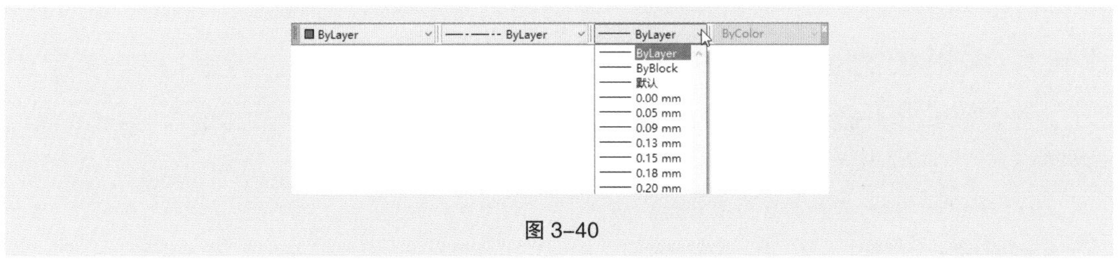

图 3-40

3.5.2 修改图形对象所在的图层

在 AutoCAD 2019 中，可以修改图形对象所在的图层，修改方法有以下两种。

● 利用“图层”工具栏

（1）在绘图窗口中选择需要修改图层的图形对象。

（2）打开“图层”工具栏中的图层信息下拉列表框，从中选择新的图层。

（3）按 Esc 键完成操作，此时该图形对象将被放置到新的图层上。

● 利用“特性”对话框

（1）在绘图窗口中，用鼠标右键单击图形对象，在弹出的快捷菜单中选择“特性”命令，打开“特性”对话框，如图 3-41 所示。

（2）选择“常规”选项组中的“图层”选项，打开“图层”下拉列表框，如图 3-42 所示，从中选择新的图层。

（3）关闭“特性”对话框，此时该图形对象将被放置到新的图层上。

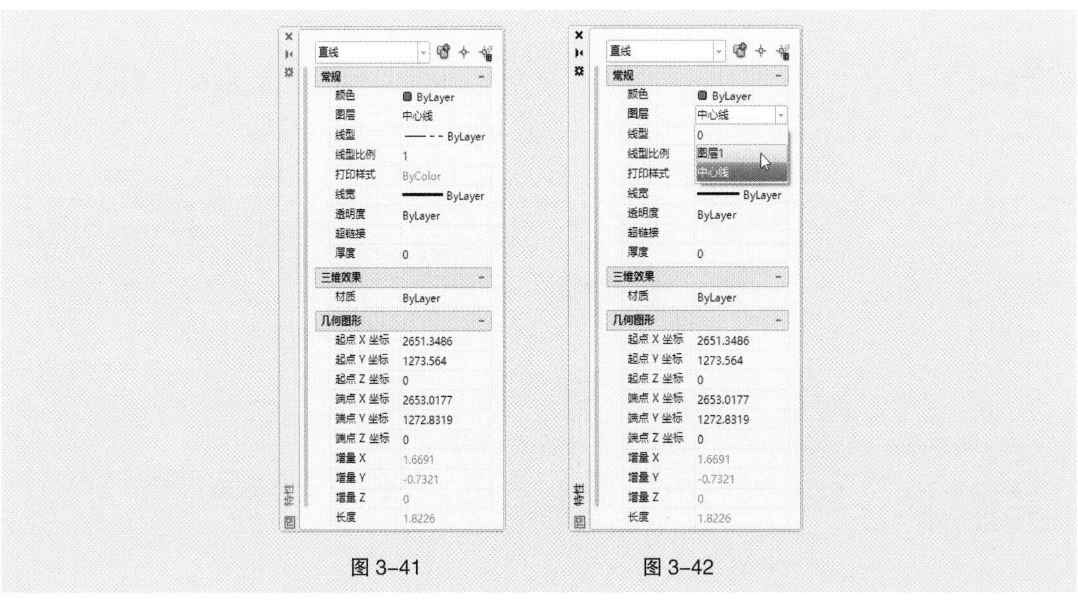

图 3-41　　图 3-42

3.6 设置非连续线的外观

非连续线是由短横线、空格等元素重复构成的。非连续线的外观，如短横线的长短、空格的大小等，是可以通过调整其线型的比例因子来控制的。当绘制的点划线、虚线等非连续线看上去与连续线一样时，改变其线型的比例因子，可以调节非连续线的外观。

3.6.1 设置线型的全局比例因子

改变线型的全局比例因子，AutoCAD 2019 将重生成图形，这将影响图形文件中的所有非连续线型的外观。

改变线型的全局比例因子有以下 3 种方法。

● 利用系统变量 LTSCALE

设置线型的全局比例因子的命令为：LTSCALE（LTS）。当系统变量 LTSCALE 的值增加时，非连续线的短横线及空格加长；反之则缩短，效果如图 3-43 所示。操作步骤如下。

LTSCALE=1

LTSCALE=2

图 3-43

命令 : _ltscale　　　　// 输入“线型比例”命令

输入新线型比例因子 <1.0000>: 2　　　　// 输入新的数值

正在重生成模型　　　　// 系统重生成图形

● 利用菜单命令

（1）选择“格式 > 线型”命令，弹出“线型管理器”对话框，如图 3-44 所示。

（2）单击对话框中的“显示细节”按钮，对话框的底部出现“详细信息”选项组，同时“显示细节”按钮变为“隐藏细节”按钮，如图 3-45 所示。

（3）在“全局比例因子”数值框中输入新的比例因子，单击“确定”按钮。

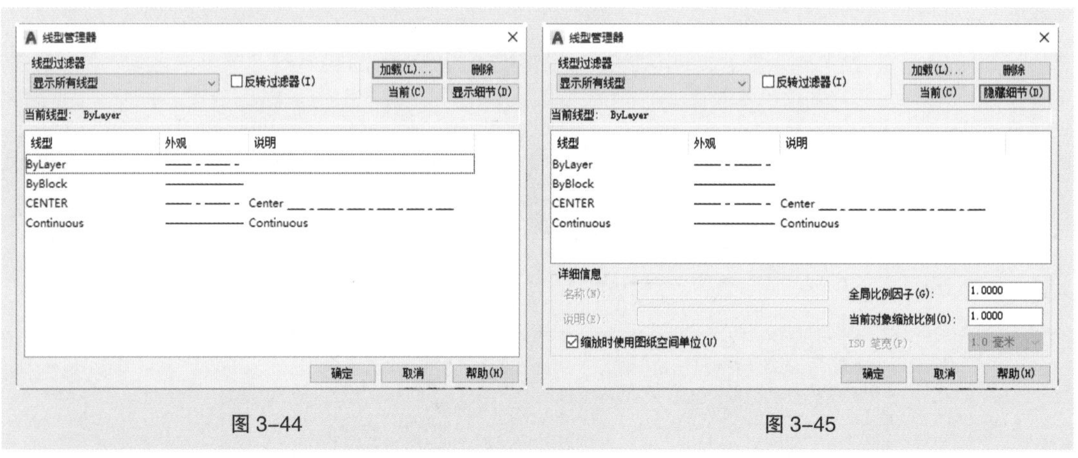

图 3-44　　　　图 3-45

提示

设置线型的全局比例因子时，全局比例因子的值不能为 0。

● 利用“特性”工具栏

（1）打开“特征”工具栏中的“线型控制”下拉列表框，如图 3-46 所示，从中选择“其他”选项，弹出

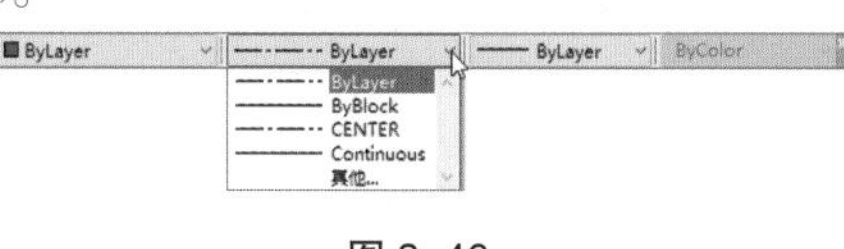

图 3-46

“线型管理器”对话框。

（2）单击对话框中的“显示细节”按钮，对话框的底部出现“详细信息”选项组，同时“显示细节”按钮变为“隐藏细节”按钮。

（3）在“全局比例因子”数值框中输入新的比例因子，单击“确定”按钮。

3.6.2 设置当前对象的线型比例因子

改变当前对象的线型比例因子，将改变当前选择的对象中所有非连续线型的外观。

改变当前对象的线型比例因子有以下两种方法。

● 利用“线型管理器”对话框

（1）选择“格式 > 线型”命令，弹出“线型管理器”对话框。

（2）单击对话框中的“显示细节”按钮，对话框的底部出现“详细信息”选项组。

（3）在“当前对象缩放比例”数值框中输入新的比例因子，单击“确定”按钮。

提示

非连续线外观的显示比例＝当前对象的线型比例因子 × 线型的全局比例因子。例如：当前对象的线型比例因子为 2，线型的全局比例因子为 2，则最终显示线型时采用的比例因子为 4。

● 利用“特性”对话框

（1）选择“修改 > 特性”命令，弹出“特性”对话框，如图 3-47 所示。

（2）选择需要设置当前对象缩放比例的图形对象，“特性”对话框显示选择的图形对象的特性，如图 3-48 所示。

图 3-47　　图 3-48

（3）在“常规”选项组中，选择“线型比例”选项，然后输入新的比例，按 Enter 键。此时所选的图形对象的外观发生变化。

在不选择任何图形对象的情况下，设置“特性”对话框中的线型比例，将改变线型的全局比例因子，此时绘图窗口中所有非连续线的外观都会发生变化。

04

第 4 章 基本绘图

本章介绍

本章主要介绍 AutoCAD 2019 中的基本绘图操作和辅助工具，如绘制线段、点、圆、圆弧和圆环、矩形和多边形等。通过本章的学习，读者可以掌握绘制图形的基本命令，以及如何绘制简单的基本图形，培养良好的绘图习惯，为将来绘制工程图打下扎实的基础。

学习目标

- 掌握绘图辅助工具的使用方法；
- 掌握利用绝对坐标和相对坐标绘制线段的方法；
- 掌握点的样式和绘制单点、多点、等分点的方法；
- 掌握圆弧、圆环、矩形和正多边形的绘制方法。

技能目标

- 掌握表面粗糙度符号的制作方法；
- 掌握圆茶几的绘制方法；
- 掌握吊钩的绘制方法；
- 掌握床头柜的绘制方法。

4.1 辅助工具

状态栏中集中了 AutoCAD 2019 的绘图辅助工具，包括“捕捉模式”“图形栅格”“正交限制光标”“极轴追踪”“对象捕捉”“对象捕捉追踪”等，如图 4-1 所示。

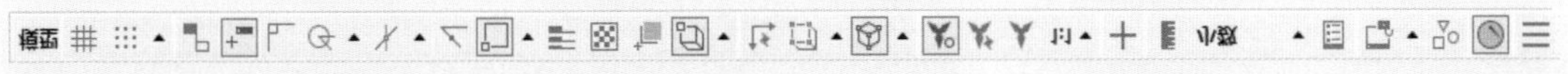

图 4-1

4.1.1 捕捉模式

“捕捉模式”命令用于限制十字光标，使其按照定义的间距移动。“捕捉模式”命令可以在使用箭头或定点设备时，精确地定位点。

启用命令的方法：单击状态栏中的“捕捉模式”按钮。

4.1.2 栅格显示

开启“栅格显示”命令后，在工作界面上显示的是点的矩阵，遍布图形界限的整个区域。启用“栅格显示”命令类似于在图形下放置一张坐标纸。“栅格显示”命令可以对齐对象并直观显示对象之间的距离，方便对图形进行定位和测量。

启用命令的方法：单击状态栏中的“图形栅格”按钮。

4.1.3 正交模式

“正交模式”命令可以将十字光标限制在水平方向或垂直方向上移动，以便精确地绘制和编辑对象。“正交模式”命令是用来绘制水平线和垂直线的一种辅助工具，它在绘制建筑图的过程中是最常用的绘图辅助工具。

启用命令的方法：单击状态栏中的“正交限制光标”按钮。

4.1.4 极轴追踪

启用“极轴追踪”命令，十字光标可以按指定角度移动。在极轴状态下，系统将沿极轴方向显示绘图的辅助线，也就是用户指定的极轴角度所定义的临时对齐路径。

启用命令的方法：单击状态栏中的“极轴追踪”按钮。

4.1.5 对象捕捉

“对象捕捉”命令可以精确地指定对象的位置。AutoCAD 2019 默认使用自动捕捉，即当十字光标移到对象捕捉位置时，将显示标记和工具栏提示。自动捕捉功能还提供工具栏提示，提示哪些对象捕捉正在使用。

启用命令的方法：单击状态栏中的“对象捕捉”按钮。

4.1.6 对象捕捉追踪

在利用对象追踪绘图时，必须打开对象捕捉开关。利用“对象捕捉追踪”命令，可以沿着基于对象捕捉点的对齐路径进行追踪。已捕捉的点将显示一个小加号“+”，捕捉点之后，在绘图路径上移动十字光标，将显示相对于获取点的水平、垂直或极轴对齐路径。

启用命令的方法：单击状态栏中的“对象捕捉追踪”按钮。

4.2 绘制线段

“直线”命令可以用于绘制线段，它是建筑工程制图中使用最广泛的命令之一。

4.2.1 课堂案例——绘制表面粗糙度符号

【案例学习目标】掌握并熟练使用“直线”命令。

【案例知识要点】使用“直线”命令绘制表面粗糙度符号，如图 4-2 所示。

【效果所在位置】云盘 /Ch04/DWG/ 绘制表面粗糙度符号。

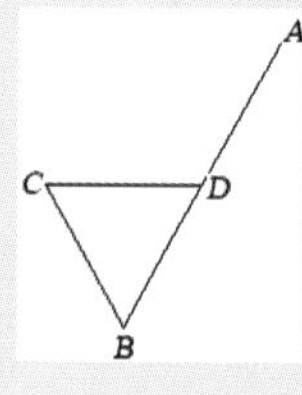

图 4-2

（1）选择“文件 > 新建”命令，弹出“选择样板”对话框，单击“打开”按钮，创建新的图形文件。打开云盘中的“Ch04 > 素材 > 绘制表面粗糙度符号 dwg”文件，如图 4-3 所示。

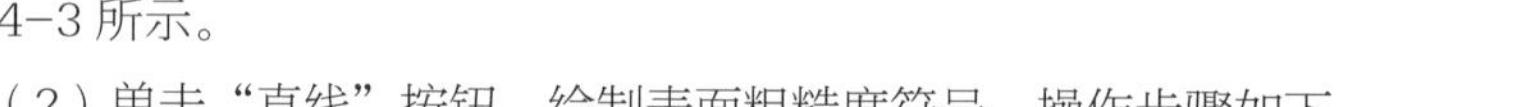

（2）单击“直线”按钮，绘制表面粗糙度符号，操作步骤如下。

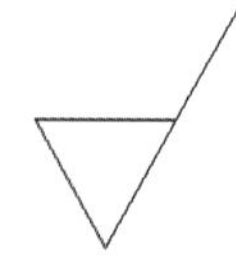

图 4-3

命令：_line 指定第一点： // 单击“直线”按钮，单击确定 A 点

指定下一点或 [放弃 (U)]: @10<-120 // 输入 B 点的相对极坐标

指定下一点或 [放弃 (U)]: @5<120 // 输入 C 点的相对极坐标

指定下一点或 [闭合 (C)/ 放弃 (U)]: @5,0 // 输入 D 点的相对直角坐标

指定下一点或 [闭合 (C)/ 放弃 (U)]: // 按 Enter 键

4.2.2 启动直线命令的方法

在绘制线段时，需要先利用十字光标指定线段的端点或通过命令行输入端点的坐标值，之后 AutoCAD 2019 会自动将这些点连接起来。

启用命令的方法如下。

- 工具栏：单击“绘图”工具栏中的“直线”按钮，或“默认”选项卡中的“直线”按钮。

● 菜单命令：选择“绘图 > 直线”命令。

● 命令行：输入“LINE”（快捷命令：L），按 Enter 键。

4.2.3 绘制线段的操作过程

启用“直线”命令绘制图形时，可在绘图窗口中单击一点作为线段的起点，然后移动十字光标，在适当的位置单击另一点作为线段的终点，按 Enter 键，即可绘制出一条线段。若在按 Enter 键之前在其他位置再次单击，则可绘制一条连续的折线。

利用鼠标指定线段的端点来绘制折线，操作步骤如下。效果如图 4-4 所示。

命令 : _line 指定第一点 :　　　　// 单击“直线”按钮，单击确定 *A* 点

指定下一点或 [放弃 (U)]:　　　　// 再次单击确定 *B* 点

指定下一点或 [放弃 (U)]:　　　　// 再次单击确定 *C* 点

指定下一点或 [闭合 (C)/ 放弃 (U)]:　　　　// 再次单击确定 *D* 点

指定下一点或 [闭合 (C)/ 放弃 (U)]:　　　　// 再次单击确定 *E* 点

指定下一点或 [闭合 (C)/ 放弃 (U)]:　　　　// 按 Enter 键

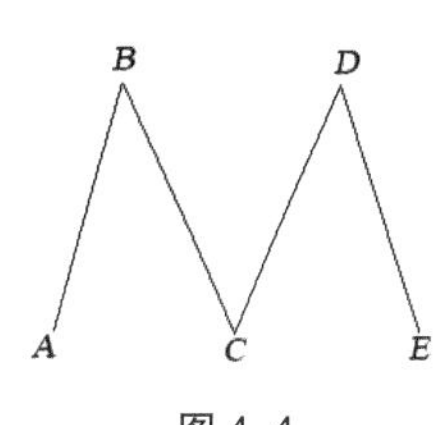

图 4-4

4.2.4 利用绝对坐标绘制线段

利用绝对坐标绘制线段时，可输入点的绝对直角坐标或绝对极坐标。绝对坐标是相对于世界坐标系原点的坐标。

通过输入点的绝对直角坐标来绘制线段 *AB*，操作步骤如下。效果如图 4-5 所示。

命令 : _line 指定第一点 : 0,0　　　　// 单击“直线”按钮，输入 *A* 点的绝对直角坐标

指定下一点或 [放弃 (U)] :40,40　　　　// 输入 *B* 点的绝对直角坐标

指定下一点或 [放弃 (U)] :　　　　// 按 Enter 键

通过输入点的绝对极坐标来绘制线段 *AB*，操作步骤如下。效果如图 4-6 所示。

命令 :_line 指定第一点 : 0,0　　　　// 单击“直线”按钮，输入 *A* 点的绝对直角坐标

指定下一点或 [放弃 (U)] :40<45　　　　// 输入 *B* 点的绝对极坐标

指定下一点或 [放弃 (U)] :　　　　// 按 Enter 键

图 4-5　　　　图 4-6

4.2.5 利用相对坐标绘制线段

利用相对坐标绘制线段时，可输入点的相对直角坐标或相对极坐标。相对坐标是相对于用户最后输入的点的坐标。

通过输入点的相对坐标来绘制三角形 *ABC* 效果，操作步骤如下。效果如图 4–7 所示。

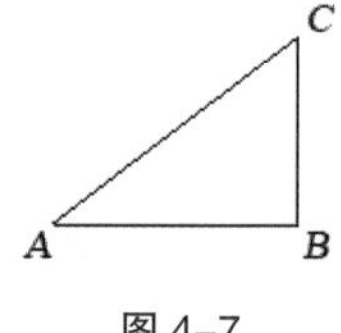

图 4–7

```
命令 : _line 指定第一点                        // 单击“直线”按钮，单击确定 A 点
指定下一点或 [ 放弃 (U)]:@80,0                 // 输入 B 点的相对直角坐标
指定下一点或 [ 放弃 (U)]: @60<90               // 输入 C 点的相对极坐标
指定下一点或 [ 闭合 (C)/ 放弃 (U)]: C          // 选择“闭合”选项，按 Enter 键
```

4.3 绘制点

在 AutoCAD 2019 中，可以创建单独的点作为绘图的参考点。用户可以设置点的样式与大小。一般在创建点之前，为了便于观察，需要设置点的样式。

4.3.1 点的样式

在绘制点前，需要知道要绘制什么样的点及点的大小，因此需要设置点的样式。设置点的样式操作步骤如下。

（1）选择“格式>点样式”命令，弹出“点样式”对话框，如图 4–8 所示。

（2）“点样式”对话框中提供了多种点的样式，用户可以根据需要进行选择，即单击需要的点样式图标。此外，用户还可以在“点大小”数值框内输入数值设置点的大小。

（3）单击“确定”按钮，完成点的样式设置。

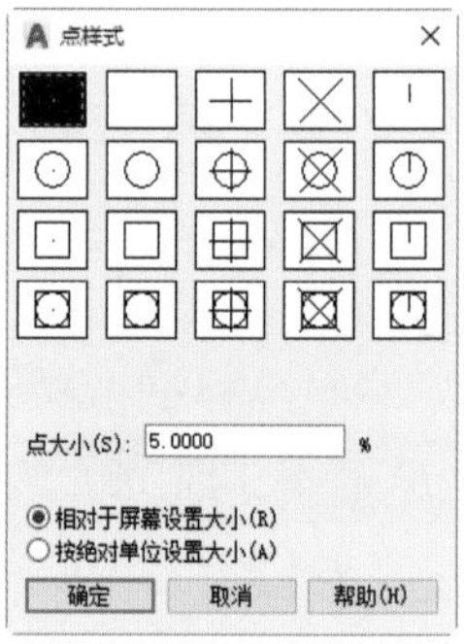

图 4–8

4.3.2 绘制单点

利用“单点”命令可以方便地绘制一个点。

启用命令的方法如下。

- 菜单命令：选择“绘图 > 点 > 单点”命令。
- 命令行：输入“POINT”（快捷命令：PO），按 Enter 键。

选择“绘图 > 点 > 单点”命令，启用“单点”命令，绘制图 4–9 所示的点图形。操作步骤如下。

```
命令 : _point                                  // 选择“单点”命令
当前点模式 :PDMODE=35 PDSIZE=0.0000            // 显示当前点的样式
指定点 :                                       // 单击绘制点
```

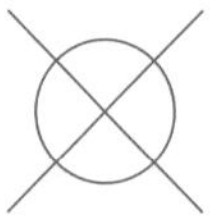

图 4–9

4.3.3 绘制多点

当需要绘制多个点的时候，可以利用“多点”命令来绘制多点。

启用命令的方法如下。

工具栏：单击“绘图”工具栏中的“点”按钮。

菜单命令：选择“绘图 > 点 > 多点”命令。

选择“绘图 > 点 > 多点”命令，启用“多点”命令，绘制图 4–10 所示的点图形。操作步骤如下。

```
命令 : _point                                          // 选择“多点”命令
当前点模式 :PDMODE=35  PDSIZE=0.0000                    // 显示当前点的样式
指定点 :* 取消 *                                        // 依次单击绘制点，按 Esc 键
```

修改点的样式，可以绘制其他形状的点。

若在“点样式”对话框中选择“相对于屏幕设置大小”单选按钮，点的显示会随着视图的放大或缩小而发生变化，当再次绘制点时，点图标的大小显示不同。选择“视图 > 重生成”命令，可调整点图标的显示，如图 4-11 所示。

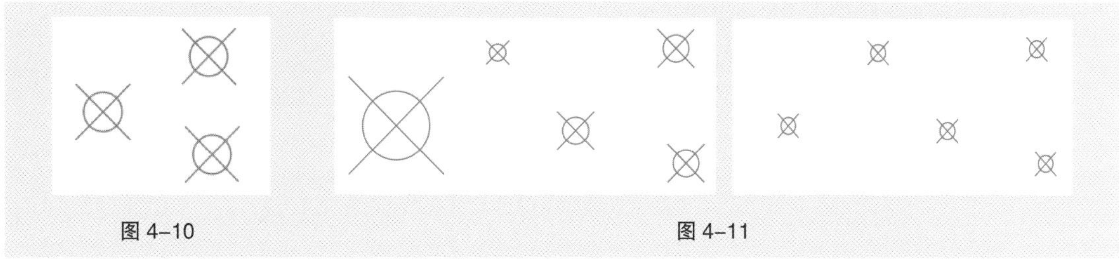

图 4-10　　图 4-11

4.3.4　绘制等分点

绘制等分点有两种方法：一种是利用定距绘制等分点，另一种是利用定数绘制等分点。

1. 通过定距绘制等分点

AutoCAD 2019 允许在一个图形对象上按指定的间距绘制多个点，利用定距绘制的等分点可以作为绘图的辅助点。

启用命令的方法如下。

- 菜单命令：选择“绘图 > 点 > 定距等分”命令。
- 命令行：输入“MEASURE”（快捷命令：ME），按 Enter 键。

选择“绘图 > 点 > 定距等分”命令，启用“定距等分”命令，在线段上通过定距绘制等分点，操作步骤如下。效果如图 4-12 所示。

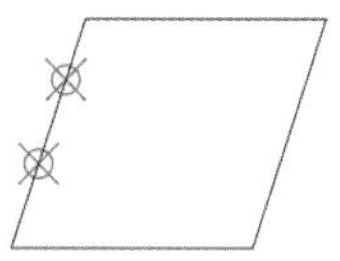

图 4-12

```
命令 : _measure                                        // 选择“定距等分”命令
选择要定距等分的对象 :                                  // 选择欲进行等分的线段
指定线段长度或 [ 块 (B)]:  20                           // 输入指定的间距
```

提示选项“块（B）”是指，按照指定的长度，在选择的对象上插入图块。有关图块的问题，将在后续章节中进行详细介绍。

定距绘制等分点的操作的补充说明如下。

- 欲进行等分的对象可以是线段、圆、多段线、样条曲线等图形对象，但不能是块、尺寸标注、文本及剖面线等对象。
- 在绘制等分点时，距离选择对象点处较近的端点会作为起始位置。
- 若对象总长不能被指定的间距整除，则最后一段小于指定的间距。
- 利用“定距等分”命令每次只能在一个对象上绘制等分点。

2. 通过定数绘制等分点

AutoCAD 2019 还允许在一个图形对象上按指定的数目绘制多个点，此时用户需要启用“定数等分”命令。

启用命令的方法如下。

● 菜单命令：选择“绘图 > 点 > 定数等分”命令。

● 命令行：输入“DIVIDE”（快捷命令：DIV），按 Enter 键。

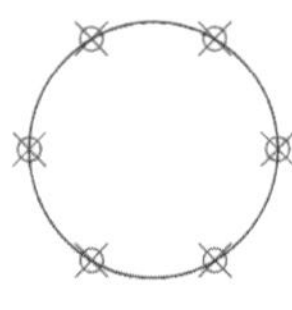

图 4-13

选择“绘图 > 点 > 定数等分”命令，启用“定数等分”命令，在圆上通过定数绘制等分点，操作步骤如下。效果如图 4-13 所示。

```
命令：_divide                       // 选择“定数等分”命令
选择要定数等分的对象：               // 选择欲进行等分的圆
输入线段数目或 [ 块 (B)]：5          // 输入等分数目
```

定数绘制等分点操作的补充说明如下。

● 欲进行等分的对象可以是线段、圆、多段线和样条曲线等，但不能是块、尺寸标注、文本、剖面线等对象。

● 利用“定数等分”命令每次只能在一个对象上绘制等分点。

● 等分的数目最大是 32 767。

4.4 绘制圆

圆在建筑图中十分常见。在 AutoCAD 2019 中，可以利用“圆”命令绘制圆。

4.4.1 课堂案例——绘制圆茶几

【案例学习目标】掌握并熟练应用“圆”命令。

【案例知识要点】用“圆”命令绘制圆茶几图形，效果如图 4-14 所示。

【效果所在位置】云盘 /Ch04/DWG/ 绘制圆茶几。

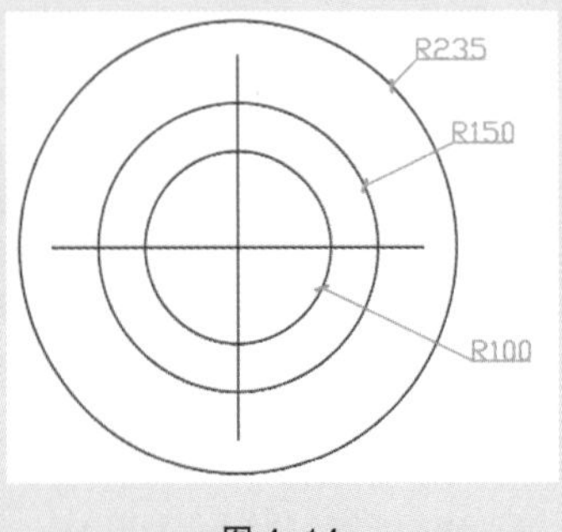

图 4-14

（1）创建图形文件。选择“文件 > 新建”命令，弹出“选择样板”对话框，单击“打开”按钮，即可创建一个新的图形文件。

（2）单击“直线”按钮，打开“正交”开关，绘制圆茶几中心线图形，操作步骤如下。效果如图 4-15 所示。

```
命令 : _line 指定第一点 :             // 单击“直线”按钮，单击确定 A 点
指定下一点或 [ 放弃 (U)]: 400         // 将鼠标指针放在 A 点右侧，输入距离值，确定 B 点
```

指定下一点或 [放弃 (U)]: // 按 Enter 键

命令 : _line // 单击“直线”按钮

指定第一点 : _from 基点 : < 偏移 >: @0,200 // 单击“捕捉自”按钮，单击线段 AB 的中点 O，// 输入偏移值，确定 C 点，如图 4-16 所示

指定下一点或 [放弃 (U)]: 400 // 将鼠标指针放在 C 点下方，输入距离值，确定 D 点

指定下一点或 [放弃 (U)]: // 按 Enter 键

（3）单击“圆”按钮，绘制圆茶几图形，操作步骤如下。圆的半径值依次为 235mm、150mm、100mm，效果如图 4-17 所示。圆茶几图形绘制完成。

命令 :_circle 指定圆的圆心或 [三点 (3P)/ 两点 (2P)/ 相切、相切、半径 (T)]:

// 单击“圆”按钮，单击线段的

// 交点 O 点作为圆心

指定圆的半径或 [直径 (D)]: 235 // 输入半径值

命令 : _circle 指定圆的圆心或 [三点 (3P)/ 两点 (2P)/ 相切、相切、半径 (T)]:

// 按 Enter 键，单击 O 点

指定圆的半径或 [直径 (D)] <235.0000>: 150 // 输入半径值，如图 4-18 所示

命令 :_circle 指定圆的圆心或 [三点 (3P)/ 两点 (2P)/ 相切、相切、半径 (T)]:

// 按 Enter 键，单击 O 点

指定圆的半径或 [直径 (D)] <150.0000>: 100 // 输入半径值

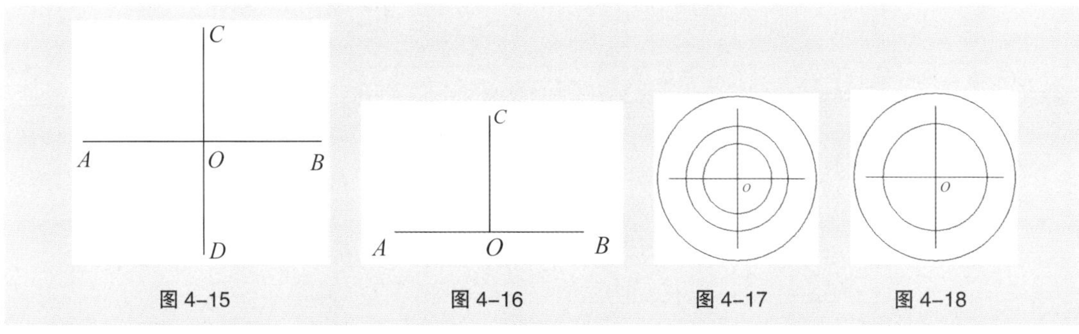

图 4-15 图 4-16 图 4-17 图 4-18

4.4.2 绘制圆

绘制圆的方法有 6 种，其中默认的方法是确定圆心和半径来绘制圆。根据图形的特点，可采用不同的方法进行绘制。

启用命令的方法如下。

- 工具栏：单击“绘图”工具栏中的“圆”按钮，或“默认”选项卡中的“圆”按钮。
- 菜单命令：选择“绘图 > 圆”命令。
- 命令行：输入“CIRCLE”（快捷命令：C），按 Enter 键。

启用“圆”命令，绘制图 4-19 所示的图形。操作步骤如下。

命令 :_circle 指定圆的圆心或 [三点 (3P)/ 两点 (2P)/ 相切、相切、半径 (T)]:

// 单击“圆”按钮，在绘图窗口中单击，确定圆心的位置

指定圆的半径或 [直径 (D)]:20 // 输入半径值

提示选项的说明如下。

● 三点（3P）：根据指定的 3 个点来绘制圆形。

拾取三角形上的 3 个顶点绘制一个圆形，操作步骤如下。效果如图 4-20 所示。

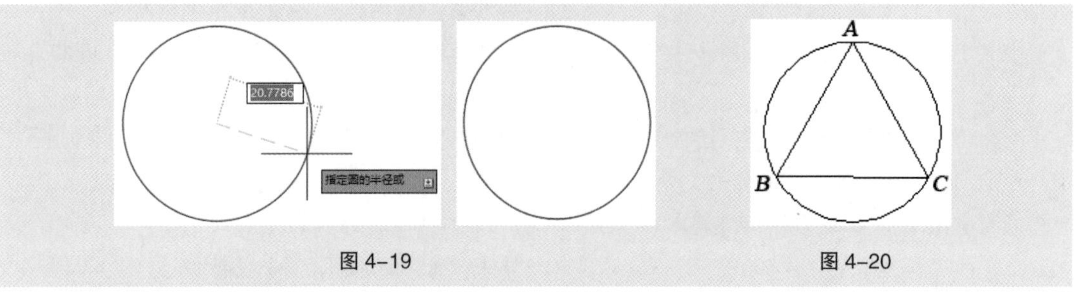

图 4-19 图 4-20

命令 :_circle 指定圆的圆心或 [三点 (3P)/ 两点 (2P)/ 相切、相切、半径 (T)]: 3p

// 单击“圆”按钮，选择“三点”选项

指定圆上的第一个点 : // 捕捉顶点 *A* 点

指定圆上的第二个点 : // 捕捉顶点 *B* 点

指定圆上的第三个点 : // 捕捉顶点 *C* 点

● 两点（2P）：指定圆的直径的两个端点来绘制圆。

在线段 *AB* 上绘制一个圆，操作步骤如下。效果如图 4-21 所示。

命令 : _circle 指定圆的圆心或 [三点 (3P)/ 两点 (2P)/ 相切、相切、半径 (T)]: 2p

// 单击“圆”按钮，选择“两点”选项

指定圆直径的第一个端点 :< 对象捕捉 开 >

// 捕捉线段 *AB* 的端点 *A*

指定圆直径的第二个端点 : // 捕捉线段 *AB* 的端点 *B*

相切、相切、半径（T）：选择两个与圆相切的对象，输入半径来绘制圆。

在三角形的边 *AB* 与 *BC* 之间绘制一个相切圆，操作步骤如下。效果如图 4-22 所示。

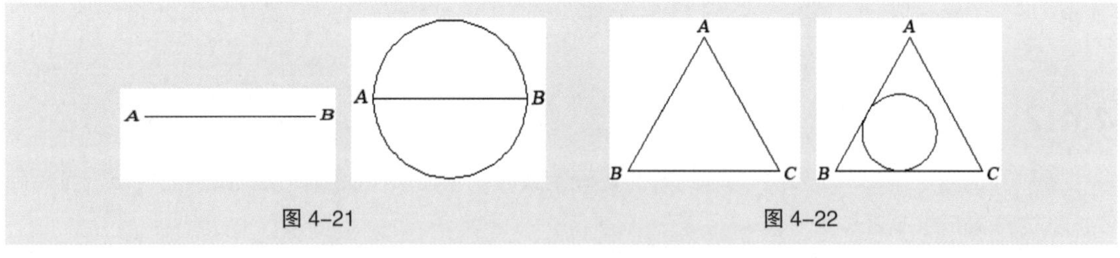

图 4-21 图 4-22

命令 : _circle 指定圆的圆心或 [三点 (3P)/ 两点 (2P)/ 相切、相切、半径 (T)]:t

// 单击“圆”按钮，选择“相切、相切、半径”选项

指定对象与圆的第一个切点 : // 在边 *AB* 上单击

指定对象与圆的第二个切点 : // 在边 *BC* 上单击

指定圆的半径 :10 // 输入半径值

● 直径（D）：确定圆心，输入圆的直径值来确定圆。

菜单栏的“绘图 > 圆”子菜单中提供了 6 种绘制圆的方法，如图 4-23 所示。上面介绍的 5 种方法可以直接在命令行中进行选择，而“相切、相切、相切”命令只能从菜单栏的“绘图 > 圆”子菜单中调用。

绘制一个与正三角形的 3 条边都相切的圆，操作步骤如下。效果如图 4-24 所示。

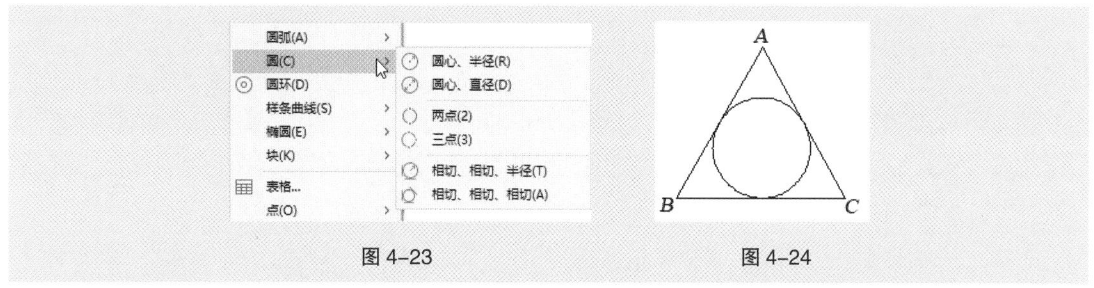

图 4-23　　图 4-24

命令 : _circle 指定圆的圆心或 [三点 (3P)/ 两点 (2P)/ 相切、相切、半径 (T)]:_3p

// 选择“相切、相切、相切”命令

指定圆上的第一个点 : _tan 到　　// 在三角形的 *AB* 边上单击

指定圆上的第二个点 : _tan 到　　// 在三角形的 *BC* 边上单击

指定圆上的第三个点 : _tan 到　　// 在三角形的 *AC* 边上单击

4.5 绘制圆弧和圆环

4.5.1 课堂案例——绘制吊钩

【案例学习目标】掌握并熟练使用“圆弧”命令。

【案例知识要点】利用“圆弧”命令绘制吊钩，效果如图 4-25 所示。

【效果所在位置】云盘 /Ch04/DWG/ 绘制吊钩。

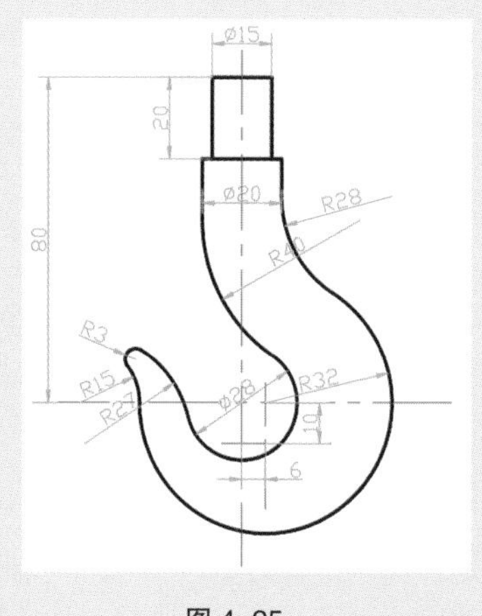

图 4-25

（1）选择“文件 > 打开”命令，打开云盘中的“Ch04 > 素材 > 绘制吊钩.dwg”文件，如图 4-26 所示。

（2）单击“圆弧”按钮，绘制轮廓线，操作步骤如下。效果如图 4-27 所示。

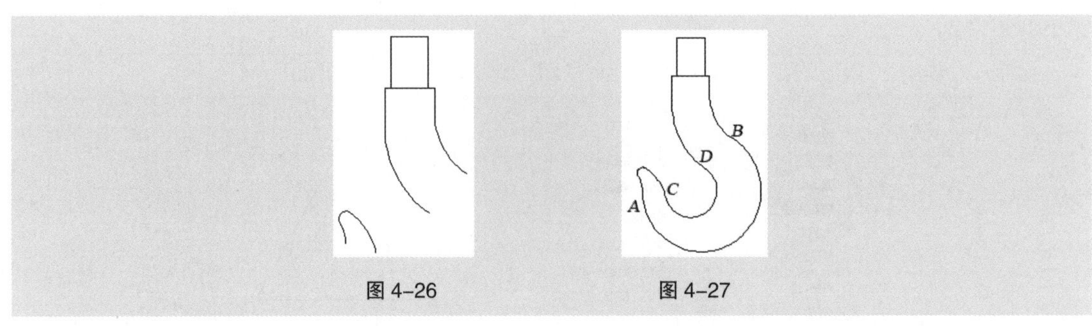

图 4-26　　图 4-27

命令 : _arc 指定圆弧的起点或 [圆心 (C)]:　　// 单击“圆弧”按钮，选择 *A* 点作为圆弧的起点
指定圆弧的第二个点或 [圆心 (C)/ 端点 (E)]: e　　// 选择“端点”选项
指定圆弧的端点 :　　// 选择 *B* 点作为圆弧的端点
指定圆弧的圆心或 [角度 (A)/ 方向 (D)/ 半径 (R)]: r　　// 选择“半径”选项
指定圆弧的半径 : −32　　// 输入半径值
命令 : _arc 指定圆弧的起点或 [圆心 (C)]:　　// 单击“圆弧”按钮，选择 *C* 点作为圆弧的起点
指定圆弧的第二个点或 [圆心 (C)/ 端点 (E)]: e　　// 选择“端点”选项
指定圆弧的端点 :　　// 选择 *D* 点作为圆弧的端点
指定圆弧的圆心或 [角度 (A)/ 方向 (D)/ 半径 (R)]: r　　// 选择“半径”选项
指定圆弧的半径 :−14　　// 输入半径值

4.5.2　绘制圆弧

绘制圆弧的方法有 10 种，其中默认的方法是确定 3 点来绘制圆弧。圆弧可以通过设置起点、方向、中点、角度、终点、弦长等参数来进行绘制。

启用命令的方法如下。

- 工具栏：单击“绘图”工具栏中的“圆弧”按钮。
- 菜单命令：选择“绘图 > 圆弧”命令。
- 命令行：输入“ARC”（快捷命令：A），按 Enter 键。

选择“绘图 > 圆弧”命令，弹出“圆弧”命令的子菜单，菜单中提供了 10 种绘制圆弧的方法，如图 4-28 所示。可以根据圆弧的特点，选择相应的命令来绘制圆弧。

“圆弧”命令的默认绘制方法为“三点”：起点、圆弧上一点、端点。

利用默认绘制方法绘制一条圆弧，操作步骤如下。效果如图 4-29 所示。

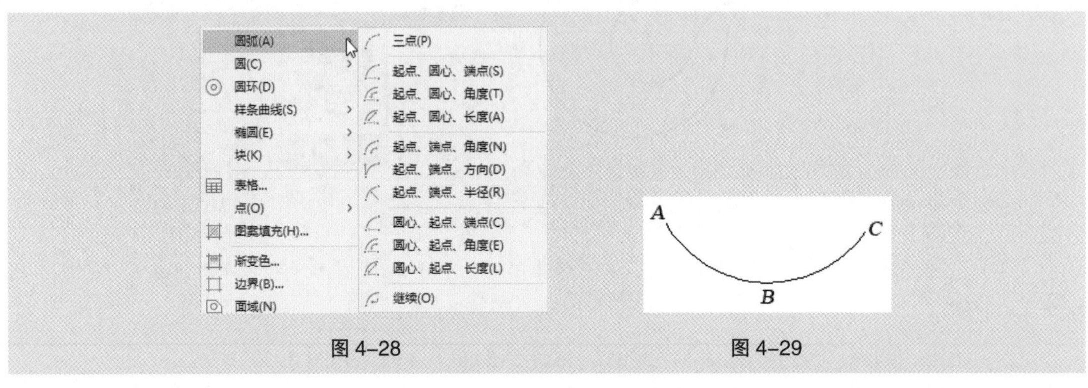

图 4-28　　图 4-29

命令 : _arc 指定圆弧的起点或 [圆心 (C)]: // 单击"圆弧"按钮，单击确定圆弧的起点A点的位置

指定圆弧的第二个点或 [圆心 (C)/ 端点 (E)]: // 单击确定 B 点的位置

指定圆弧的端点 : // 单击确定圆弧终点 C 点的位置，弧形绘制完成

"圆弧"子菜单下提供的其他绘制圆弧的命令的使用方法如下。

● "起点、圆心、端点"命令：按顺序沿逆时针方向分别单击起点、圆心和端点 3 个点的位置来绘制圆弧。

利用"起点、圆心、端点"命令绘制一条圆弧，操作步骤如下。效果如图 4-30 所示。

命令 : _arc 指定圆弧的起点或 [圆心 (C)]: // 选择"起点、圆心、端点"命令，单击 // 确定起点 A 点的位置

指定圆弧的第二个点或 [圆心 (C)/ 端点 (E)]: _c 指定圆弧的圆心 : // 单击确定圆心 B 点的位置

指定圆弧的端点或 [角度 (A)/ 弦长 (L)]: // 单击确定端点 C 点的位置

● "起点、圆心、角度"命令：按顺序沿逆时针方向分别单击起点和圆心两个点的位置，再输入角度值来绘制圆弧。

利用"起点、圆心、角度"命令绘制一条圆弧，操作步骤如下。效果如图 4-31 所示。

命令 : _arc 指定圆弧的起点或 [圆心 (C)]: // 选择"起点、圆心、角度"命令，单击 // 确定起点 A 点的位置

指定圆弧的第二个点或 [圆心 (C)/ 端点 (E)]: _c 指定圆弧的圆心 : // 单击确定圆心 B 点的位置

指定圆弧的端点或 [角度 (A)/ 弦长 (L)]: _a 指定包含角 : 90 // 输入圆弧的角度值

● "起点、圆心、长度"命令：按顺序沿逆时针方向分别单击起点和圆心两个点的位置，再输入圆弧的长度值来绘制圆弧。

利用"起点、圆心、长度"命令绘制一条圆弧，操作步骤如下。效果如图 4-32 所示。

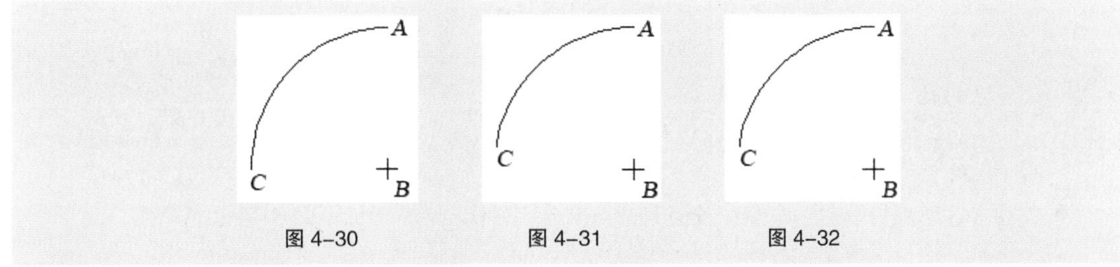

图 4-30 图 4-31 图 4-32

命令 : _arc 指定圆弧的起点或 [圆心 (C)]: // 选择"起点、圆心、长度"命令，单击 // 确定起点 A 点的位置

指定圆弧的第二个点或 [圆心 (C)/ 端点 (E)]: _c 指定圆弧的圆心 : // 单击确定圆心 B 点的位置

指定圆弧的端点或 [角度 (A)/ 弦长 (L)]: _l 指定弦长 : 100 // 输入圆弧的弦长值，确定圆弧

● "起点、端点、角度"命令：按顺序沿逆时针方向分别单击起点和端点两个点的位置，再输入圆弧的角度值来绘制圆弧。

利用“起点、端点、角度”命令绘制一条圆弧，操作步骤如下。效果如图 4-33 所示。

命令 : _arc 指定圆弧的起点或 [圆心 (C)]:　　// 选择“起点、端点、角度”命令，

// 单击确定起点 *A* 点的位置

指定圆弧的第二个点或 [圆心 (C)/ 端点 (E)]: _e

指定圆弧的端点 : @ -25,0　　// 输入 *B* 点的坐标

指定圆弧的圆心或 [角度 (A)/ 方向 (D)/ 半径 (R)]: _a 指定包含角 : 150

// 输入圆弧的角度值，确定圆弧

- “起点、端点、方向”命令：通过指定起点、端点和方向绘制圆弧，绘制的圆弧在起点处与指定方向相切。

利用“起点、端点、方向”命令绘制一条圆弧，操作步骤如下。效果如图 4-34 所示。

命令 :_arc 指定圆弧的起点或 [圆心 (C)]:　　// 选择“起点、端点、方向”命令，单击确定起点 *A* 点的位置

指定圆弧的第二个点或 [圆心 (C)/ 端点 (E)]: _e

指定圆弧的端点 :　　// 单击确定端点 *B* 点的位置

指定圆弧的圆心或 [角度 (A)/ 方向 (D)/ 半径 (R)]: _d 指定圆弧的起点切向 :

// 用十字光标确定圆弧的方向

- “起点、端点、半径”命令：通过指定起点、端点和半径绘制圆弧。可以通过输入长度，或通过顺时针（或逆时针）移动鼠标并单击确定一段距离来指定半径。

利用“起点、端点、半径”命令绘制一条圆弧，操作步骤如下。效果如图 4-35 所示。

命令 : _arc 指定圆弧的起点或 [圆心 (C)]:　　// 选择“起点、端点、半径”命令，单击确定起点 *A* 点的位置

指定圆弧的第二个点或 [圆心 (C)/ 端点 (E)]: _e

指定圆弧的端点 :　　// 单击确定端点 *B* 点的位置

指定圆弧的圆心或 [角度 (A)/ 方向 (D)/ 半径 (R)]: _r 指定圆弧的半径 :

// 单击点 *C* 确定圆弧的半径

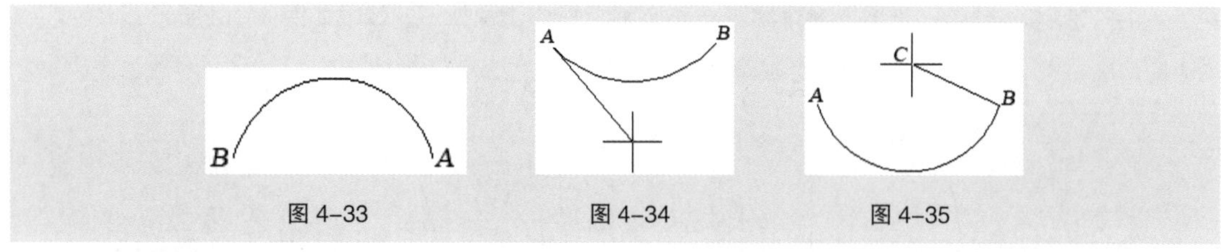

图 4-33　图 4-34　图 4-35

- “圆心、起点、端点”命令：按逆时针方向分别单击圆心、起点和端点来绘制圆弧。
- “圆心、起点、角度”命令：按顺序分别单击圆心、起点，再输入圆弧的角度值来绘制圆弧。
- “圆心、起点、长度”命令：按顺序分别单击圆心、起点，再输入圆弧的长度值来绘制圆弧。

提示

若输入的角度值为正，则按逆时针方向绘制圆弧；若该值为负，则按顺时针方向绘制圆弧。若输入的弦长值和半径值为正，则绘制 180° 范围内的圆弧；若输入的弦长值和半径值为负，则绘制大于 180° 的圆弧。

绘制完圆弧后，启用“直线”命令，在“指定第一点”提示下，按 Enter 键，可以绘制一条与圆弧相切的线段，如图 4-36 所示。

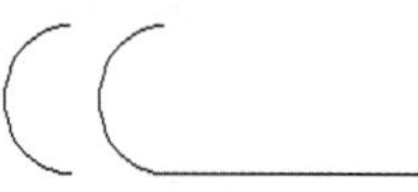
图 4-36

同样，完成线段的绘制之后，启用“圆弧”命令，在“指定起点”提示下，

按 Enter 键，可以绘制一段与线段相切的圆弧。

利用此方法可以连接后续绘制的圆弧，操作步骤如下。也可以利用菜单命令“绘图 > 圆弧 > 继续”连接后续绘制的圆弧。两种情况下，结果对象都与前一对象相切。

命令 : _line 指定第一点 :　　　　　　　　　　// 单击“直线”按钮

直线长度 : 50　　　　　　　　　　// 输入线段的长度值

指定下一点或 [放弃 (U)]:　　　　　　　　　　// 按 Enter 键

4.5.3 绘制圆环

在 AutoCAD 2019 中，利用“圆环”命令可以绘制圆环图形。在绘制过程中，用户需要指定圆环的内径、外径及中心点。

启用命令的方法如下。

- 菜单命令：选择“绘图 > 圆环”命令。
- 命令行：输入“DONUT”（快捷命令：DO），按 Enter 键。

选择“绘图 > 圆环”命令，启用“圆环”命令，绘制图 4-37 所示的图形。操作步骤如下。

图 4-37

命令 : _donut　　　　　　　　　　// 选择“圆环”命令

指定圆环的内径 <0.5000>: 1　　　　　　　　　　// 输入圆环的内径

指定圆环的外径 <1.0000>: 2　　　　　　　　　　// 输入圆环的外径

指定圆环的中心点或 < 退出 >:　　　　　　　　　　// 在绘图窗口中单击确定圆环的中心点

指定圆环的中心点或 < 退出 >:　　　　　　　　　　// 按 Enter 键

用户在指定圆环的中心点时，可以指定多个不同的中心点，从而创建多个相同大小的圆环对象，直到按 Enter 键结束操作。

当用户输入的圆环内径为 0 时，AutoCAD 2019 将绘制出实心圆，效果如图 4-38 所示。用户还可以设置圆环的填充模式，选择“工具 > 选项”命令，弹出“选项”对话框，单击该对话框中的“显示”选项卡，取消勾选“应用实体填充”复选框，如图 4-39 所示，然后单击“确定”按钮关闭“选项”对话框。此后再利用“圆环”命令绘制圆环时，其形状如图 4-40 所示。

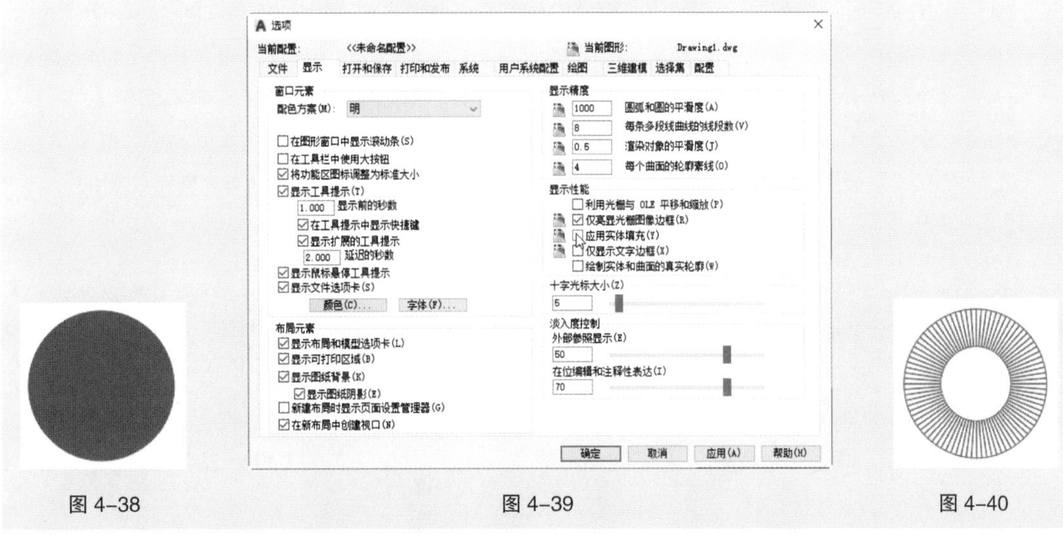

图 4-38　　　　图 4-39　　　　图 4-40

4.6 绘制矩形和多边形

建筑工程设计图中会大量用到矩形和多边形，在 AutoCAD 2019 中可以利用“矩形”命令和“正多边形”命令进行绘制。

4.6.1 课堂案例——绘制床头柜

【案例学习目标】掌握并熟练应用“矩形”命令。

【案例知识要点】利用“矩形”“圆弧”“直线”命令绘制床头柜图形，效果如图 4-41 所示。

【效果所在位置】云盘 /Ch04/DWG/ 绘制床头柜。

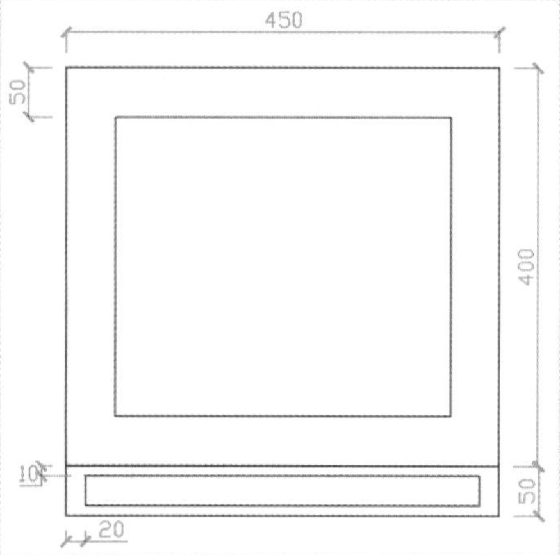

绘制床头柜

图 4-41

（1）创建图形文件。选择“文件 > 新建”命令，在弹出的“选择样板”对话框中单击“打开”按钮，创建新的图形文件。

（2）单击“矩形”按钮，绘制床头柜外轮廓图形，操作步骤如下。效果如图 4-42 所示。

```
命令 : _rectang                                                     // 单击“矩形”按钮
指定第一个角点或 [ 倒角 (C)/ 标高 (E)/ 圆角 (F)/ 厚度 (T)/ 宽度 (W)]:    // 单击确定 A 点
指定另一个角点或 [ 面积 (A)/ 尺寸 (D)/ 旋转 (R)]: @450,-400           // 输入 B 点的相对坐标
```

（3）单击“偏移”按钮，绘制床头柜内轮廓线图形，偏移距离值为 50，操作步骤如下。效果如图 4-43 所示。

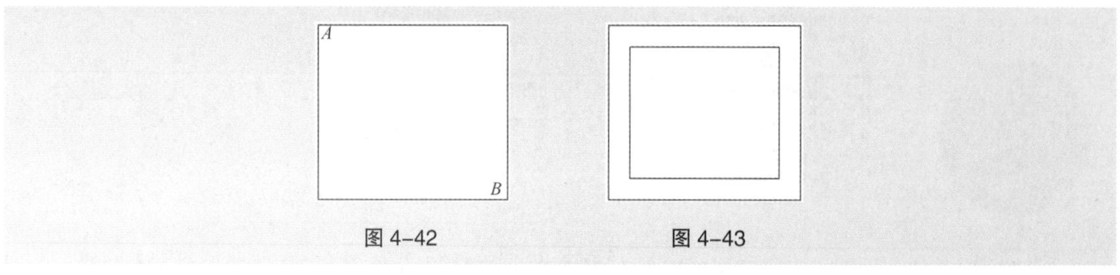

图 4-42　　图 4-43

命令 : _offset　　　　　　　　　　　　　　　　　　　　// 单击“偏移”按钮
当前设置 : 删除源 = 否图层 = 源 OFFSETGAPTYPE=0
指定偏移距离或 [通过 (T)/ 删除 (E)/ 图层 (L)] < 通过 >:50　// 输入偏移距离值
选择要偏移的对象，或 [退出 (E)/ 放弃 (U)] < 退出 >:　　　// 选择矩形
指定要偏移的一侧的点，或 [退出 (E)/ 多个 (M)/ 放弃 (U)] < 退出 >:
　　　　　　　　　　　　　　　　　　　　　　　　　　　　// 单击矩形内部
选择要偏移的对象，或 [退出 (E)/ 放弃 (U)] < 退出 >:　　　// 按 Enter 键

（4）单击“矩形”按钮，绘制床头柜前沿图形，操作步骤如下。效果如图4-44和图4-45所示。至此，床头柜绘制完毕。

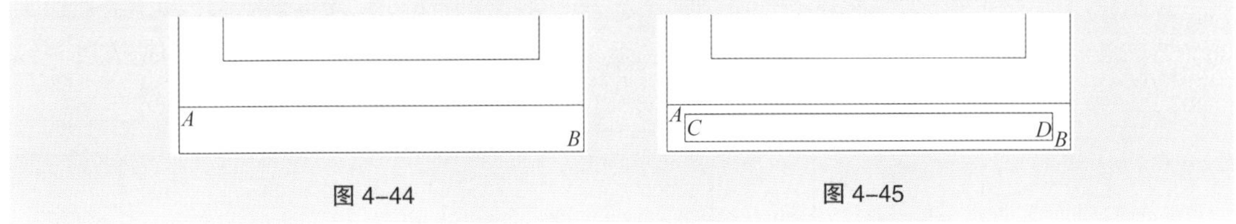

图 4-44　　　　图 4-45

命令 : _rectang　　　　　　　　　　　　　　　　　　　// 单击“矩形”按钮
指定第一个角点或 [倒角 (C)/ 标高 (E)/ 圆角 (F)/ 厚度 (T)/ 宽度 (W)]:
　　　　　　　　　　　　　　　　　　　　　　　　　　　　// 单击确定 *A* 点
指定另一个角点或 [面积 (A)/ 尺寸 (D)/ 旋转 (R)]: @450,−50 // 输入 *B* 点的相对坐标
命令 : _rectang　　　　　　　　　　　　　　　　　　　// 单击“矩形”按钮
指定第一个角点或 [倒角 (C)/ 标高 (E)/ 圆角 (F)/ 厚度 (T)/ 宽度 (W)]: _from 基点 :
　　　　　　　　　　　　　　　　　　　　　　　　　　　　// 单击“捕捉自”按钮，单击 *A* 点
< 偏移 >: @20,−10　　　　　　　　　　　　　　　　　　// 输入 *C* 点的相对坐标
指定另一个角点或 [面积 (A)/ 尺寸 (D)/ 旋转 (R)]: @410,−30 // 输入 *D* 点的相对坐标

4.6.2　绘制矩形

利用“矩形”命令，指定矩形对角线上的两个端点即可绘制出矩形。此外，在绘制过程中，根据命令提示信息，还可绘制出倒角矩形和圆角矩形。

启用命令的方法如下。

- 工具栏：单击“绘图”工具栏中的“矩形”按钮。
- 菜单命令：选择“绘图 > 矩形”命令。
- 命令行：输入“RECTANG”（快捷命令：REC），按 Enter 键。

启用“矩形”命令，绘制图 4-46 所示的图形。操作步骤如下。

命令：_rectang　　　　　　　　　　　　　　　　　　　// 单击“矩形”按钮
指定第一个角点或 [倒角 (C)/ 标高 (E)/ 圆角 (F)/ 厚度 (T)/ 宽度 (W)]:
　　　　　　　　　　　　　　　　　　　　　　　　　　　　// 单击确定 *A* 点的位置
指定另一个角点或 [面积 (A)/ 尺寸 (D)/ 旋转 (R)]: @150,−100
　　　　　　　　　　　　　　　　　　　　　　　　　　　　// 输入 *B* 点的相对坐标

提示选项说明如下。

● 倒角（C）：用于绘制带有倒角的矩形。

绘制带有倒角的矩形，操作步骤如下。效果如图 4–47 所示。

命令 : _rectang // 单击“矩形”按钮

指定第一个角点或 [倒角 (C)/ 标高 (E)/ 圆角 (F)/ 厚度 (T)/ 宽度 (W)]: c // 选择“倒角”选项

指定矩形的第一个倒角距离 <0.0000>: 20 // 输入第一个倒角的距离值

指定矩形的第二个倒角距离 <20.0000>: 20 // 输入第二个倒角的距离值

指定第一个角点或 [倒角 (C)/ 标高 (E)/ 圆角 (F)/ 厚度 (T)/ 宽度 (W)]:

// 单击确定 *A* 点的位置

指定另一个角点或 [面积 (A)/ 尺寸 (D)/ 旋转 (R)]: // 单击确定 *B* 点的位置

设置矩形的倒角时，如果将第一个倒角距离与第二个倒角距离设置为不同数值，则系统将会沿同一方向进行倒角，如图 4–48 所示。

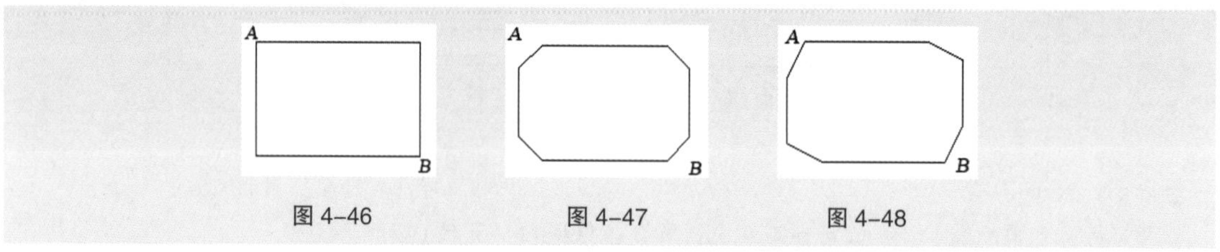

图 4–46 图 4–47 图 4–48

● 标高（E）：用于确定矩形所在的平面高度。默认情况下，其标高为 0，即矩形位于 *XY* 平面内。

● 圆角（F）：用于绘制带有圆角的矩形。

绘制带有圆角的矩形，操作步骤如下。效果如图 4–49 所示。

命令 : _rectang // 单击“矩形”按钮

指定第一个角点或 [倒角 (C)/ 标高 (E)/ 圆角 (F)/ 厚度 (T)/ 宽度 (W)]: f

// 选择“圆角”选项

指定矩形的圆角半径 <0.0000>: 20 // 输入圆角的半径值

指定第一个角点或 [倒角 (C)/ 标高 (E)/ 圆角 (F)/ 厚度 (T)/ 宽度 (W)]:

// 单击确定 *A* 点的位置

指定另一个角点或 [面积 (A)/ 尺寸 (D)/ 旋转 (R)]: // 单击确定 *B* 点的位置

● 厚度（T）：设置矩形的厚度，用于绘制三维图形。

● 宽度（W）：用于设置矩形的边线宽度。

绘制有边线宽度的矩形，操作步骤如下。效果如图 4–50 所示。

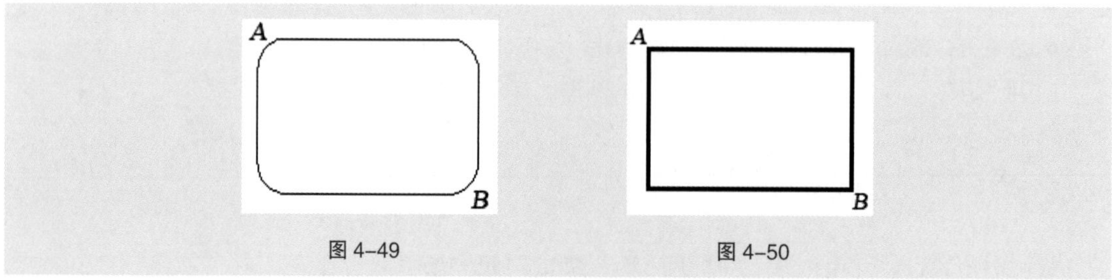

图 4–49 图 4–50

命令 : _rectang // 单击“矩形”按钮

指定第一个角点或 [倒角 (C)/ 标高 (E)/ 圆角 (F)/ 厚度 (T)/ 宽度 (W)]: w

// 选择“宽度”选项

指定矩形的线宽 <0.0000>: 2 // 输入矩形的线宽值

指定第一个角点或 [倒角 (C)/ 标高 (E)/ 圆角 (F)/ 厚度 (T)/ 宽度 (W)]:

// 单击确定 A 点的位置

指定另一个角点或 [面积 (A)/ 尺寸 (D)/ 旋转 (R)]: // 单击确定 B 点的位置

- 面积（A）：通过指定面积和长度（或宽度）来绘制矩形。

利用“面积”选项来绘制矩形，操作步骤如下。效果如图 4-51 所示。

命令 : _rectang // 单击“矩形”按钮

指定第一个角点或 [倒角 (C)/ 标高 (E)/ 圆角 (F)/ 厚度 (T)/ 宽度 (W)]:

// 单击确定 A 点的位置

指定另一个角点或 [面积 (A)/ 尺寸 (D)/ 旋转 (R)]: a // 选择“面积”选项

输入以当前单位计算的矩形面积 : 4000 // 输入面积值

计算矩形标注时依据 [长度 (L)/ 宽度 (W)] < 长度 >: l // 选择“长度”选项

输入矩形长度 : 80 // 输入长度值

命令 : _rectang // 单击“矩形”按钮

指定第一个角点或 [倒角 (C)/ 标高 (E)/ 圆角 (F)/ 厚度 (T)/ 宽度 (W)]:

// 在绘图窗口中单击确定 C 点

指定另一个角点或 [面积 (A)/ 尺寸 (D)/ 旋转 (R)]: a // 选择“面积”选项

输入以当前单位计算的矩形面积 : 4000 // 输入面积值

计算矩形标注时依据 [长度 (L)/ 宽度 (W)] < 长度 >: w // 选择“宽度”选项

输入矩形宽度 <50.0000>: 80 // 输入宽度值

- 尺寸（D）：通过分别设置长度、宽度和角点位置来绘制矩形。

利用“尺寸”选项来绘制矩形，操作步骤如下。效果如图 4-52 所示。

命令 : _rectang // 单击“矩形”按钮

指定第一个角点或 [倒角 (C)/ 标高 (E)/ 圆角 (F)/ 厚度 (T)/ 宽度 (W)]:

// 单击确定 A 点的位置

指定另一个角点或 [面积 (A)/ 尺寸 (D)/ 旋转 (R)]:d // 选择“尺寸”选项

指定矩形的长度 <10.0000>: 150 // 输入长度值

指定矩形的宽度 <10.0000>: 100 // 输入宽度值

指定另一个角点或 [面积 (A)/ 尺寸 (D)/ 旋转 (R)]: // 在 A 点右下侧单击，确定 B 点的位置

- 旋转（R）：通过指定旋转角度来绘制矩形。

利用“旋转”选项来绘制矩形，操作步骤如下。效果如图 4-53 所示。

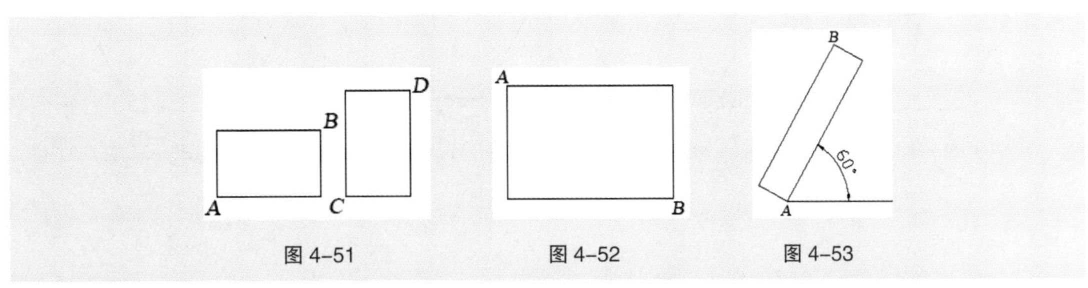

图 4-51　图 4-52　图 4-53

命令 : _rectang // 单击“矩形”按钮

指定第一个角点或 [倒角 (C)/ 标高 (E)/ 圆角 (F)/ 厚度 (T)/ 宽度 (W)]:

// 单击确定 *A* 点的位置

指定另一个角点或 [面积 (A)/ 尺寸 (D)/ 旋转 (R)]: r // 选择“旋转”选项

指定旋转角度或 [拾取点 (P)] <0>: 60 // 输入旋转角度值

指定另一个角点或 [面积 (A)/ 尺寸 (D)/ 旋转 (R)]: // 单击确定 *B* 点的位置

4.6.3 绘制多边形

在 AutoCAD 2019 中，多边形是具有等长边的封闭图形，其边数为 3 ~ 1024。可以通过与假想圆内接或外切的方法来绘制多边形，也可以通过指定正多边形某边的端点来绘制。

启用命令的方法如下。

- 工具栏：单击“绘图”工具栏中的“多边形”按钮。
- 菜单命令：选择“绘图 > 多边形”命令。
- 命令行：输入“POLYGON”（快捷命令：POL），按 Enter 键。

启用“多边形”命令，绘制图 4-54 所示的图形，操作步骤如下。

命令 : _polygon 输入侧面数 <4>: 6 // 单击“多边形”按钮，输入边的数目值

指定正多边形的中心点或 [边 (E)]: // 单击确定中心点 *A* 点的位置

输入选项 [内接于圆 (I)/ 外切于圆 (C)] <I>: // 按 Enter 键

指定圆的半径 : 300 // 输入圆的半径值

提示选项说明如下。

- 边（E）：通过指定多边形的边长来绘制正多边形。

输入正多边形的边数后，再指定某条边的两个端点即可绘制出正多边形，操作步骤如下。效果如图 4-55 所示。

命令 : _polygon 输入侧面数 <4>:6 // 单击“多边形”按钮

指定正多边形的中心点或 [边 (E)]:e // 选择“边”选项

指定边的第一个端点 : // 单击确定 *A* 点的位置

指定边的第二个端点 : @300,0 // 输入 *B* 点的相对坐标值

- 内接于圆（I）：根据内接于圆的方式生成正多边形，效果如图 4-56 所示。
- 外切于圆（C）：根据外切于圆的方式生成正多边形，效果如图 4-57 所示。

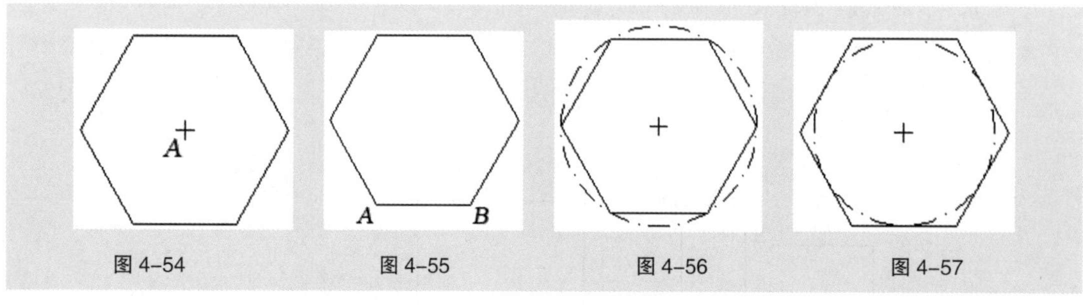

图 4-54　图 4-55　图 4-56　图 4-57

4.7 课堂练习——绘制床头灯

【练习知识要点】利用“矩形”“直线”“圆”“修剪”命令绘制床头灯，效果如图 4–58 所示。

【效果所在位置】云盘 /Ch04/DWG/ 绘制床头灯。

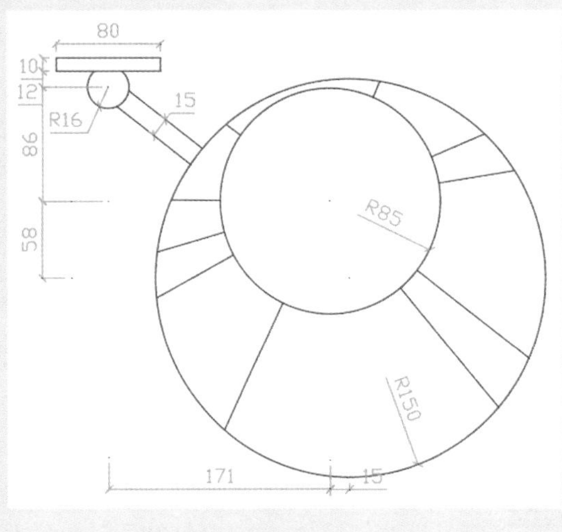

图 4–58

4.8 课后习题——绘制清洗池

【习题知识要点】利用“矩形”“圆”“直线”“圆弧”命令来绘制清洗池图形，效果如图 4–59 所示。

【效果所在位置】云盘 /Ch04/DWG/ 绘制清洗池。

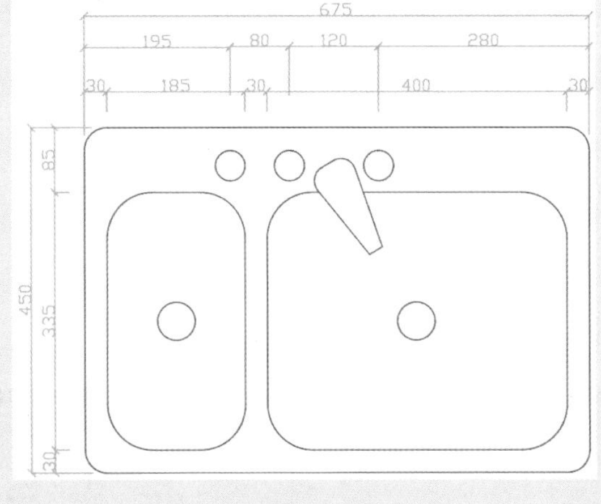

图 4–59

05

第 5 章 高级绘图

第 5 章简介

本章介绍

本章主要介绍复杂图形的绘制方法，如椭圆、多线、多段线、样条曲线、剖面线、面域和边界等。通过本章的学习，读者可以掌握如何绘制复杂的图形，为绘制完整的工程图做好充分的准备。

学习目标

- 掌握椭圆和椭圆弧的绘制方法；
- 掌握多线和多段线的绘制方法；
- 掌握样条曲线和剖面线的绘制方法；
- 掌握面域和边界的创建和编辑方法。

技能目标

- 掌握手柄的绘制方法；
- 掌握餐具柜的绘制方法；
- 掌握端景台的绘制方法；
- 掌握前台桌子的绘制方法。

5.1 绘制椭圆和椭圆弧

在工程设计图中，椭圆和椭圆弧也是比较常见的图形。在 AutoCAD 2019 中，可以利用“椭圆”命令和“椭圆弧”命令来绘制椭圆和椭圆弧。

5.1.1 课堂案例——绘制手柄

【案例学习目标】掌握并熟练使用“椭圆弧”命令。

【案例知识要点】利用“椭圆弧”“圆弧”命令绘制手柄，效果如图 5-1 所示。

【效果所在位置】云盘 /Ch05/DWG/ 绘制手柄。

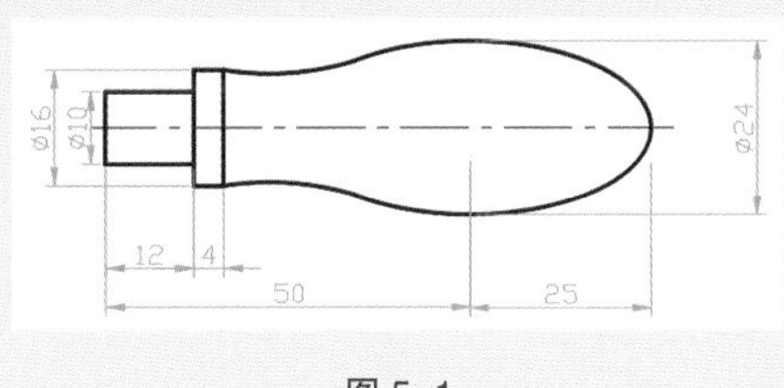

图 5-1

（1）选择“文件 > 打开”命令，打开云盘中的“Ch05 > 素材 > 绘制手柄.dwg”文件，如图 5-2 所示。

（2）绘制椭圆弧。单击“椭圆弧”按钮，绘制手柄的顶部，操作步骤如下。效果如图 5-3 所示。

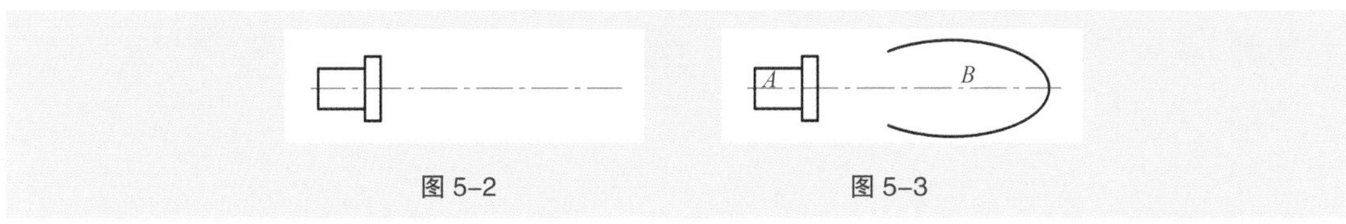

图 5-2　　图 5-3

命令：_ellipse　　// 单击“椭圆弧”按钮

指定椭圆的轴端点或 [圆弧 (A)/ 中心点 (C)]: _a

指定椭圆弧的轴端点或 [中心点 (C)]: c　　// 选择“中心点”选项，按 Enter 键

指定椭圆弧的中心点：_from 基点：< 偏移 >: @50,0　　// 单击“捕捉自”按钮，捕捉交点 A，

// 输入椭圆弧中心点 B 到交点 A 的相对位移

指定轴的端点：@25,0　　// 输入长半轴端点的坐标

指定另一条半轴长度或 [旋转 (R)]: 12　　// 输入短半轴的长度

指定起点角度或 [参数 (P)]:-150　　// 输入起始角度

指定端点角度或 [参数 (P)/ 夹角 (I)]: 150　　// 输入终止角度

（3）绘制圆弧。单击“圆弧”按钮，绘制过渡圆弧，操作步骤如下。效果如图 5-4 所示。

命令：_arc 指定圆弧的起点或 [圆心 (C)]:　　// 单击“圆弧”按钮，捕捉交点 A

指定圆弧的第二个点或 [圆心 (C)/ 端点 (E)]:e　　// 选择“端点”选项

指定圆弧的端点：　　// 捕捉椭圆弧的端点 B

指定圆弧的圆心点或 [角度 (A)/ 方向 (D)/ 半径 (R)]: r　　// 选择“半径”选项

指定圆弧的半径 : 40　　　// 输入圆弧的半径，效果如图 5-5 所示

命令 : _arc 指定圆弧的起点或 [圆心 (C)]:　　　// 按 Enter 键，重复使用“圆弧”工具，并捕捉端点 *A*

指定圆弧的第二个点或 [圆心 (C)/ 端点 (E)]:e　　　// 选择“端点”选项

指定圆弧的端点 :　　　// 捕捉交点 *B*

指定圆弧的圆心点或 [角度 (A)/ 方向 (D)/ 半径 (R)]:r　　　// 选择“半径”选项

指定圆弧的半径 : 40　　　// 输入圆弧的半径

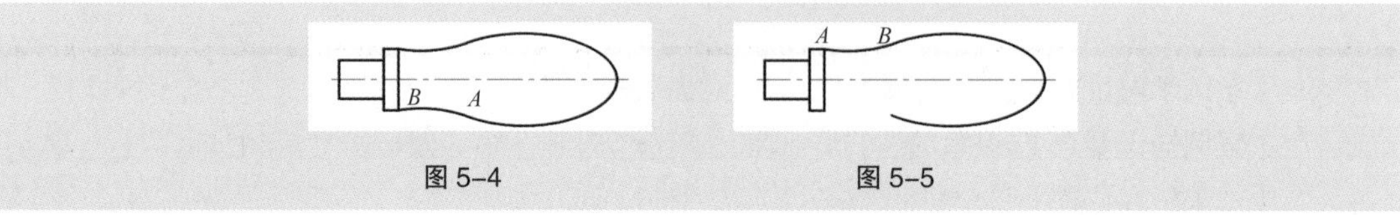

图 5-4　　　图 5-5

5.1.2 绘制椭圆

椭圆的大小由定义其尺寸的两条轴决定。其中，较长的轴称为长轴，较短的轴称为短轴。在绘制椭圆时，长轴、短轴的次序与定义轴线的次序无关。绘制椭圆的默认方法是指定椭圆第一条轴的两个端点及另一条半轴长度。

启用命令的方法如下。

- 工具栏：单击“绘图”工具栏中的“椭圆”按钮。
- 菜单命令：选择“绘图 > 椭圆 > 轴、端点”命令。
- 命令行：输入“ELLIPSE”（快捷命令：EL），按 Enter 键。

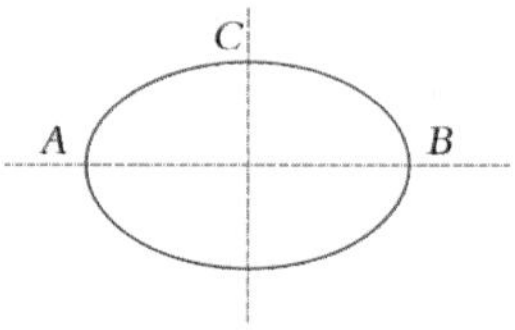

图 5-6

启用“椭圆”命令，绘制图 5-6 所示的图形。操作步骤如下。

命令 : _ellipse　　　// 单击“椭圆”按钮

指定椭圆的轴端点或 [圆弧 (A)/ 中心点 (C)]:　　　// 单击确定轴线的端点 *A*

指定轴的另一个端点 :　　　// 单击确定轴线的端点 *B*

指定另一条半轴长度或 [旋转 (R)]:　　　// 在 *C* 点处单击确定另一条半轴长度

5.1.3 绘制椭圆弧

椭圆弧的绘制方法与椭圆的绘制方法相似，首先要确定其长轴和短轴，然后确定椭圆弧的起始角和终止角。

启用命令的方法如下。

- 工具栏：单击“绘图”工具栏中的“椭圆弧”按钮。
- 菜单命令：选择“绘图 > 椭圆 > 圆弧”命令。

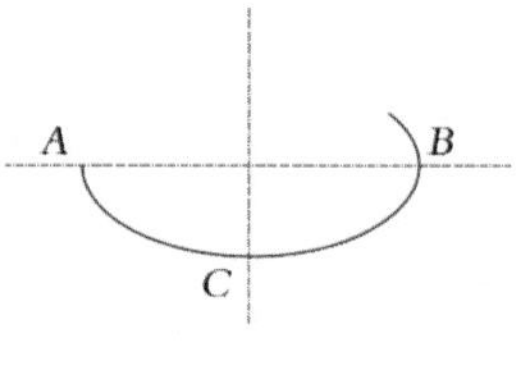

启用“椭圆弧”命令，绘制图 5-7 所示的图形。操作步骤如下。

图 5-7

命令 : _ellipse

指定椭圆的轴端点或 [圆弧 (A)/ 中心点 (C)]: _a　　　// 单击“椭圆弧”按钮

指定椭圆弧的轴端点或 [中心点 (C)]:　　　// 单击确定长轴的端点 *A*

指定轴的另一个端点 :　　　// 单击确定长轴的另一个端点 *B*

指定另一条半轴长度或 [旋转 (R)]:　　　// 单击确定短轴的半轴端点 *C*

指定起始角度或 [参数 (P)]: 0　　　　　　　　　　　// 输入起始角度值

指定终止角度或 [参数 (P)/ 夹角 (I)]: 200　　　　　　// 输入终止角度值

提示

椭圆的起始角与椭圆的长、短轴定义顺序有关。当定义的第一条轴为长轴时，椭圆的起始角在第一个端点位置；当定义的第一条轴为短轴时，椭圆的起始角在第一个端点逆时针旋转 90° 的位置。

利用“椭圆”命令绘制一条椭圆弧，操作步骤如下。效果如图 5-8 所示。

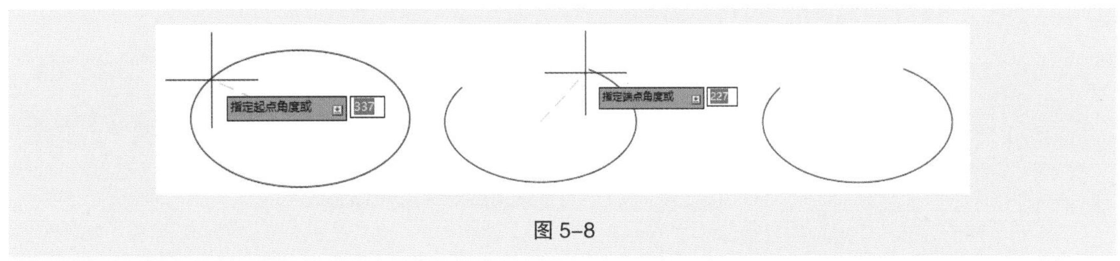

图 5-8

命令 :_ellipse　　　　　　　　　　　　　　　　// 单击“椭圆”按钮

指定椭圆的轴端点或 [圆弧 (A)/ 中心点 (C)]: a　　　// 选择“圆弧”选项

指定椭圆弧的轴端点或 [中心点 (C)]:　　　　　　　// 单击确定椭圆的轴端点

指定轴的另一个端点 :　　　　　　　　　　　　　// 单击确定椭圆的另一个轴端点

指定另一条半轴长度或 [旋转 (R)]:　　　　　　　// 单击确定椭圆的另一条半轴端点

指定起始角度或 [参数 (P)]:　　　　　　　　　　// 单击确定起始角度

指定终止角度或 [参数 (P)/ 夹角 (I)]:　　　　　　// 单击确定终止角度

5.2 绘制多线

在建筑工程设计图中，多线一般用来绘制墙体等具有多条平行线段的图形对象。

5.2.1 课堂案例——绘制餐具柜

【案例学习目标】掌握并能够熟练应用“多线”命令。

【案例知识要点】利用“多线”命令绘制餐具柜图形，效果如图 5-9 所示。

【效果所在位置】云盘 /Ch05/DWG/ 绘制餐具柜。

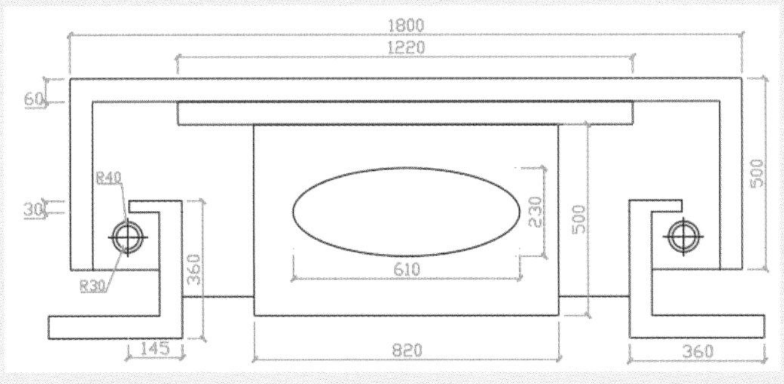

图 5-9

（1）创建图形文件。选择“文件 > 新建”命令，弹出“选择样板”对话框，单击“打开”按钮，创建新的图形文件。

（2）设置多线样式。选择“格式 > 多线样式”命令，弹出“多线样式”对话框，单击“新建”按钮，弹出“创建新的多线样式”对话框，在“新样式名”文本框中输入多线样式名“CANJUGUI”，单击“继续”按钮，弹出“新建多线样式 CANJUGUI”对话框，设置多线样式，如图 5-10 所示。单击“确定”按钮，返回“多线样式”对话框，预览设置完的多线样式，并将“CANJUGUI”多线置为当前。

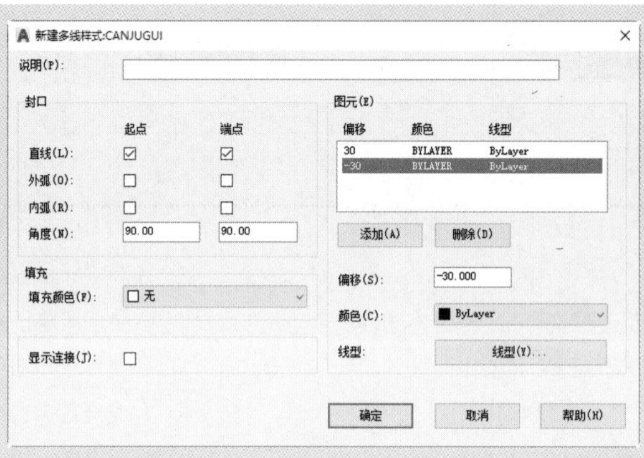

图 5-10

（3）绘制多线图形。选择“绘图 > 多线”命令，打开“正交”开关，绘制餐具柜图形，操作步骤如下。效果如图 5-14 所示。

命令 : _mline　　// 选择“绘图 > 多线”命令

当前设置 : 对正 = 上，比例 = 1.00，样式 = CANJUGUI

指定起点或 [对正 (J)/ 比例 (S)/ 样式 (ST)]:　　// 单击一点作为 *A* 点

指定下一点 : 500　　// 将十字光标放在 *A* 点上方，输入距离值，确定 *B* 点

指定下一点或 [放弃 (U)]: 1800　　// 将十字光标放在 *B* 点右侧，输入距离值，确定 *C* 点

指定下一点或 [闭合 (C)/ 放弃 (U)]: 500　　// 将十字光标放在 *C* 点下方，输入距离值，确定 *D* 点

指定下一点或 [闭合 (C)/ 放弃 (U)]:　　// 按 Enter 键，效果如图 5-11 所示

命令 : _mline　　// 按 Enter 键

当前设置 : 对正 = 上，比例 = 1.00，样式 = CANJUGUI

指定起点或 [对正 (J)/ 比例 (S)/ 样式 (ST)]: _tt 指定临时对象追踪点 :

// 单击“临时追踪点”按钮

指定起点或 [对正 (J)/ 比例 (S)/ 样式 (ST)]: 230

// 单击 *E* 点，向右追踪，输入距离值，确定 *F* 点

指定下一点 : 1220　　// 将十字光标放在 *F* 点右侧，输入距离值，确定 *G* 点

指定下一点或 [放弃 (U)]:　　// 按 Enter 键，效果如图 5-12 所示

命令 : _mline　　// 按 Enter 键

当前设置 : 对正 = 上，比例 = 1.00，样式 = CANJUGUI

指定起点或 [对正 (J)/ 比例 (S)/ 样式 (ST)]: _from 基点 : < 偏移 >: @-60,-120

// 单击“捕捉自”按钮，单击 *A* 点，输入偏移值，确定 *H* 点

指定下一点：300　　// 将十字光标放在 *H* 点右侧，输入距离值，确定 *I* 点

指定下一点或 [放弃 (U)]：270　　// 将十字光标放在 *I* 点上方，输入距离值，确定 *J* 点

指定下一点或 [闭合 (C)/ 放弃 (U)]：　　// 按 Enter 键，效果如图 5–13 所示

命令：_mline　　// 按 Enter 键

当前设置：对正 = 上，比例 = 1.00，样式 = CANJUGUI

指定起点或 [对正 (J)/ 比例 (S)/ 样式 (ST)]：s　　// 选择“比例”选项

输入多线比例 <1.00>：0.5　　// 输入比例值

当前设置：对正 = 上，比例 = 0.50，样式 = CANJUGUI

指定起点或 [对正 (J)/ 比例 (S)/ 样式 (ST)]：　　// 单击 *M* 点

指定下一点：140　　// 将十字光标放在 *M* 点左侧，输入距离值，确定 *N* 点

指定下一点或 [放弃 (U)]：　　// 按 Enter 键，效果如图 5–14 所示

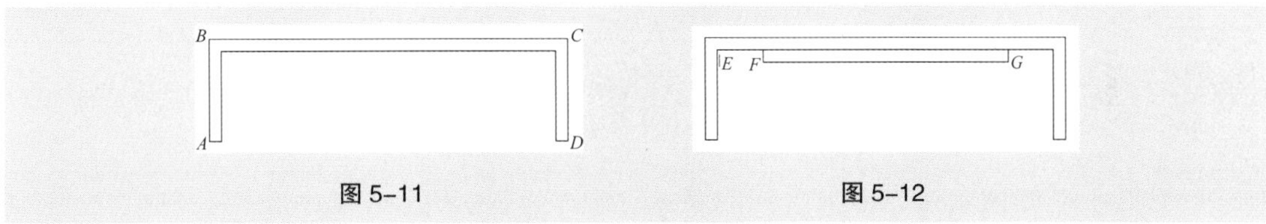

图 5–11　　图 5–12

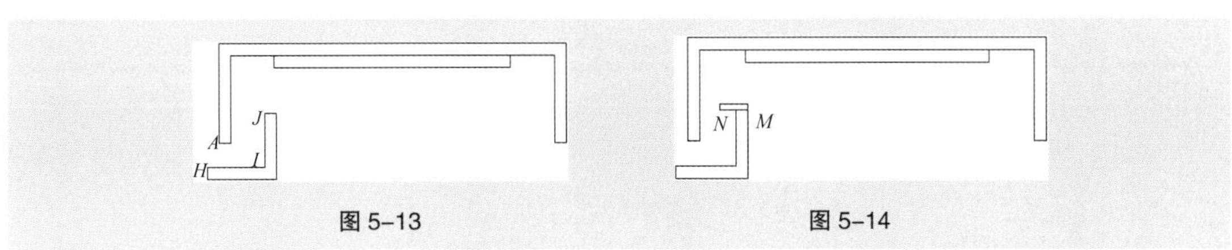

图 5–13　　图 5–14

（4）编辑多线图形。选择“修改 > 对象 > 多线”命令，弹出“多线编辑工具”对话框，如图 5–15 所示。单击“角点结合”按钮，返回绘图窗口，对多线进行角点结合，操作步骤如下。效果对比如图 5–16 所示。

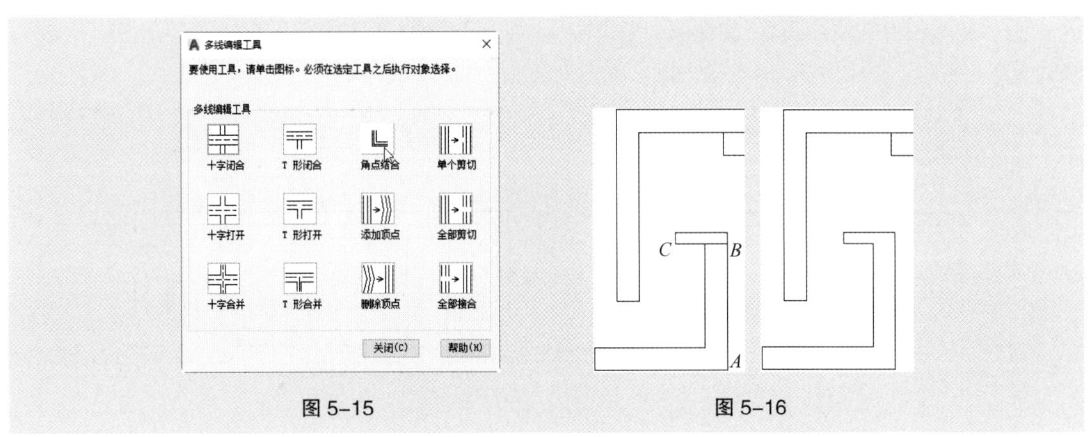

图 5–15　　图 5–16

命令：_mledit　　// 选择“修改 > 对象 > 多线”命令

选择第一条多线 : // 单击多线 *AB*

选择第二条多线 : // 单击多线 *BC*

选择第一条多线 或 [放弃 (U)]: // 按 Enter 键

（5）绘制矩形和线段。单击“矩形”按钮和“直线”按钮，进一步绘制餐具柜图形，操作步骤如下。效果如图 5-17 和图 5-18 所示。

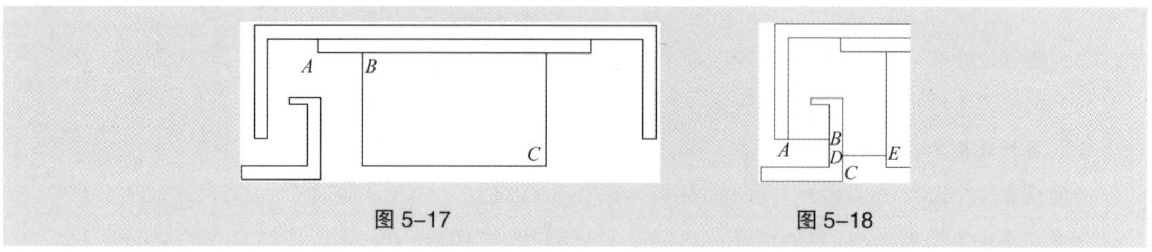

图 5-17　　图 5-18

命令 : _rectang // 单击“矩形”按钮

指定第一个角点或 [倒角 (C)/ 标高 (E)/ 圆角 (F)/ 厚度 (T)/ 宽度 (W)]: _tt

// 单击“临时追踪点”按钮

指定临时对象追踪点 : // 单击 *A* 点，向右追踪

指定第一个角点或 [倒角 (C)/ 标高 (E)/ 圆角 (F)/ 厚度 (T)/ 宽度 (W)]: 200

// 输入距离值，确定 *B* 点

指定另一个角点或 [面积 (A)/ 尺寸 (D)/ 旋转 (R)]: @820,-500

// 输入 *C* 点的相对坐标

命令 : _line 指定第一点 : // 单击“直线”按钮，单击 *A* 点

指定下一点或 [放弃 (U)]: // 捕捉到垂足 *B* 点

指定下一点或 [放弃 (U)]: // 按 Enter 键

命令 : -line 指定第一点 : _tt 指定临时对象追踪点 :

// 按 Enter 键，单击“临时追踪点”按钮

指定第一点 : 110 // 单击 *C* 点，向上追踪，输入距离值，确定 *D* 点

指定下一点或 [放弃 (U)]: // 捕捉到垂足 *E* 点

指定下一点或 [放弃 (U)]: // 按 Enter 键

（6）粘贴图形文件。选择“文件 > 打开”命令，打开云盘中的“Ch05 > 素材 > 装饰图形”文件，选取图形并复制，在绘图窗口中粘贴图形，效果如图 5-19 所示。

（7）绘制椭圆形。单击“椭圆”按钮，绘制椭圆图形，操作步骤如下。效果如图 5-20 所示。餐具柜图形绘制完成。

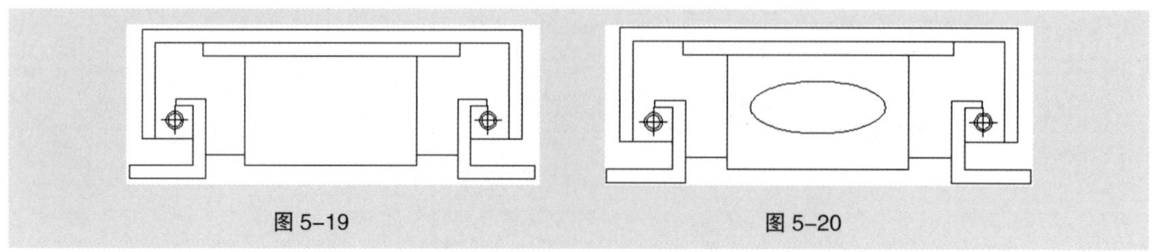

图 5-19　　图 5-20

命令 : _ellipse // 单击“椭圆”按钮

指定椭圆的轴端点或 [圆弧 (A)/ 中心点 (C)]: c　　// 选择“中心点”选项

指定椭圆的中心点 : _tt 指定临时对象追踪点 :　　// 单击“临时追踪点”按钮，单击矩形上边的中点

指定椭圆的中心点 : 230　　// 向下追踪，输入距离值，确定中心点

指定轴的端点 : 305　　// 将十字光标放在中心点右侧，输入长轴半径

指定另一条半轴长度或 [旋转 (R)]: 115　　// 输入短轴半径

5.2.2 多线的绘制

多线是指多条相互平行的线段。在绘制过程中，用户可以编辑和调整平行线段之间的距离、线的数量、线条的颜色和线型等属性。

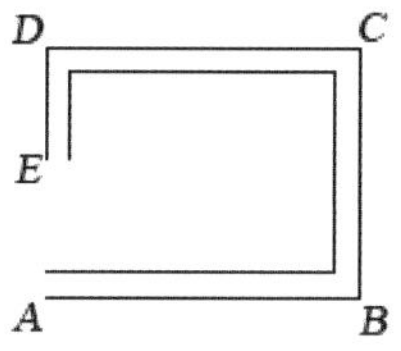

启用命令的方法如下。

- 菜单命令：选择“绘图 > 多线”命令。
- 命令行：输入“MLINE”（快捷命令：ML），按 Enter 键。

启用“多线”命令，绘制图 5-21 所示的图形。操作步骤如下。

D C E A B

图 5-21

命令 : _mline　　// 选择“多线”命令

当前设置 : 对正 = 无，比例 = 20.00，样式 = STANDARD

指定起点或 [对正 (J)/ 比例 (S)/ 样式 (ST)]:　　// 单击确定 *A* 点的位置

指定下一点 :　　// 单击确定 *B* 点的位置

指定下一点或 [放弃 (U)]:　　// 单击确定 *C* 点的位置

指定下一点或 [闭合 (C)/ 放弃 (U)]:　　// 单击确定 *D* 点的位置

指定下一点或 [闭合 (C)/ 放弃 (U)]:　　// 单击确定 *E* 点的位置

指定下一点或 [闭合 (C)/ 放弃 (U)]:　　// 按 Enter 键

5.2.3 设置多线样式

多线的样式决定多线中线条的数量、线条的颜色和线型，以及线条间的距离等。用户还能指定多线封口的形式为弧形或直线形，根据需要可以设置多种不同的多线样式。

启用命令的方法如下。

- 菜单命令：选择“格式 > 多线样式”命令。
- 命令行：输入“MLSTYLE”，按 Enter 键。

选择“格式 > 多线样式”命令，启用“多线样式”命令，弹出“多线样式”对话框，如图 5-22 所示，通过该对话框可设置多线的样式。

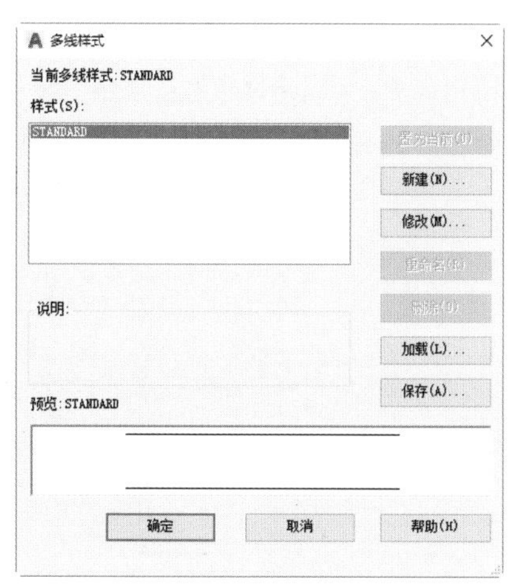

图 5-22

“多线样式”对话框中的部分选项说明如下。

- “样式”列表框：显示所有已定义的多线样式。
- “说明”文本框：显示对当前多线样式的说明。
- “新建”按钮：用于新建多线样式。单击该按钮，会弹出“创建新的多线样式”对话框，如图 5-23 所示，输入新样式名，单击“继续”按钮，会弹出“新建多线样式”对话框，如图 5-24 所示，对其进行设置即可新建多线样式。
- “加载”按钮：用于加载已定义的多线样式。

图 5-23 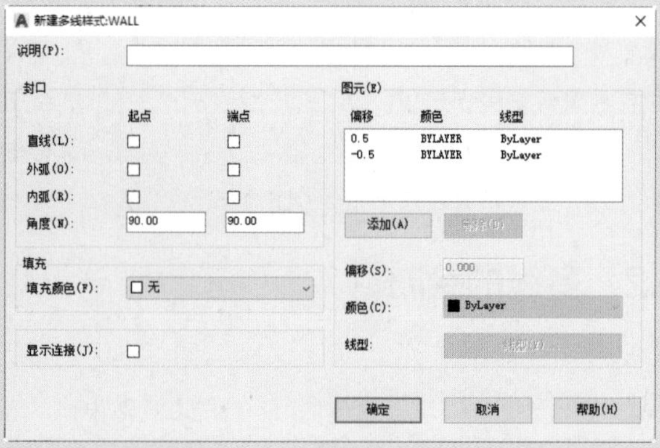　　　　图 5-24

“新建多线样式”对话框中的部分选项说明如下。

- “说明”文本框：用于对所定义的多线样式进行说明，其文本不能超过 256 个字符。
- “封口”选项组：该选项组中的“直线”“外弧”“内弧”“角度”复选框分别用于将多线的封口设置为直线、外弧、内弧和角度形状，如图 5-25 所示。
- “填充”选项组：用于设置填充的颜色，如图 5-26 所示。

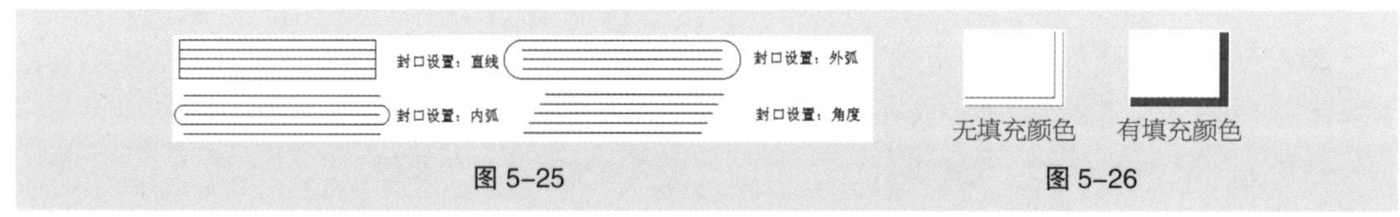

图 5-25　　　　图 5-26

- “显示连接”复选框：用于选择是否在多线的拐角处显示连接线。若勾选该复选框，则多线如图 5-27 所示；否则将不显示连接线，如图 5-28 所示。
- “元素”列表框：用于显示多线中线条的偏移量、颜色和线型。
- “添加”按钮：用于添加一条新线，其偏移量可在“偏移”数值框中输入。
- “删除”按钮：用于删除在“元素”列表框中选择的直线元素。
- “偏移”数值框：为多线样式中的每个元素指定偏移值。
- “颜色”下拉列表框：用于设置“元素”列表框中选择的直线元素的颜色。单击“颜色”下拉列表框，可以选择直线的颜色。如果选择“选择颜色”选项，将弹出“选择颜色”对话框，如图 5-29 所示。通过“选择颜色”对话框，用户可以选择更多的颜色。

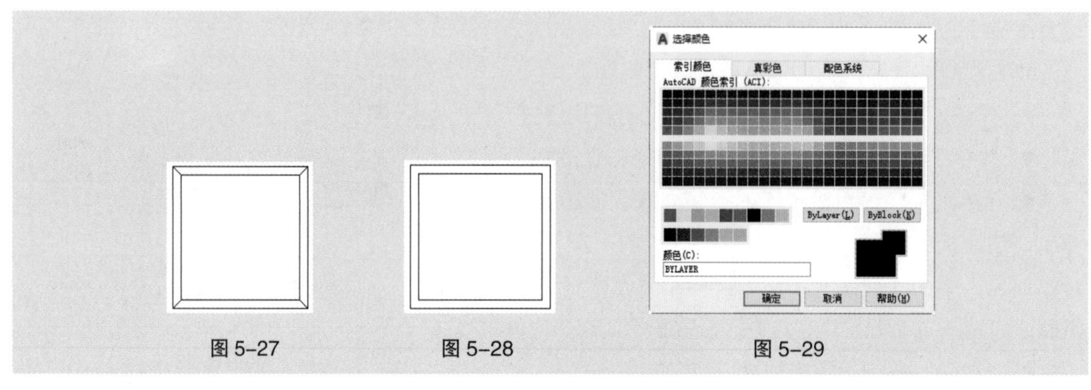

图 5-27　　　　图 5-28　　　　图 5-29

● “线型”按钮：用于设置“元素”列表框中选择的直线元素的线型。

单击“线型”按钮，会弹出“选择线型”对话框，用户可以在“已加载的线型”列表框中选择一种线型，如图 5-30 所示。

单击“加载”按钮，可在弹出的“加载或重载线型”对话框中选择需要的线型，如图 5-31 所示。单击“确定”按钮，会将选中的线型加载到“选择线型”对话框中。在列表框中选择加载的线型，然后单击“确定”按钮，所选择的直线元素的线型就会被修改。

图 5-30　　图 5-31

5.2.4　编辑多线

绘制完成的多线一般需要经过编辑才能符合绘图需要，用户可以对已经绘制的多线进行编辑，以修改其形状。

启用命令的方法如下。

● 菜单命令：选择“修改 > 对象 > 多线”命令。

● 命令行：输入“MLEDIT”，按 Enter 键。

选择“修改 > 对象 > 多线”命令，启用“编辑多线”命令，弹出“多线编辑工具”对话框，从中可以单击相应的命令按钮来编辑多线，如图 5-32 所示。

图 5-32

提示

直接双击多线图形也可弹出“多线编辑工具”对话框。

“多线编辑工具”对话框以 4 列显示样例图像：第 1 列控制十字交叉的多线，第 2 列控制 T 形相交的多线，第 3 列控制角点结合和顶点，第 4 列控制多线中的打断和结合。

“多线编辑工具”对话框中的命令按钮说明如下。

● “十字闭合”按钮：用于在两条多线之间创建闭合的十字交点，操作步骤如下。效果如图 5-33 所示。

命令 : _mledit　　// 选择“修改 > 对象 > 多线”命令，弹出“多线编辑工具”对话框，// 单击“十字闭合”按钮

选择第一条多线 :　　// 在图 5-33（a）的 *A* 点处单击多线

选择第二条多线 :　　// 在图 5-33（a）的 *B* 点处单击多线

选择第一条多线或 [放弃 (U)] :　　// 按 Enter 键

● “十字打开”按钮：用于打断第 1 条多线的所有元素，打断第 2 条多线的外部元素，并在两条多线之间创建打开的十字交点，如图 5-34 所示。

- “十字合并”按钮：用于在两条多线之间创建合并的十字交点。其中，多线的选择次序并不重要，如图 5-35 所示。
- “T 形闭合”按钮：用于将第 1 条多线修剪或延伸到与第 2 条多线的交点处，在两条多线之间创建闭合的 T 形交点。利用该按钮对多线进行编辑，效果如图 5-36 所示。
- “T 形打开”按钮：用于将多线修剪或延伸到与另一条多线的交点处，在两条多线之间创建打开的 T 形交点，如图 5-37 所示。

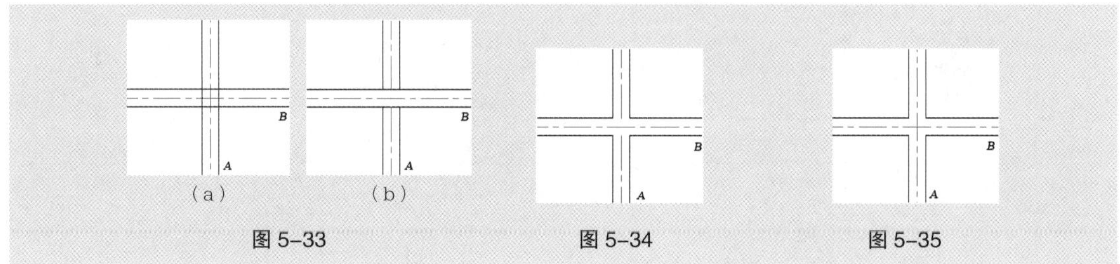

图 5-33　图 5-34　图 5-35

- “T 形合并”按钮：用于将多线修剪或延伸到与另一条多线的交点处，在两条多线之间创建合并的 T 形交点，如图 5-38 所示。
- “角点结合”按钮：用于将多线修剪或延伸到它们的交点处，在多线之间创建角点结合。利用该按钮对多线进行编辑，效果如图 5-39 所示。

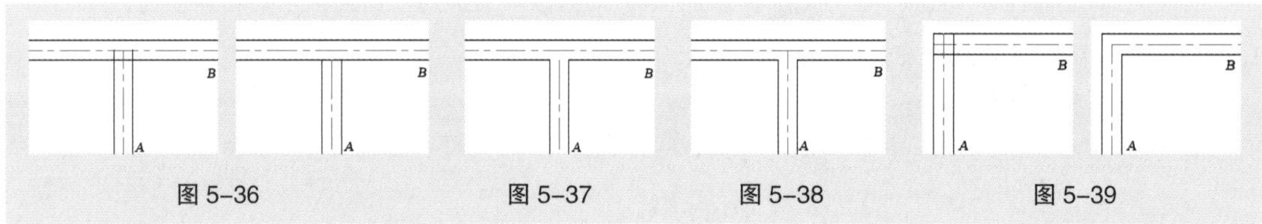

图 5-36　图 5-37　图 5-38　图 5-39

- “添加顶点”按钮：用于在多线上添加一个顶点。利用该按钮在 *A* 点处添加顶点，效果如图 5-40 所示。
- “删除顶点”按钮：用于从多线上删除一个顶点。利用该按钮将 *A* 点处的顶点删除，效果如图 5-41 所示。
- “单个剪切”按钮：用于剪切多线上选定的元素。利用该按钮将 *AB* 段线条删除，效果如图 5-42 所示。
- “全部剪切”按钮：用于将多线剪切为两个部分。利用该按钮将 *A*、*B* 点之间的多线全部删除，效果如图 5-43 所示。
- “全部接合”按钮：用于将已被剪切的多线线段重新连接起来。利用该按钮可将多线连接起来，效果如图 5-44 所示。

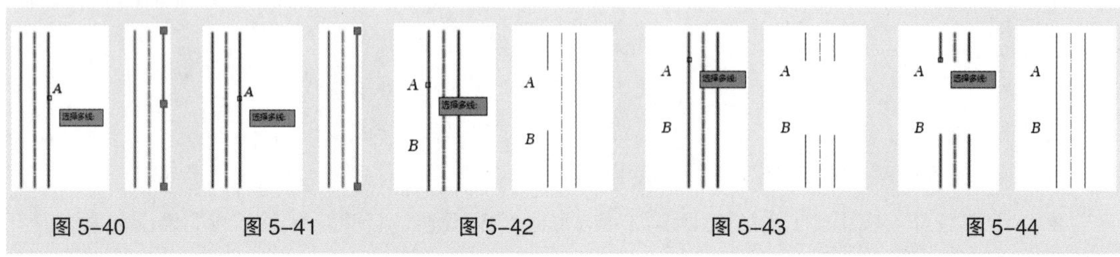

图 5-40　图 5-41　图 5-42　图 5-43　图 5-44

5.3 绘制多段线

5.3.1 课堂案例——绘制端景台

【案例学习目标】掌握并熟练运用“多段线”命令。

【案例知识要点】利用“多段线”命令绘制端景台图形，效果如图 5-45 所示。

【效果所在位置】云盘 /Ch05/DWG/ 绘制端景台。

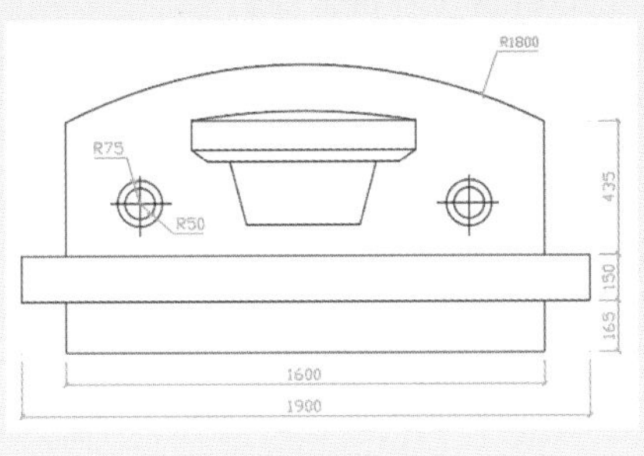

图 5-45

（1）创建图形文件。选择“文件 > 新建”命令，弹出“选择样板”对话框，单击“打开”按钮，创建新的图形文件。

（2）绘制外轮廓线。单击“多段线”按钮，打开“正交”开关，绘制端景台背面轮廓图形，操作步骤如下。效果如图 5-46 所示。

命令 : _pline　　/ 单击“多段线”按钮

指定起点 :　　// 单击确定 *A* 点

当前线宽为 0.0000

指定下一个点或 [圆弧 (A)/ 半宽 (H)/ 长度 (L)/ 放弃 (U)/ 宽度 (W)]: 435

// 将十字光标放在 *A* 点上方，

// 输入距离值，确定 *B* 点

指定下一点或 [圆弧 (A)/ 闭合 (C)/ 半宽 (H)/ 长度 (L)/ 放弃 (U)/ 宽度 (W)]: a

// 选择“圆弧”选项

指定圆弧的端点或

[角度 (A)/ 圆心 (CE)/ 闭合 (CL)/ 方向 (D)/ 半宽 (H)/ 直线 (L)/ 半径 (R)/ 第二个点 (S)/ 放弃 (U)/

宽度 (W)]:r　　// 选择“半径”选项

指定圆弧的半径 : 1800　　// 输入半径值

指定圆弧的端点或 [角度 (A)]: @-1600,0　　// 输入相对坐标，确定 *C* 点

指定圆弧的端点或

[角度 (A)/ 圆心 (CE)/ 闭合 (CL)/ 方向 (D)/ 半宽 (H)/ 直线 (L)/ 半径 (R)/ 第二个点 (S)/ 放弃 (U)/

宽度 (W)]: l　　// 选择“直线”选项

指定下一点或 [圆弧 (A)/ 闭合 (C)/ 半宽 (H)/ 长度 (L)/ 放弃 (U)/ 宽度 (W)]: 435

// 将十字光标放在 *C* 点下方，

// 输入距离值，确定 *D* 点

指定下一点或 [圆弧 (A)/ 闭合 (C)/ 半宽 (H)/ 长度 (L)/ 放弃 (U)/ 宽度 (W)]:

// 按 Enter 键

（3）绘制矩形和线段。单击“矩形”按钮和“直线”按钮，打开“对象捕捉”开关，绘制端景台主体图形和正面图形，效果如图 5-47 和图 5-48 所示。

命令 : _rectang // 单击“矩形”按钮

指定第一个角点或 [倒角 (C)/ 标高 (E)/ 圆角 (F)/ 厚度 (T)/ 宽度 (W)]: _from 基点 : < 偏移 >: @-150,0

// 单击“捕捉自”按钮，单击 *A* 点，输入 *B* 点的

// 相对坐标

指定另一个角点或 [面积 (A)/ 尺寸 (D)/ 旋转 (R)]: @1900,-150

// 输入 *C* 点的相对坐标，如图 5-47 所示

命令 : _line 指定第一点 : // 单击“直线’按钮，捕捉到 *A* 点

指定下一点或 [放弃 (U)]: 165 // 将十字光标放在 *A* 点下方，输入距离值，确定 *B* 点

指定下一点或 [放弃 (U)]: 1600 // 将把十字光标放在 *B* 点右侧，输入距离值，确定 *C* 点

指定下一点或 [闭合 (C)/ 放弃 (U)]: // 捕捉到垂足 *D* 点

指定下一点或 [闭合 (C)/ 放弃 (U)]: // 按 Enter 键

（4）粘贴装饰图形文件。选择“文件 > 打开”命令，打开云盘中的“Ch05 > 素材 > 装饰图形”文件，选取图形并复制，在绘图窗口中粘贴图形，效果如图 5-49 所示。

（5）粘贴电视机图形文件。选择“文件 > 打开”命令，打开云盘中的“Ch05 > 素材 > 电视机”文件，选取图形并复制，在绘图窗口中粘贴图形，效果如图 5-50 所示。端景台图形绘制完成。

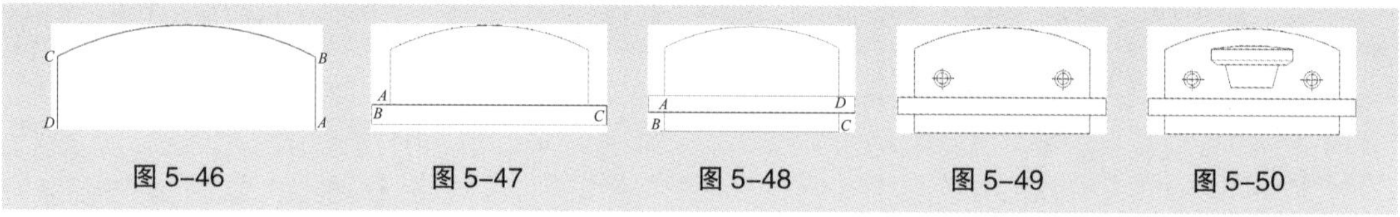

图 5-46　图 5-47　图 5-48　图 5-49　图 5-50

5.3.2 绘制多段线

多段线是由线段和圆弧构成的连续线条，是一个单独的图形对象。在绘制过程中，用户可以通过设置不同的线宽来绘制锥形线。

启用命令方法如下。

- 工具栏：单击“绘图”工具栏中的“多段线”按钮。
- 菜单命令：选择“绘图 > 多段线”命令。
- 命令行：输入“PLINE”（快捷命令：PL），按 Enter 键。

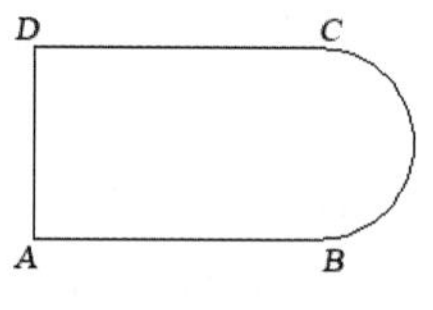

图 5-51

启用“多段线”命令，绘制图 5-51 所示的图形。操作步骤如下。

命令 : _pline // 单击“多段线”按钮

指定起点 : // 单击确定 *A* 点的位置

当前线宽为 0.0000

指定下一个点或 [圆弧 (A)/ 半宽 (H)/ 长度 (L)/ 放弃 (U)/ 宽度 (W)]: @1000,0

// 输入 *B* 点的相对坐标

指定下一点或 [圆弧 (A)/ 闭合 (C)/ 半宽 (H)/ 长度 (L)/ 放弃 (U)/ 宽度 (W)]: a

//选择“圆弧”选项

指定圆弧的端点或

[角度(A)/圆心(CE)/闭合(CL)/方向(D)/半宽(H)/直线(L)/半径(R)/第二个点(S)/放弃(U)/宽度(W)]: r

//选择“半径”选项

指定圆弧的半径: 320　　//输入半径值

指定圆弧的端点或[角度(A)]: a　　//选择“角度”选项

指定包含角: 180　　//输入包含角角度值

指定圆弧的弦方向 <0>: 90　　//输入圆弧弦方向的角度值

指定圆弧的端点或

[角度(A)/圆心(CE)/闭合(CL)/方向(D)/半宽(H)/直线(L)/半径(R)/第二个点(S)/放弃(U)/宽度(W)]: l

//选择“直线”选项

指定下一点或[圆弧(A)/闭合(C)/半宽(H)/长度(L)/放弃(U)/宽度(W)]: @-1000,0

//输入 *D* 点的相对坐标

指定下一点或[圆弧(A)/闭合(C)/半宽(H)/长度(L)/放弃(U)/宽度(W)]: c

//选择“闭合”选项

5.4 绘制样条曲线

样条曲线是由多条线段光滑过渡而成的，其形状是由数据点、拟合点及控制点来控制的。其中，数据点是在绘制样条曲线时由用户确定的；拟合点及控制点是由系统自动产生的，用来编辑样条曲线。下面对样条曲线的绘制和编辑方法进行详细的介绍。

启用命令的方法如下。

- 工具栏：单击“绘图”工具栏中的“样条曲线”按钮。
- 菜单命令：选择“绘图 > 样条曲线”命令。
- 命令行：输入“SPLINE”（快捷命令：SPL），按 Enter 键。

启用“样条曲线”命令，绘制图 5-52 所示的图形，操作步骤如下。

命令: _spline　　//单击“样条曲线”按钮

指定第一个点或[方式(M)/节点(K)/对象(O)]:　　//单击确定 *A* 点的位置

输入下一个点或[起点切向(T)/公差(L)]:　　//单击确定 *B* 点的位置

输入下一点或[端点相切(T)/公差(L)/放弃(U)]:　　//单击确定 *C* 点的位置

输入下一点或[端点相切(T)/公差(L)/放弃(U)/闭合(C)]:　　//单击确定 *D* 点的位置

输入下一点或[端点相切(T)/公差(L)/放弃(U)/闭合(C)]:　　//单击确定 *E* 点位置

输入下一点或[端点相切(T)/公差(L)/放弃(U)/闭合(C)]:　　//按 Enter 键

提示选项说明如下。

- 对象（O）：用于将二维或三维的二次或三次样条拟合多段线转换成等价的样条曲线，并删除多段线。
- 闭合（C）：用于绘制封闭的样条曲线。
- 公差（L）：用于设置拟合公差。拟合公差是样条曲线与输入点之间所允许偏移的最大距离。

当给定拟合公差时，绘制的样条曲线不是都通过输入点。如果公差为 0，则样条曲线通过拟合点；如果公差大于 0，则样条曲线在指定的公差范围内通过拟合点，如图 5-53 所示。

● 起点切向（T）与端点相切（T）：用于定义样条曲线的第一点和最后一点的切向，如图 5-54 所示。如果按 Enter 键，AutoCAD 2019 将使用默认切向。

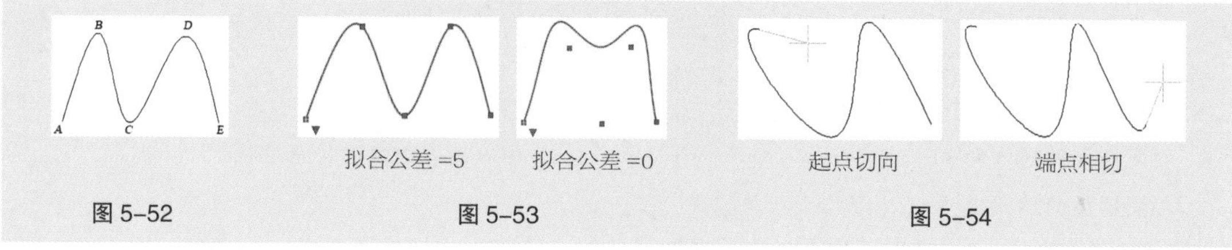

图 5-52　　图 5-53　　图 5-54

5.5 绘制剖面线

为了提高用户的绘图工作效率，AutoCAD 2019 提供了图案填充功能来绘制剖面线。

图案填充是利用某种图案充满图形中的指定封闭区域。AutoCAD 2019 提供了多种标准的填充图案，另外，用户还可根据需要自定义图案。在填充过程中，用户可以通过填充工具来控制图案的疏密、剖面线条及倾角角度。AutoCAD 2019 提供了“图案填充”命令来创建图案填充，绘制剖面线。

启用命令的方法如下。

● 工具栏：单击“绘图”工具栏中的“图案填充”按钮▦。

● 菜单命令：选择“绘图 > 图案填充”命令。

● 命令行：输入“BHATCH”（快捷命令：BH），按 Enter 键。

启用“图案填充”命令，弹出“图案填充创建”选项卡，单击“选项”选项组中的↘按钮，弹出“图案填充和渐变色”对话框，如图 5-55 所示。通过该对话框或“图案填充创建”选项卡可以定义图案填充和渐变填充对象的边界、图案类型、图案特性和其他特性。

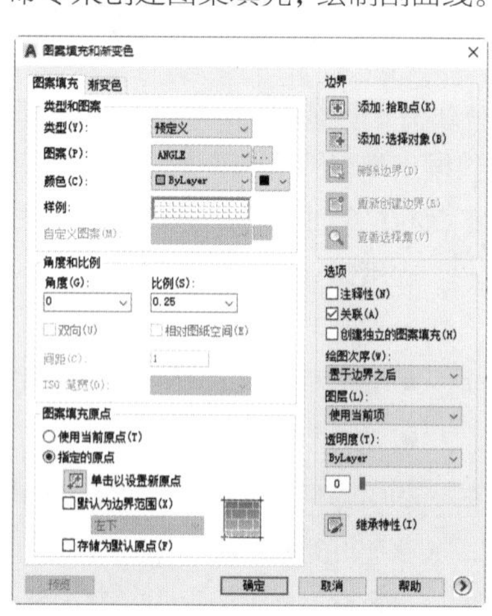

图 5-55

5.5.1 课堂案例——绘制前台桌子

【案例学习目标】掌握并熟练应用“图案填充”命令。

【案例知识要点】利用“图案填充”命令绘制前台桌子图形，效果如图 5-56 所示。

【效果所在位置】云盘 /Ch05/DWG/ 绘制前台桌子。

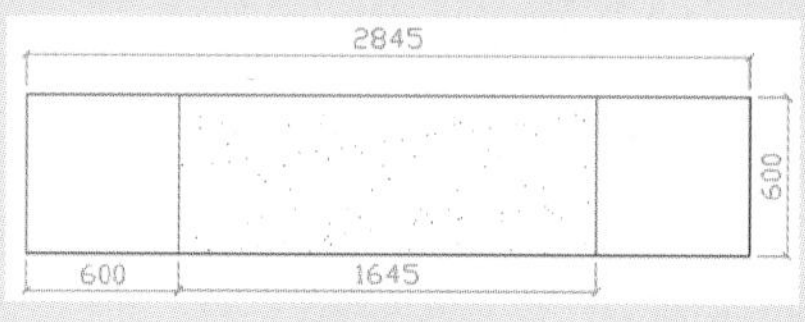

图 5-56

（1）打开图形文件。选择“文件 > 打开”命令，打开云盘中的“Ch05 > 素材 > 绘制前台桌子”文件，如图 5–57 所示。

（2）选择图案。单击“图案填充”按钮，弹出“图案填充创建”选项卡，在“图案填充创建”选项卡中，单击“图案”选项组中的按钮，在弹出的下拉列表框中选择“AR–SAND”选项，如图 5–58 所示。

（3）设置角度和比例。在“特性”选项组的“填充图案比例”数值框中输入“5”，在“角度”数值框中输入“0”，如图 5–59 所示。

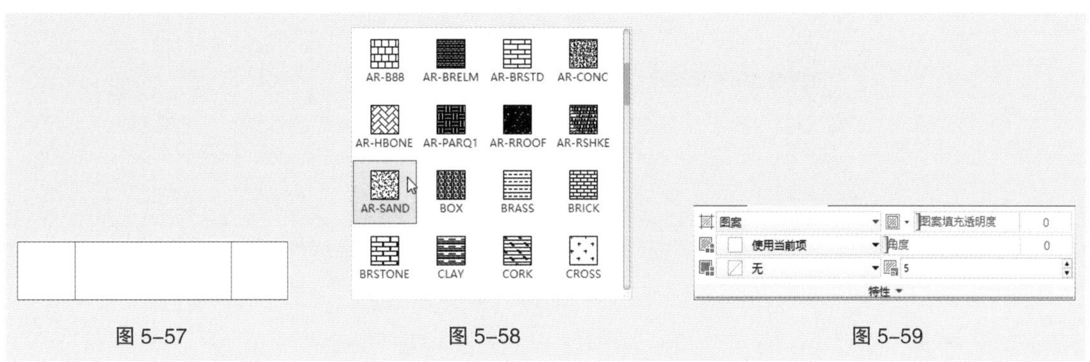

图 5–57　图 5–58　图 5–59

（4）填充图案。单击“边界”选项组中的“拾取点”按钮，如图 5–60 所示。在绘图窗口中拾取要填充的区域，如图 5–61 所示。完成后按 Enter 键结束绘制。前台桌子图形绘制完成。

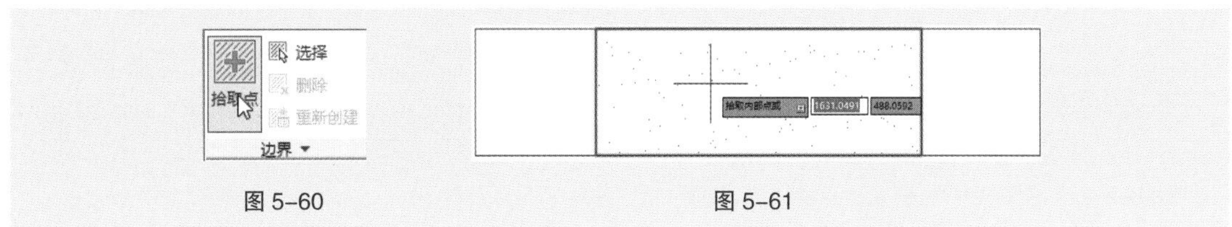

图 5–60　图 5–61

5.5.2　选择填充区域

“图案填充和渐变色”对话框右侧排列的按钮和选项用于选择图案填充的区域。这些按钮与选项的位置是固定的，无论选择“图案填充”或“渐变色”选项卡都可发生作用。该对话框中的部分选项说明如下。

“边界”选项组中列出的是选择图案填充区域的方式。

● “添加：拾取点”按钮：用于根据图中现有的对象自动确定填充区域的边界。该方式要求这些对象必须构成一个闭合区域。

单击“添加：拾取点”按钮，“图案填充和渐变色”对话框将暂时关闭，系统会提示用户在闭合区域内单击，确定图案填充的边界，如图 5–62 所示。

在确定图案填充的边界后，用户可以在绘图区域内单击鼠标右键以显示快捷菜单，如图 5–63 所示。选择“确认”命令，完成填充操作。操作步骤如下。

命令 : _bhatch　// 单击“图案填充”按钮，在弹出的“图案填充创建”
// 选项卡中单击“选项”选项组中的按钮，弹出“图案填
// 充和渐变色”对话框，单击“添加：拾取点”按钮

拾取内部点或 [选择对象 (S)/ 放弃 (U)/ 设置 (T)]:

// 在图形内部单击

正在分析内部孤岛 ...

拾取内部点或 [选择对象 (S)/ 放弃 (U)/ 设置 (T)]:

// 按 Enter 键，效果如图 5-64 所示

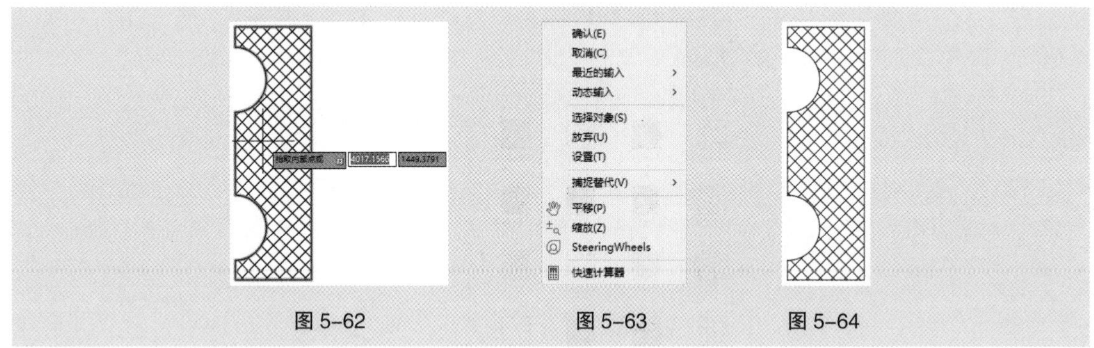

图 5-62　　图 5-63　　图 5-64

● “添加：选择对象”按钮：用于选择图案填充的边界对象。该方式需要用户逐一选择图案填充的边界对象，操作步骤如下。选中的边界对象将变为蓝色，效果如图 5-65 所示。AutoCAD 2019 将不会自动检测内部对象，效果如图 5-66 所示。

命令 : _bhatch　　// 单击“图案填充”按钮，在弹出的“图案填充创建”

// 选项卡中单击“选项”选项组中的按钮，弹出“图案填

// 充和渐变色”对话框，单击“添加：选择对象”按钮

选择对象或 [拾取内部点 (K)/ 放弃 (U)/ 设置 (T)]: 找到 1 个

// 依次选择图形边界处的线段

选择对象或 [拾取内部点 (K)/ 放弃 (U)/ 设置 (T)]: 找到 1 个，总计 2 个

选择对象或 [拾取内部点 (K)/ 放弃 (U)/ 设置 (T)]: 找到 1 个，总计 3 个

选择对象或 [拾取内部点 (K)/ 放弃 (U)/ 设置 (T)]:

// 单击鼠标右键接受图案填充

● “删除边界”按钮：用于从边界定义中删除以前添加的任何对象。删除边界图案填充的操作步骤如下。效果如图 5-67 所示。

命令 : _bhatch　　// 单击“图案填充”按钮，在弹出的“图案填充创建”

// 选项卡中单击“选项”选项组中的按钮，弹出“图案填

// 充和渐变色”对话框，单击“删除边界”按钮

拾取内部点或 [选择对象 (S)/ 放弃 (U)/ 设置 (T)]:

选择要删除的边界 :　　// 选择圆，如图 5-67 所示

选择要删除的边界或 [放弃 (U)]:　　// 按 Enter 键，效果如图 5-68 所示

不删除边界的图案填充效果如图 5-69 所示。

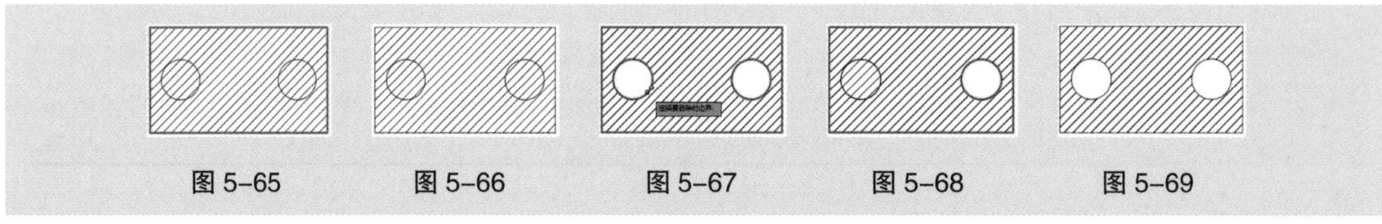

图 5-65　　图 5-66　　图 5-67　　图 5-68　　图 5-69

● “重新创建边界”按钮：围绕选定的图案填充或填充对象创建多段线或面域，并使其与图案填充对象相关联（可选）。如果未定义图案填充，则此按钮不可用。

● “查看选择集”按钮：单击“查看选择集”按钮，AutoCAD 2019 将显示当前选择的填充边界。如果未定义边界，则此按钮不可用。

● “选项”选项组，可以控制几个常用的图案填充效果或填充选项。

● “注释性”复选框：使用注释性图案填充可以通过符号形式表示材质（如沙子、混凝土、钢铁、泥土等）。可以创建单独的注释性填充对象和注释性填充图案。

● “关联”复选框：用于创建关联图案填充。关联图案填充是指图案与边界相链接，当用户修改其边界时，填充图案将自动更新。

● “创建独立的图案填充”复选框：用于控制当指定了几个独立的闭合边界时，是创建单个图案填充对象，还是创建多个图案填充对象。

● “绘图次序”下拉列表框：用于指定图案填充的绘图顺序。图案填充可以放在所有其他对象之后、所有其他对象之前、图案填充边界之后或图案填充边界之前。

● “继承特性”按钮：用于将图案的填充特性填充到指定的边界。单击“继承特性”按钮，并选择某个已绘制的图案，AutoCAD 2019 可将该图案的特性填充到当前填充区域中。

5.5.3 设置图案样式

在“图案填充和渐变色”对话框的“图案填充”选项卡中，“类型和图案”选项组可以用来选择图案填充的样式，“图案”下拉列表框用于选择图案的样式，如图 5-70 所示。所选择的样式将在其下的“样例”显示框中显示出来。

单击“图案”下拉列表框右侧的...按钮或单击“样例”显示框，会弹出“填充图案选项板”对话框，如图 5-71 所示，其中列出了所有预定义图案的预览图像。

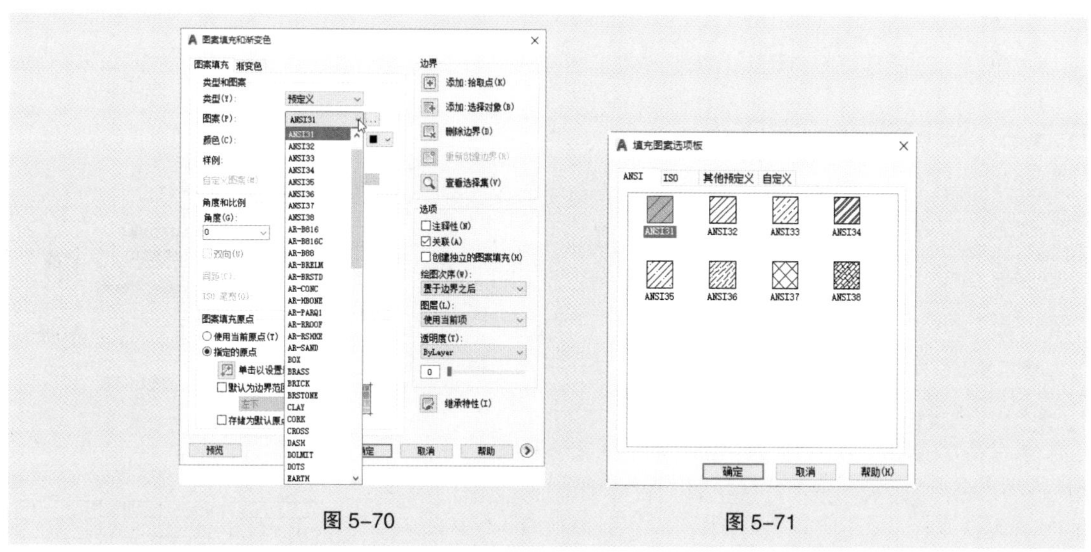

图 5-70　　图 5-71

“填充图案选项板”对话框中的选项卡的说明如下。

● “ANSI”选项卡：用于显示 AutoCAD 2019 中附带的所有 ANSI 标准图案。

● “ISO”选项卡：用于显示 AutoCAD 2019 中附带的所有 ISO 标准图案，如图 5-72 所示。

- “其他预定义”选项卡：用于显示所有其他样式的图案，如图 5-73 所示。
- “自定义”选项卡：用于显示所有已添加的自定义图案。

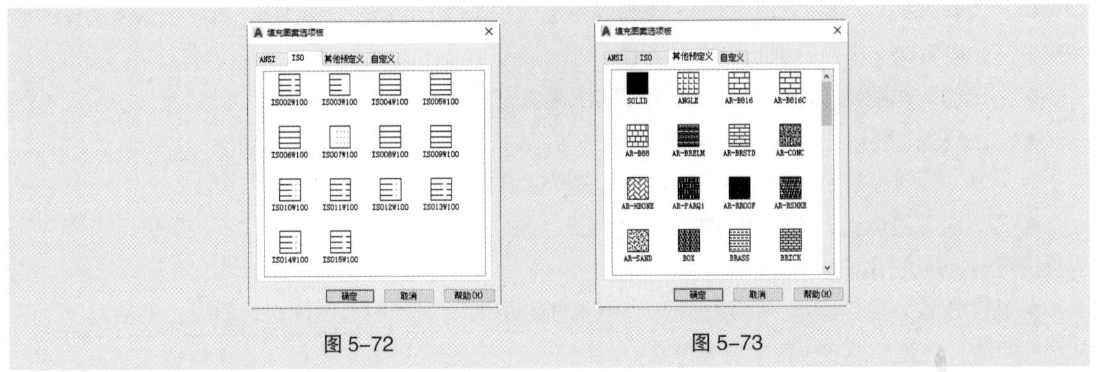

图 5-72　　图 5-73

5.5.4 设置图案的角度和比例

在“图案填充和渐变色”对话框的“图案填充”选项卡中，“角度和比例”选项组可以用来定义图案填充的角度和比例。“角度”下拉列表框用于选择预定义填充图案的角度。用户也可在该下拉列表框中输入其他角度值。设置不同角度的填充效果如图 5-74 所示。

“比例”下拉列表框用于指定放大或缩小预定义或自定义的图案。用户也可在该列下拉表框中输入其他缩放比例值。设置不同比例的填充效果如图 5-75 所示。

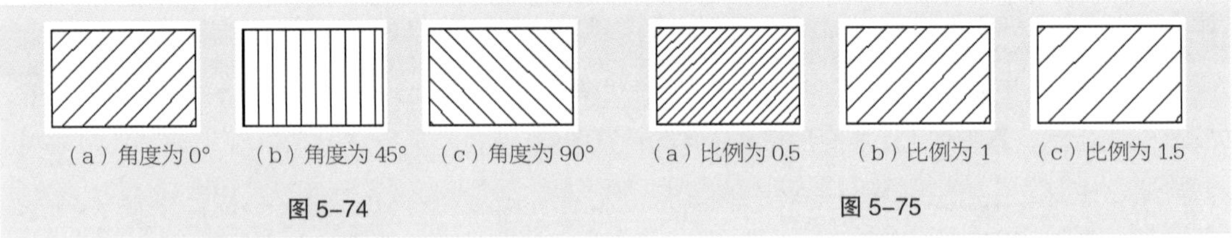

（a）角度为 0°　（b）角度为 45°　（c）角度为 90°

图 5-74

（a）比例为 0.5　（b）比例为 1　（c）比例为 1.5

图 5-75

5.5.5 设置图案填充原点

在“图案填充和渐变色”对话框的“图案填充”选项卡中，“图案填充原点”选项组用来控制填充图案生成的起始位置，如图 5-76 所示。某些图案填充（例如砖块图案）需要与图案填充边界上的一点对齐。默认情况下，所有图案填充原点都应对应于当前的用户坐标系原点。

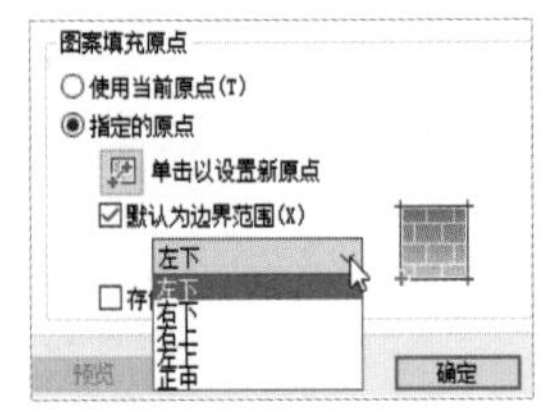

图 5-76

- “使用当前原点”单选按钮：使用存储在系统变量中的设置。默认情况下，原点设置为（0,0）。
- “指定的原点”单选按钮：指定新的图案填充原点。
- “单击以设置新原点”按钮：直接单击指定新的图案填充原点。
- “默认为边界范围”复选框：基于图案填充的矩形范围计算出新原点。可以选择该范围的 4 个角点及其中心，如图 5-77 所示。
- “存储为默认原点”复选框：将新图案填充原点的值存储在系统变量中。

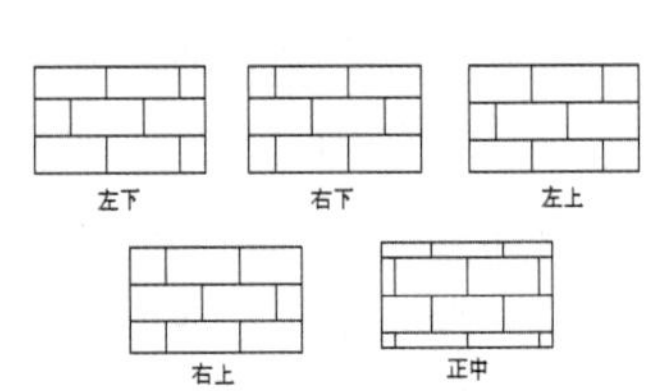

图 5-77

5.5.6 控制孤岛

在“图案填充和渐变色”对话框中单击“更多选项”按钮，展开其他选项，可以控制孤岛的样式，此时对话框如图 5-78 所示。

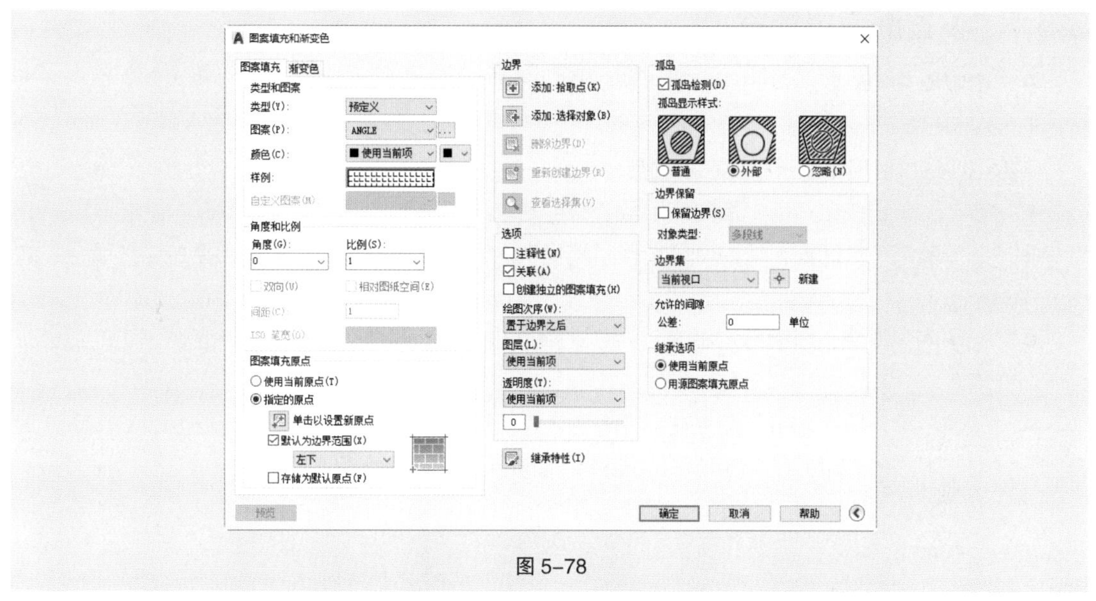

图 5-78

- “孤岛检测”复选框：用于控制是否检测内部闭合边界。
- “普通”单选按钮：从外部边界向内填充。如果 AutoCAD 2019 遇到内部孤岛，它将停止进行图案填充，直到遇到该孤岛内的另一个孤岛。其填充效果如图 5-79 所示。
- “外部”单选按钮：从外部边界向内填充。如果 AutoCAD 2019 遇到内部孤岛，它将停止进行图案填充。此选项只对结构的最外层进行图案填充，而结构内部保留空白。其填充效果如图 5-80 所示。
- “忽略”单选按钮：填充图案时将通过所有内部的对象。其填充效果如图 5-81 所示。
- “边界保留”选项组：用于指定是否将边界保留为对象，并确定这些边界的对象类型。
- “保留边界”复选框：根据临时图案填充边界创建边界对象，并将它们添加到图形中。
- “对象类型”下拉列表框：用于控制新边界对象的类型。结果边界对象可以是面域或多段线对象。仅当勾选“保留边界”复选框时，此选项才可用。
- “边界集”下拉列表框：用于定义当从指定点定义边界时要分析的对象集。当使用“选择对象”定义边界时，选定的边界集无效。

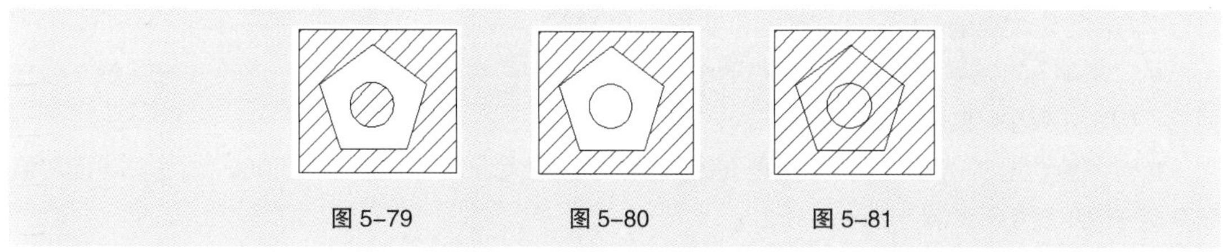

图 5-79　　图 5-80　　图 5-81

- “新建”按钮：提示用户选择用来定义边界集的对象。
- “公差”数值框：按图形单位输入一个值（0 ~ 5000），以设置将对象用作图案填充边界时可以忽略的最大间隙，默认值为 0。任何小于等于指定值的间隙都将被忽略，并将边界视为封闭。

使用“继承特性”创建图案填充时，下面两个选项将控制图案填充原点的位置。

- “使用当前原点”单选按钮：使用当前的图案填充原点。
- “用源图案填充原点”单选按钮：使用源图案填充原点。

5.5.7 设置渐变色填充

在“图案填充和渐变色”对话框的“渐变色”选项卡中，可以将填充图案设置为渐变色，此时对话框如图 5-82 所示。

“颜色”选项组用于设置渐变色的颜色。

- “单色”单选按钮：用于指定使用从较深色到较浅色调平滑过渡的单色填充。单击[...]按钮，会弹出“选择颜色”对话框，从中可以选择系统提供的索引颜色、真彩色或配色系统中的颜色，如图 5-83 所示。
- “暗—明”滑块：用于指定渐变色为选定颜色与白色的混合，或为选定颜色与黑色的混合，用于渐变填充。
- “双色”单选按钮：用于指定在两种颜色之间平滑过渡的双色渐变填充。AutoCAD 2019 会分别为“颜色 1”和“颜色 2”显示带有浏览按钮的颜色样例，如图 5-84 所示。

“渐变图案区域”列出了 9 种固定的渐变图案的图标，单击图标即可选择线状、球状和抛物面状等图案填充方式。

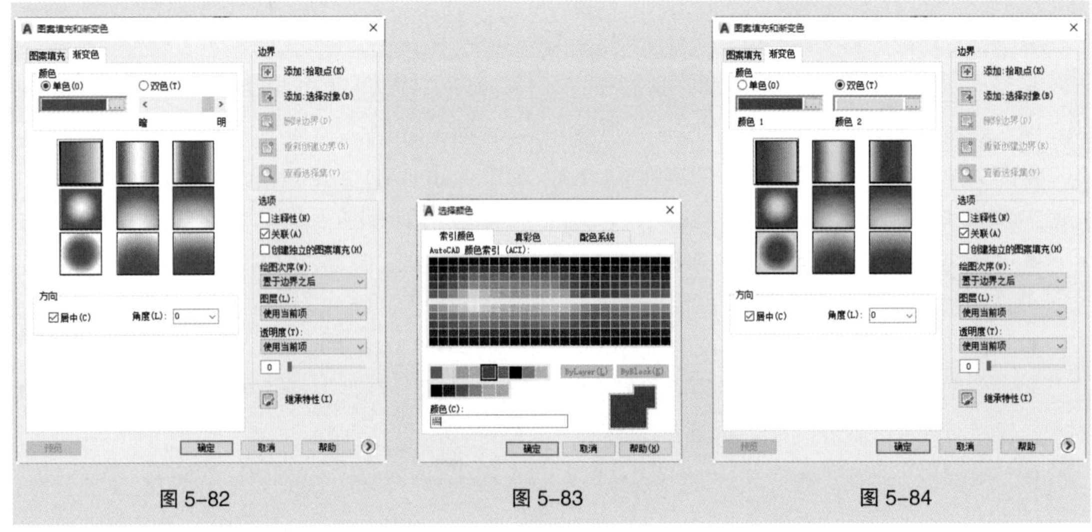

图 5-82　　图 5-83　　图 5-84

“方向”选项组用于指定渐变色的角度与是否对称。

- “居中”复选框：用于指定对称的渐变配置。如果没有勾选此复选框，渐变填充将朝左上方变化，创建光源在对象左边的图案。
- “角度”选项：用于指定渐变填充的角度，相对当前用户坐标系指定角度。此选项与指定给图案填充的角度互不影响。

提示

在 AutoCAD 2019 中，可以选择“绘图 > 渐变色”命令或单击“绘图”工具栏中的“渐变色”按钮，启用“渐变色”命令。

5.5.8 编辑图案填充

如果对填充图案不满意，用户可随时进行修改。可以使用编辑工具对填充图案进行编辑，也可以使用 AutoCAD 2019 提供的修改填充图案的工具进行编辑。

启用命令的方法如下。

- 菜单命令：选择“修改 > 对象 > 图案填充”命令。
- 命令行：输入“HATCHEDIT”，按 Enter 键。

选择“修改 > 对象 > 图案填充”命令，启用“编辑图案填充”命令。选择需要编辑的图案填充对象，弹出“图案填充编辑”对话框，如图 5-85 所示。对话框中有许多选项都以灰色显示，表示不可选择或不可编辑。修改完成后，单击“预览”按钮进行预览；单击“确定”按钮，完成图案填充的编辑。

图 5-85

5.6 绘制面域

面域是用闭合的形状或环创建的二维区域，该闭合的形状或环可以由多段线、线段、圆弧、圆、椭圆弧、椭圆或样条曲线等对象构成。面域的外观与平面图形外观相同，但面域是一个单独对象，具有面积、周长、形心等几何特征。面域之间可以进行并运算、差运算、交运算等布尔运算，因此常常采用面域来创建边界较为复杂的图形。

5.6.1 创建面域

在 AutoCAD 2019 中，用户不能直接绘制面域，而需要利用现有的封闭对象，或者由多个对象组成的封闭区域和系统提供的“面域”命令来创建面域。

启用命令的方法如下。

- 工具栏：单击“绘图”工具栏中的“面域”按钮。
- 菜单命令：选择“绘图 > 面域”命令。
- 命令行：输入“REGION”（快捷命令：REG），按 Enter 键。

选择“绘图 > 面域”命令，启用“面域”命令。选择一个或多个封闭对象，或者组成封闭区域的多个对象，然后按 Enter 键，即可创建面域，操作步骤如下。效果如图 5-86 所示。

命令：_region　　　　　　　　　　　　// 选择“面域”命令
选择对象：指定对角点：找到 1 个　　　　// 利用框选的方式选择图形边界
选择对象：　　　　　　　　　　　　　　// 按 Enter 键
已创建 1 个面域　　　　　　　　　　　　// 创建了 1 个面域

在创建面域之前，图形显示如图 5-87 所示。在创建面域之后，图形显示如图 5-88 所示。

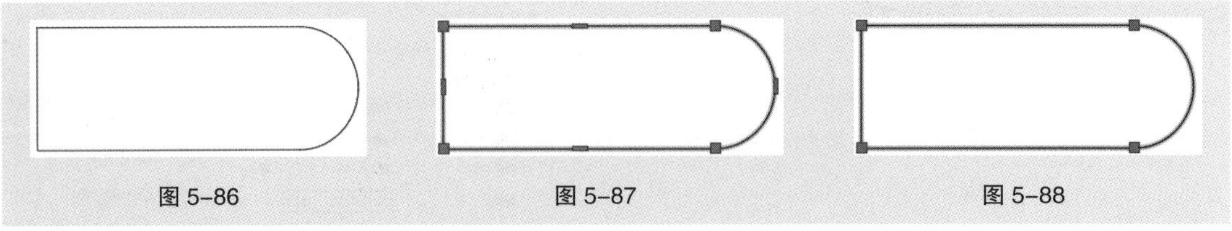

图 5-86　　图 5-87　　图 5-88

提示

默认情况下，AutoCAD 2019 在创建面域时将删除源对象，如果用户希望保留源对象，则需要将 DELOBJ 系统变量设置为 0。

5.6.2 编辑面域

编辑面域可创建边界较为复杂的图形。在 AutoCAD 2019 中，用户可对面域进行并运算、差运算和交运算 3 种布尔操作，其结果如图 5-89 所示。

1. 并运算操作

并运算操作是将所有选中的面域合并为一个面域。利用“并集”命令即可进行并运算操作。

启用命令的方法如下。

- 工具栏：单击“实体编辑”工具栏中的“并集”按钮。
- 菜单命令：选择“修改 > 实体编辑 > 并集”命令。
- 命令行：输入“UNION”，按 Enter 键。

选择“修改 > 实体编辑 > 并集”命令，启用“并集”命令，然后选择相应的面域，按 Enter 键，对所有选中的面域进行并运算操作，完成后创建出一个新的面域。操作步骤如下。

命令：_region　　// 选择“面域”命令
选择对象：找到 1 个　　// 单击选择矩形 *A*，如图 5-90 所示
选择对象：找到 1 个，总计 2 个　　// 单击选择矩形 *B*，如图 5-90 所示
选择对象：　　// 按 Enter 键
已创建 2 个面域　　// 创建了 2 个面域
命令：_union　　// 选择并集命令
选择对象：找到 1 个　　// 单击选择矩形 *A*，如图 5-90 所示
选择对象：找到 1 个，总计 2 个　　// 单击选择矩形 *B*，如图 5-90 所示
选择对象：　　// 按 Enter 键，新面域如图 5-91 所示

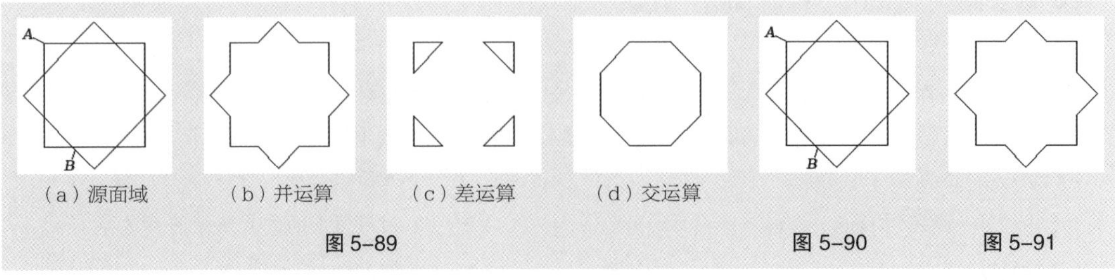

（a）源面域　（b）并运算　（c）差运算　（d）交运算

图 5-89　　图 5-90　　图 5-91

提示

若用户选取的面域未相交，AutoCAD 2019 也可将其合并为一个新的面域。

2. 差运算操作

差运算操作是从一个面域中减去一个或多个面域，以此来创建一个新的面域。利用“差集”命令即可进行差运算操作。

启用命令的方法如下。

● 工具栏：单击“实体编辑”工具栏中的“差集”按钮。

● 菜单命令：选择“修改 > 实体编辑 > 差集”命令。

● 命令行：输入“SUBTRACT”，按 Enter 键。

选择“修改 > 实体编辑 > 差集”命令，启用“差集”命令。首先选择第一个面域，按 Enter 键，接着依次选择其他要减去的面域，按 Enter 键即可进行差运算操作，完成后创建一个新面域。操作步骤如下。

```
命令：_region                                // 选择“面域”命令
选择对象：指定对角点：找到 2 个              // 利用框选的方式选择两个矩形，如图 5-92 所示
选择对象：                                   // 按 Enter 键
已创建 2 个面域                              // 创建了两个面域
命令：_subtract 选择要从中减去的实体或面域 ...
                                             // 选择“差集”命令
选择对象：找到 1 个                          // 单击选择矩形 A，如图 5-92 所示
选择对象：                                   // 按 Enter 键
选择要减去的实体或面域 ...
选择对象：找到 1 个                          // 单击选择矩形 B，如图 5-92 所示
选择对象：                                   // 按 Enter 键，新面域如图 5-93 所示
```

提示

若用户选取的面域并未相交，则 AutoCAD 2019 将直接删除被减去的面域。

3. 交运算操作

交运算操作是在选中的面域中创建出相交的公共部分面域，利用“交集”命令即可进行交运算操作。

启用命令的方法如下。

● 工具栏：单击“实体编辑”工具栏中的“交集”按钮。

● 菜单命令：选择“修改 > 实体编辑 > 交集”命令。

● 命令行：输入“INTERSCT”，按 Enter 键。

选择“修改 > 实体编辑 > 交集”命令，启用“交集”命令，然后依次选择相应的面域，按 Enter 键可对所有选中的面域进行交运算操作，完成后得到公共部分的面域。操作步骤如下。

```
命令：_region                                // 选择“面域”命令
选择对象：找到 1 个，总计 2 个               // 利用框选的方式选择两个矩形，如图 5-94 所示
选择对象：                                   // 按 Enter 键
已创建 2 个面域                              // 创建了两个面域
命令：_intersect                             // 选择“交集”命令
选择对象：指定对角点：找到 2 个              // 利用框选的方式选择两个矩形，如图 5-94 所示
选择对象：                                   // 按 Enter 键，新面域如图 5-95 所示
```

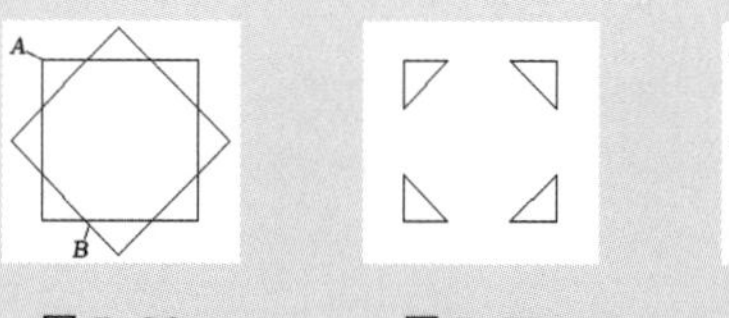
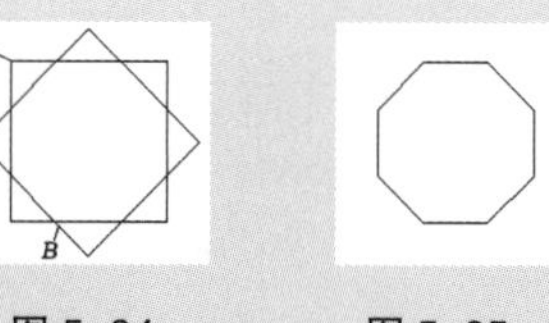
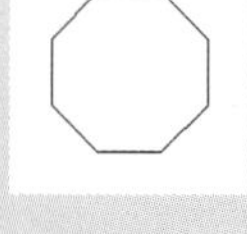

图 5-92　图 5-93　图 5-94　图 5-95

提示

若用户选取的面域未相交，则 AutoCAD 2019 将删除所有选中的面域。

5.7 创建边界

边界是一条封闭的多段线，可以由多段线、线段、圆弧、圆、椭圆弧、椭圆或样条曲线等对象构成。利用 AutoCAD 2019 提供的“边界”命令，用户可以从任意封闭的区域中创建一个边界。此外，还可以利用“边界”命令创建面域。

启用命令的方法如下。

- 菜单命令：选择“绘图 > 边界”命令。
- 命令行：输入“BOUNDARY”，按 Enter 键

选择“绘图 > 边界”命令，启用“边界”命令，弹出“边界创建”对话框，如图 5-96 所示。单击“拾取点”按钮，然后在绘图窗口中单击一点，系统会自动对该点所在区域进行分析，若该区域是封闭的，则自动根据该区域的边界线生成一条多段线作为边界。操作步骤如下。

命令：_boundary	//选择“边界”命令，弹出“边界创建”对话框，单击“拾 //取点”按钮
选择内部点：正在选择所有对象 ...	//单击图 5-97 所示的 A 点位置
正在分析内部孤岛 ...	
选择内部点：	//如图 5-98 所示
BOUNDARY 已创建 1 个多段线	//创建了一条多段线作为边界，如图 5-99 所示

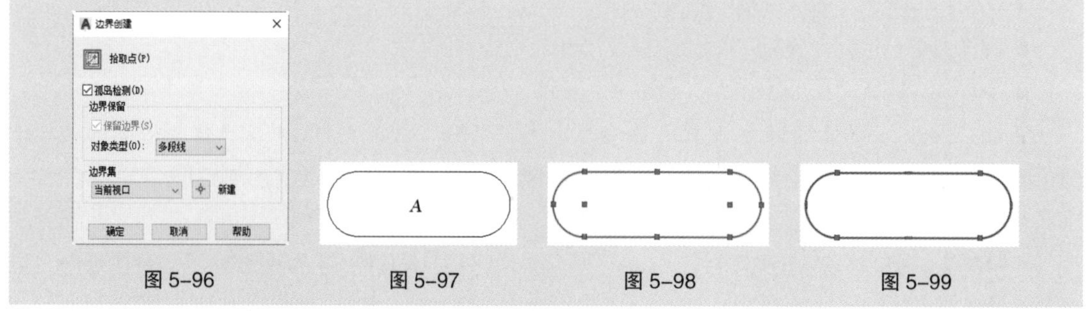

图 5-96　图 5-97　图 5-98　图 5-99

“边界创建”对话框中的选项说明如下。

- “拾取点”按钮：用于根据围绕指定点构成封闭区域的现有对象来确定边界。
- “孤岛检测”复选框：用于控制“边界创建”命令是否检测内部闭合边界，该边界称为孤岛。

在“边界保留”选项组中，“多段线”选项为默认对象类型，用于创建一条多段线作为区域的边界。

在“边界集”选项组中单击“新建”按钮，可以选择新的边界集。

提示

边界与面域的外观相同，但两者是有区别的。面域是一个二维区域，具有面积、周长、形心等几何特征；边界只是一条多段线。

5.8 课堂练习——绘制大理石拼花

【练习知识要点】利用“矩形”“修剪”“圆”“直线”命令和“图案填充”命令绘制大理石拼花，效果如图 5-100 所示。

【效果所在位置】云盘 /Ch05/DWG/ 绘制大理石拼花。

图 5-100

5.9 课后习题——绘制钢琴平面图形

【习题知识要点】利用“多段线”命令绘制钢琴平面图形，效果如图 5-101 所示。

【效果所在位置】云盘 /Ch05/DWG/ 绘制钢琴平面图形。

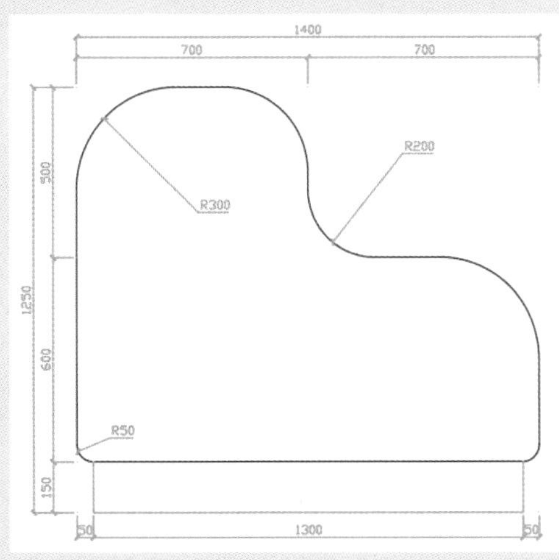

图 5-101

06

第 6 章 编辑对象

第 6 章简介

本章介绍

本章主要介绍如何对对象进行编辑，如进行倒角操作、复制与位移对象、调整对象的形状、对象的编辑操作和对象特性的修改与匹配等。通过本章的学习，读者可以掌握如何编辑对象，以得到所需的图形，从而能够快速完成一些复杂图形的绘制。

学习目标

- 掌握选择对象的方法；
- 掌握倒角的操作方法；
- 掌握复制与位移对象的方法；
- 掌握调整对象形状的方法；
- 掌握编辑对象的操作方法和编辑技巧；
- 掌握利用夹点编辑对象的技巧；
- 掌握对象特性的修改与匹配方法。

技能目标

- 掌握圆螺母的绘制方法；
- 掌握泵盖的绘制方法；
- 掌握双人沙发图形的绘制方法。

6.1 选择对象

在 AutoCAD 2019 中有多种选择对象的方法，针对不同的对象可使用不同的方法。下面详细介绍几种选择对象的方法。

6.1.1 选择对象的方法

通常情况下，可以用鼠标逐个单击被编辑的对象，也可以利用矩形框、交叉矩形框选取对象，同时还可以利用多边形框、交叉多边形框等选取对象。

1. 选择单个对象

选择单个对象的方法叫作点选，又叫作单选。点选是最简单、最常用的选择对象的方法。

● 利用十字光标直接选择：利用十字光标单击图形对象，被选中的对象以带有夹点的形式高亮显示，如图 6-1 所示。如果需要连续选择多个图形对象，可以继续单击需要选择的图形对象。

● 利用拾取框选择：当启用某个命令，如单击“旋转”按钮，十字光标会变成一个小方框，这个小方框叫作拾取框。在命令行出现“选择对象：”字样时，单击所要选择的对象，被选中的对象会以高亮显示，如图 6-2 所示。如果需要连续选择多个图形元素，可以继续单击需要选择的图形对象。

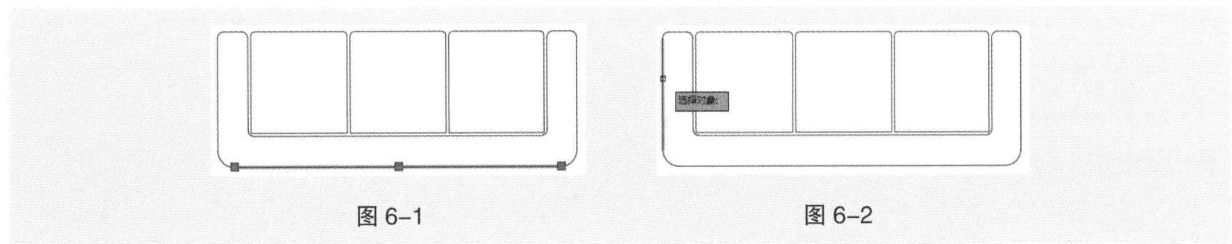

图 6-1　　图 6-2

2. 利用矩形框选择对象

在需要选择的多个图形对象的左上角或左下角单击，并向右下角或右上角方向移动鼠标指针，系统将显示一个背景为淡蓝色的矩形框。当矩形框将需要选择的对象包围后单击，包围在矩形框中的所有对象就会被选择，如图 6-3 所示，选择的对象以带有夹点的形式高亮显示。

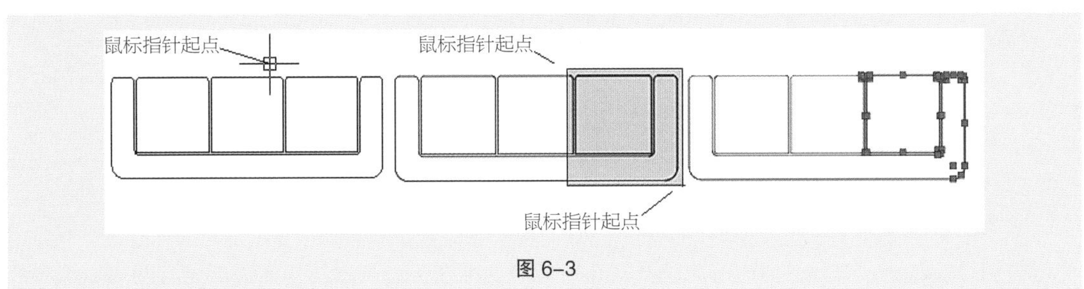

图 6-3

3. 利用交叉矩形框选择对象

在需要选择的图形对象右上角或右下角单击，并向左下角或左上角方向移动鼠标指针，系统将显示一个背景为绿色的矩形虚线框。当虚线框将需要选择的对象包围后单击，虚线框包围和相交的所有对象均会被选择，如图 6-4 所示，被选择的对象以带有夹点的虚线形式显示。

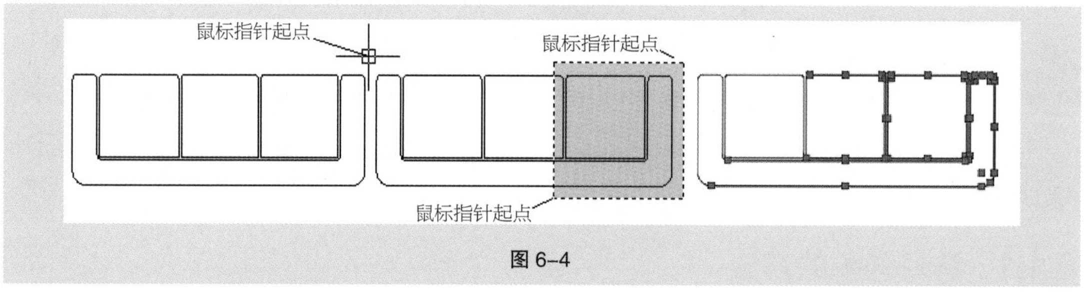

图 6-4

提示

利用矩形框选择对象时，与矩形框边线相交的对象不会被选择；而利用交叉矩形框选择对象时，与矩形虚线框边线相交的对象会被选择。

4. 利用多边形框选择对象

当 AutoCAD 2019 提示“选择对象：”时，在命令行窗口中输入“WP”，并按 Enter 键，用户可以通过绘制一个封闭的多边形来选择对象，凡是包围在多边形内的对象都将被选择。

下面通过单击“复制”按钮讲解这种方法。操作步骤如下。

命令 :_copy	// 单击“复制”按钮
选择对象 :WP	// 输入字母“WP”，按 Enter 键
第一圈围点 :	// 在 *A* 点处单击，如图 6-5 所示
指定直线的端点或 [放弃 (U)]:	// 在 *B* 点处单击
指定直线的端点或 [放弃 (U)]:	// 在 *C* 点处单击
指定直线的端点或 [放弃 (U)]:	// 在 *D* 点处单击
指定直线的端点或 [放弃 (U)]:	// 在 *E* 点处单击
指定直线的端点或 [放弃 (U)]:	// 将十字光标移至 *F* 点处单击，按 Enter 键
找到 1 个	
选择对象 :	// 按 Enter 键，结果如图 6-5 所示

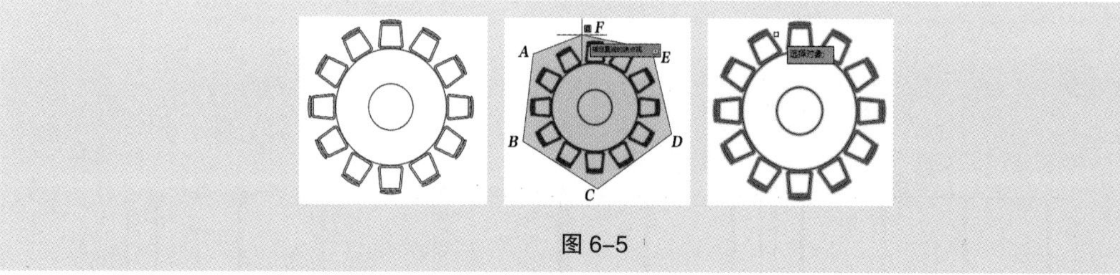

图 6-5

5. 利用交叉多边形框选择对象

当 AutoCAD 2019 提示“选择对象：”时，在命令行窗口中输入“CP”，并按 Enter 键，用户可以通过绘制一个封闭的多边形来选择对象，凡是包围在多边形内及与多边形相交的对象都将被选择。

6. 利用折线选择对象

当 AutoCAD 2019 提示“选择对象：”时，在命令行窗口中输入“F”，并按 Enter 键，用户可以连续单击以绘制一条折线，绘制完折线后按 Enter 键，此时所有与折线相交的图形对象都将被选择。

7. 选择最后创建的对象

当 AutoCAD 2019 提示“选择对象：”时，在命令行窗口中输入“L”，并按 Enter 键，用户可以选择最后创建的对象。

6.1.2 快速选择对象

利用快速选择功能，用户可以快速地将指定类型的对象或具有指定属性值的对象选中。

启用命令的方法如下。

- 菜单命令：选择“工具 > 快速选择”命令。
- 命令行：输入“QSELECT”，按 Enter 键。

选择“工具 > 快速选择”命令，启用“快速选择”命令，弹出“快速选择”对话框，如图 6-6 所示。通过该对话框可以快速选择对象。

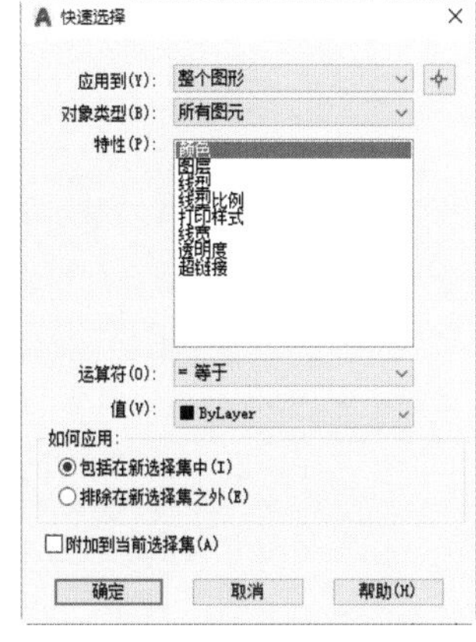

图 6-6

提示

在绘图窗口内单击鼠标右键，在弹出的快捷菜单中选择“快速选择”命令，也可以打开“快速选择”对话框。

6.2 倒角操作

倒角操作包括倒棱角和倒圆角。倒棱角是利用一条斜线连接两个对象；倒圆角是利用指定半径的圆弧光滑地连接两个对象。

6.2.1 课堂案例——绘制圆螺母

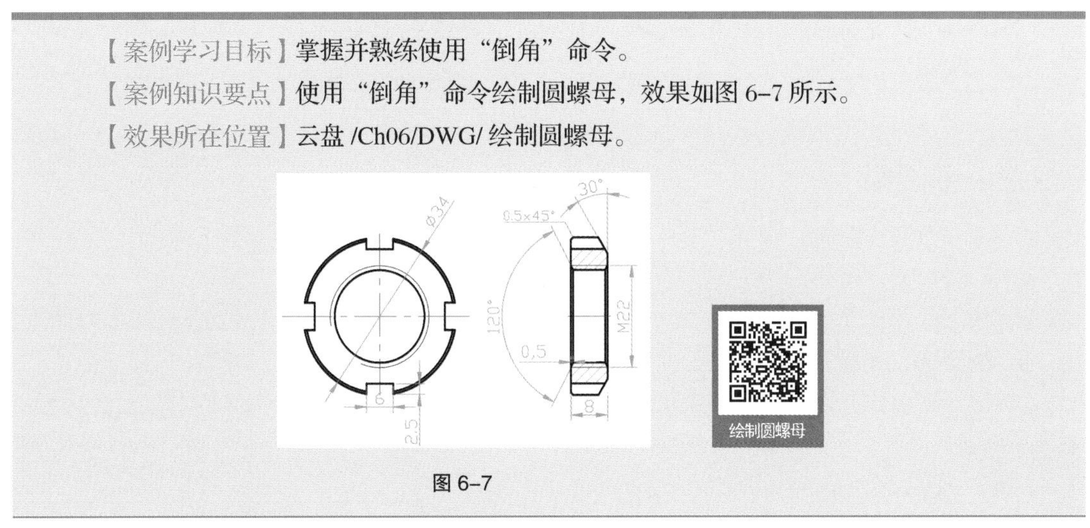

【案例学习目标】掌握并熟练使用“倒角”命令。

【案例知识要点】使用“倒角”命令绘制圆螺母，效果如图 6-7 所示。

【效果所在位置】云盘 /Ch06/DWG/ 绘制圆螺母。

图 6-7

（1）打开云盘中的“Ch06 > 素材 > 绘制圆螺母 .dwg”文件，如图 6-8 所示。

（2）倒角图形。单击“倒角”按钮，在 *A* 点处进行倒角，效果如图 6-9 所示。用相同的方法在 *B* 点处进行倒角，操作步骤如下。效果如图 6-10 所示。

```
命令 : _chamfer                                      // 单击“倒角”按钮
(“修剪”模式 ) 当前倒角距离 1 = 0.0000，距离 2 = 0.0000
选择第一条直线或 [ 放弃 (U)/ 多段线 (P)/ 距离 (D)/ 角度 (A)/ 修剪 (T)/ 方式 (E)/ 多个 (M)]: a
                                                     // 选择“角度”选项
指定第一条直线的倒角长度 <0.0000>: 0.5               // 输入倒角长度
指定第一条直线的倒角角度 <0>: 45                     // 输入倒角角度
选择第一条直线或 [ 放弃 (U)/ 多段线 (P)/ 距离 (D)/ 角度 (A)/ 修剪 (T)/ 方式 (E)/ 多个 (M):
                                                     // 选择线段 AC
选择第二条直线 :                                     // 选择线段 AB
```

（3）倒角图形。单击“倒角”按钮，在 C 点处进行倒角，效果如图 6–11 所示。用相同的方法在 D 点处进行倒角，操作步骤如下。效果如图 6–12 所示。

```
命令 : _chamfer                                      // 单击“倒角”按钮
(“修剪”模式 ) 当前倒角长度 = 0.5000，角度 = 45
选择第一条直线或 [ 放弃 (U)/ 多段线 (P)/ 距离 (D)/ 角度 (A)/ 修剪 (T)/ 方式 (E)/ 多个 (M)]: a
                                                     // 选择“角度”选项
指定第一条直线的倒角长度 <0.5000>:2                  // 输入倒角长度
指定第一条直线的倒角角度 <45>:60                     // 输入倒角角度
选择第一条直线或 [ 放弃 (U)/ 多段线 (P)/ 距离 (D)/ 角度 (A)/ 修剪 (T)/ 方式 (E)/ 多个 (M)]:
                                                     // 选择线段 AC
选择第二条直线 :                                     // 选择线段 CD
```

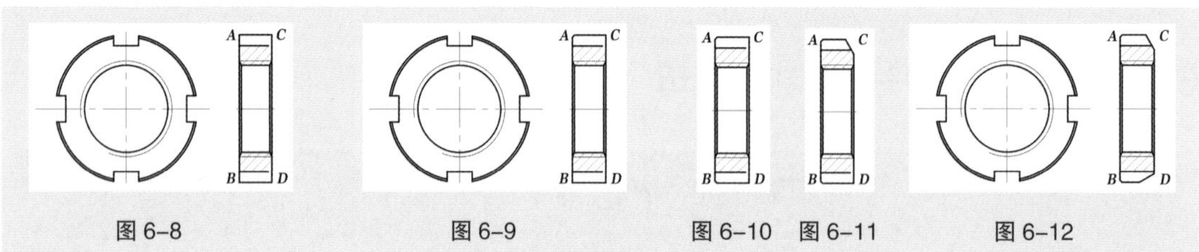

图 6–8　图 6–9　图 6–10　图 6–11　图 6–12

6.2.2 倒棱角

在 AutoCAD 2019 中，利用“倒角”命令可以进行倒棱角操作。

启用命令的方法如下。

- 工具栏：单击“修改”工具栏中的“倒角”按钮。
- 菜单命令：选择“修改 > 倒角”命令。
- 命令行：输入“CHAMFER”（快捷命令：CHA），按 Enter 键。

选择“修改 > 倒角”命令，启用“倒角”命令，然后在线段 AB 与 AD 之间绘制倒角，操作步骤如下。效果如图 6–13 所示。

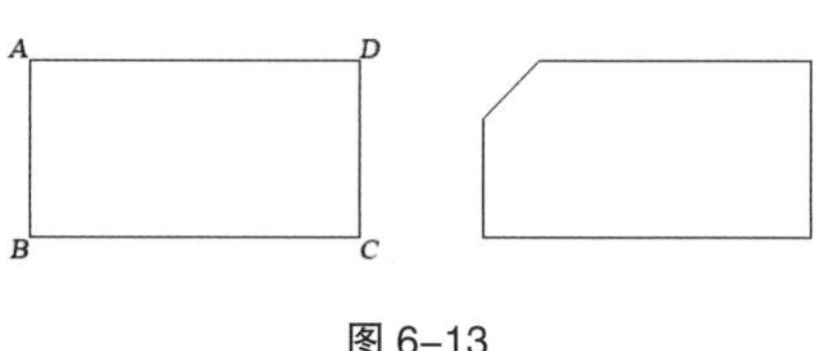

图 6–13

```
命令 : _chamfer                                      // 选择“倒角”命令
```

(“修剪”模式)当前倒角距离 1 = 0.0000，距离 2 = 0.0000

选择第一条直线或 [放弃 (U)/ 多段线 (P)/ 距离 (D)/ 角度 (A)/ 修剪 (T)/ 方式 (E)/ 多个 (M)]: d

// 选择“距离”选项

指定第一个倒角距离 <0.0000>: 2　　// 输入第一条边的倒角距离值

指定第二个倒角距离 <2.0000>:　　// 按 Enter 键

选择第一条直线或 [放弃 (U)/ 多段线 (P)/ 距离 (D)/ 角度 (A)/ 修剪 (T)/ 方式 (E)/ 多个 (M)]:

// 单击线段 *AB*

选择第二条直线，或按住 Shift 键选择直线以应用角点或 [距离 (D)/ 角度 (A)/ 方法 (M)]:

// 单击线段 *AD*

提示选项说明如下。

- 放弃（U）：用于恢复执行的上一个操作。
- 多段线（P）：用于对多段线每个顶点处的相交线段进行倒角，倒角将成为多段线中的新线段；如果多段线中包含的线段小于倒角距离，则不对这些线段进行倒角。
- 距离（D）：用于设置倒角至选定边端点的距离。如果将两个距离都设置为 0，则系统将延伸或修剪相应的两条线段，使二者相交于一点。
- 角度（A）：通过设置第一条线的倒角距离及第二条线的角度来进行倒角。
- 修剪（T）：用于控制倒角操作是否修剪对象。
- 方式（E）：用于控制倒角的方式，即选择通过设置倒角的两个距离或通过设置距离和角度的方式来创建倒角。
- 多个（M）：用于为多个对象集进行倒角操作，此时 AutoCAD 2019 将重复显示提示命令，可以按 Enter 键结束。

1. 根据两个倒角距离绘制倒角

根据两个倒角距离可以绘制一个距离不等的倒角，操作步骤如下。效果如图 6-14 所示。

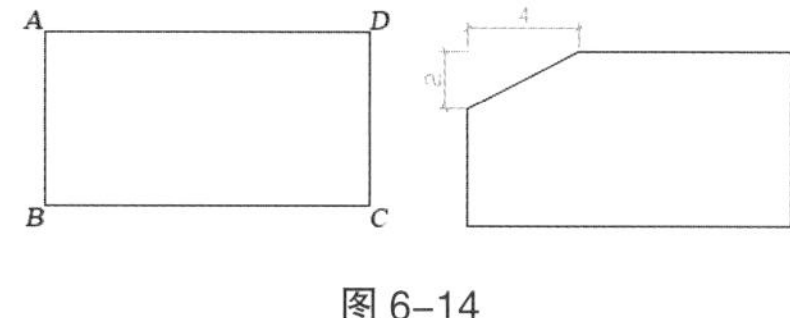

图 6-14

命令 : _chamfer　　// 选择“倒角”命令

(“修剪”模式)当前倒角距离 1 = 2.0000，距离 2 = 2.0000

选择第一条直线或 [放弃 (U)/ 多段线 (P)/ 距离 (D)/ 角度 (A)/ 修剪 (T)/ 方式 (E)/ 多个 (M)]: d

// 选择“距离”选项

指定第一个倒角距离 <0.0000>: 2　　// 输入第一条边的倒角距离值

指定第二个倒角距离 <2.0000>: 4　　// 输入第二条边的倒角距离值

选择第一条直线或 [放弃 (U)/ 多段线 (P)/ 距离 (D)/ 角度 (A)/ 修剪 (T)/ 方式 (E)/ 多个 (M)]:

// 单击左侧垂直线段

选择第二条直线，或按住 Shift 键选择直线以应用角点或 [距离 (D)/ 角度 (A)/ 方法 (M)]:

// 单击上方的水平线段

2. 根据距离和角度绘制倒角

根据倒角的特点，有时需要通过设置第一条线的倒角距离及第一条线的倒角角度来绘制倒角，操作步骤如下。效果如图 6-15 所示。

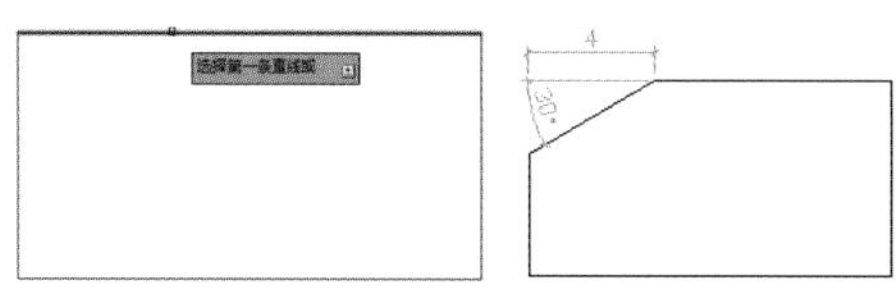

图 6-15

命令 : _chamfer

// 选择“倒角”命令

(“修剪”模式) 当前倒角距离 1 = 2.0000，距离 2 = 4.0000

选择第一条直线或 [多段线 (P)/ 距离 (D)/ 角度 (A)/ 修剪 (T)/ 方式 (M)/ 多个 (U)]: a

// 选择“角度”选项

指定第一条直线的倒角长度 <0.0000>: 4 // 输入第一条线的倒角距离

指定第一条直线的倒角角度 <0>: 30 // 输入倒角角度

选择第一条直线或 [放弃 (U)/ 多段线 (P)/ 距离 (D)/ 角度 (A)/ 修剪 (T)/ 方式 (E)/ 多个 (M)]:

// 单击上方的水平线段选择第二条直线，

或按住 Shift 键选择直线以应用角点或 [距离 (D)/ 角度 (A)/ 方法 (M)]:

// 单击左侧与之相交的垂直线段

6.2.3 倒圆角

通过倒圆角可以方便、快速地在两个图形对象之间绘制光滑的过渡圆弧线。在 AutoCAD 2019 中利用“圆角”命令即可进行倒圆角操作。

启用命令的方法如下。

- 工具栏：单击“修改”工具栏中的“圆角”按钮。
- 菜单命令：选择“修改 > 圆角”命令。
- 命令行：输入“FILLET”（快捷命令：F），按 Enter 键。

选择“修改 > 圆角”命令，启用“圆角”命令，在线段 *AB* 与线段 *BC* 之间绘制圆角，操作步骤如下。效果如图 6-16 所示。

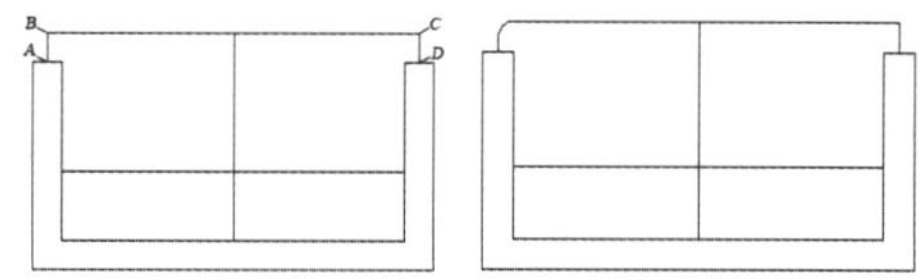

图 6-16

命令 : _fillet // 选择“圆角”命令

当前设置 : 模式 = 修剪，半径 = 0.0000

选择第一个对象或 [放弃 (U)/ 多段线 (P)/ 半径 (R)/ 修剪 (T)/ 多个 (U)]: r

// 选择“半径”选项

指定圆角半径 <0.0000>: 50 // 输入圆角半径值

选择第一个对象或 [放弃 (U)/ 多段线 (P)/ 半径 (R)/ 修剪 (T)/ 多个 (M)]:

// 选择线段 *AB*

选择第二个对象，或按住 Shift 键选择对象以应用角点或 [半径 (R)]:

// 选择线段 *BC*

提示选项说明如下。

- 多段线（P）：用于在多段线的每个顶点处进行倒圆角。可以将整个多段线倒圆角，与倒角效果相同，如果多段线线段的距离小于圆角的距离，将不被倒圆角，操作步骤如下。效果如图 6-17 所示。

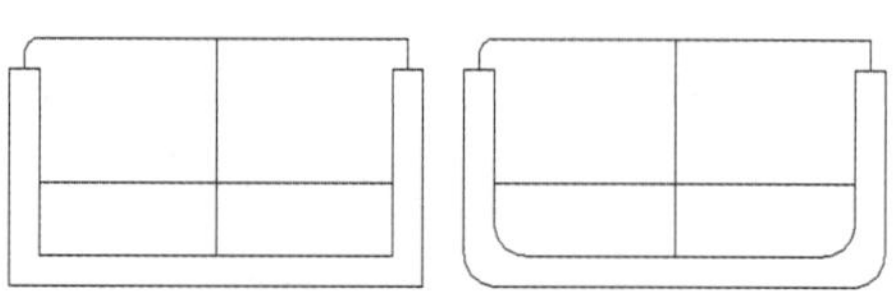

图 6-17

命令 : _fillet // 选择“圆角”命令

当前设置 : 模式 = 修剪，半径 = 50.0000

选择第一个对象或 [放弃 (U)/ 多段线 (P)/ 半径 (R)/ 修剪 (T)/ 多个 (M)]:r　　// 选择“半径”选项

指定圆角半径 <50.0000>: 110　　// 输入圆角半径值

选择第一个对象或 [放弃 (U)/ 多段线 (P)/ 半径 (R)/ 修剪 (T)/ 多个 (M)]: p　　// 选择“多段线”选项

选择二维多段线或 [半径 (R)]:　　// 选择多段线

4 条直线已被倒圆角

4 条太短　　// 显示被倒圆角的线段数量

● 半径（R）：用于设置圆角的半径。

● 修剪（T）：用于控制倒圆角操作是否修剪对象。设置修剪对象时，圆角如图 6-18 中的 *A* 处所示；设置不修剪对象时，圆角如图 6-18 中的 *B* 处所示。操作步骤如下。

提示

按住 Shift 键的同时选择两条线段，可以快速创建零距离倒角或零半径圆角。

命令 : _fillet　　// 选择“圆角”命令

当前设置 : 模式 = 修剪，半径 = 110.0000

选择第一个对象或 [放弃 (U)/ 多段线 (P)/ 半径 (R)/ 修剪 (T)/ 多个 (M)]: r　　// 选择“半径”选项

指定圆角半径 <110.0000>: 50　　// 输入半径值

选择第一个对象或 [放弃 (U)/ 多段线 (P)/ 半径 (R)/ 修剪 (T)/ 多个 (M)]: t　　// 选择“修剪”选项

输入修剪模式选项 [修剪 (T)/ 不修剪 (N)] < 修剪 >: n　　// 选择“不修剪”选项

选择第一个对象或 [放弃 (U)/ 多段线 (P)/ 半径 (R)/ 修剪 (T)/ 多个 (M)]:　　// 单击上方水平线段

选择第二个对象，或按住 Shift 键选择对象以应用角点或 [半径 (R)]:　　// 单击与之相交的垂直线段

● 多个（M）：用于为多个对象集进行倒圆角操作，此时 AutoCAD 2019 将重复显示提示命令，可以按 Enter 键结束。

用户还可以在两条平行线之间绘制倒圆角，如图 6-19（a）所示，选择圆角命令之后依次选择这两条平行线，效果如图 6-19（b）所示。

提示

对平行线倒圆角时，圆角的半径取决于平行线之间的距离，与圆角所设置的半径无关。

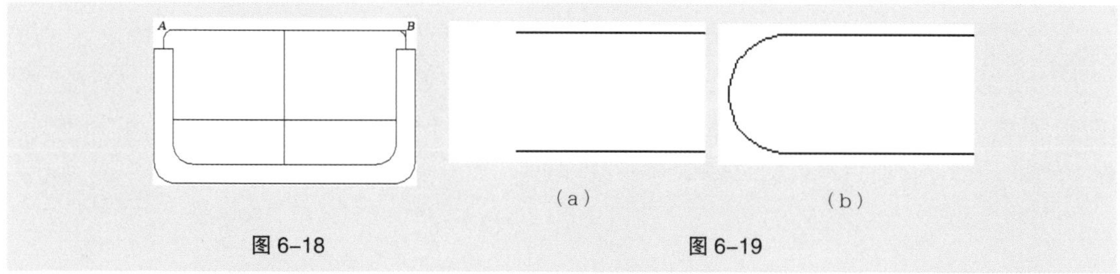

图 6-18　　图 6-19

6.3 复制与位移对象

在绘制图形的过程中，有时需要对所绘制的图形对象执行移动、旋转和对齐等操作。下面分别

介绍这些命令。

6.3.1 课堂案例——绘制泵盖

【案例学习目标】掌握并熟练使用各种图形对象的复制命令。

【案例知识要点】使用“复制”“镜像”命令绘制泵盖，效果如图 6-20 所示。

【效果所在位置】云盘 /Ch06/DWG/ 绘制泵盖。

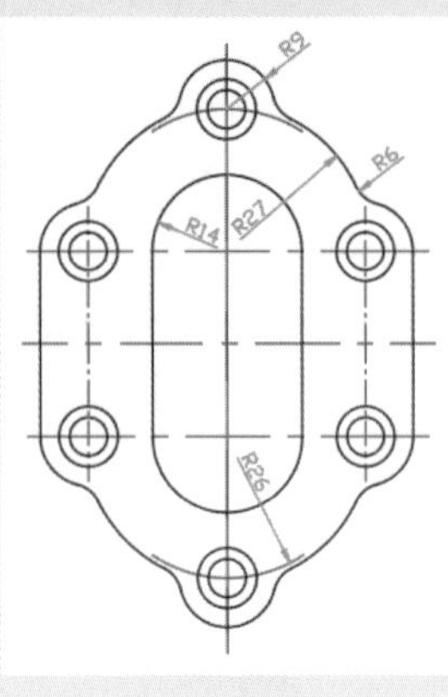

图 6-20

（1）打开文件。打开云盘中的“Ch06 > 素材 > 绘制泵盖.dwg”文件，如图 6-21 所示。

（2）绘制圆形。打开“对象捕捉”和“对象追踪”开关，单击“圆”按钮绘制圆形，操作步骤如下。效果如图 6-22 所示。

```
命令 : _circle 指定圆的圆心或 [ 三点 (3P)/ 两点 (2P)/ 相切、相切、半径 (T)]:
                                          // 单击“圆”按钮，指定圆的中心点 O
指定圆的半径或 [ 直径 (D)] <0.0000>: 3.5         // 输入圆的半径，按 Enter 键
命令 :                                      // 按 Enter 键
_circle 指定圆的圆心或 [ 三点 (3P)/ 两点 (2P)/ 相切、相切、半径 (T)]:
                                          // 选择圆的中心点 O
指定圆的半径或 [ 直径 (D)] <3.5.0000>: 5.5       // 输入圆的半径，按 Enter 键
```

（3）复制圆形。单击“复制”按钮，复制两个圆形，效果如图 6-23 所示。单击“镜像”按钮，选取 *A*、*B* 两点为镜像点，镜像上方的圆形，效果如图 6-24 所示。选取 *C*、*D* 两点为镜像点，镜像右侧的圆形，操作步骤如下。效果如图 6-25 所示。

```
命令 : _copy                                // 单击“复制”按钮
选择对象 : 找到 1 个                          // 选择第一个圆
选择对象 : 找到 1 个，总计 2 个                // 选择第两个圆
选择对象 :                                  // 按 Enter 键
当前设置 : 复制模式 = 多个
指定基点或 [ 位移 (D)/ 模式 (O)] < 位移 >:        // 单击圆心 O 点
指定第二个点或 [ 阵列 (A)] < 使用第一个点作为位移 >:  // 单击 A 点复制
```

指定第二个点或 [阵列 (A)/ 退出 (E)/ 放弃 (U)] < 退出 >: // 单击 *B* 点复制
指定第二个点或 [阵列 (A)/ 退出 (E)/ 放弃 (U)] < 退出 >: // 按 Enter 键
命令 : _mirror // 单击“镜像”按钮
选择对象 : 找到 1 个 // 选择第一个圆
选择对象 : 找到 1 个，总计 2 个 // 选择第两个圆
选择对象 : // 按 Enter 键
指定镜像线的第一点 : 指定镜像线的第二点 : // 单击 *A*、*B* 两点为镜像点
要删除源对象吗？ [是 (Y)/ 否 (N)] <N>:n // 选择“否”选项
命令 : _mirror // 按 Enter 键
选择对象 : 指定对角点 : 找到 4 个 // 对角选择右侧的圆
选择对象 : // 按 Enter 键
指定镜像线的第一点 : 指定镜像线的第二点 : // 单击 *C*、*D* 两点为镜像点
要删除源对象吗？ [是 (Y)/ 否 (N)] <N>: n // 选择“否”选项

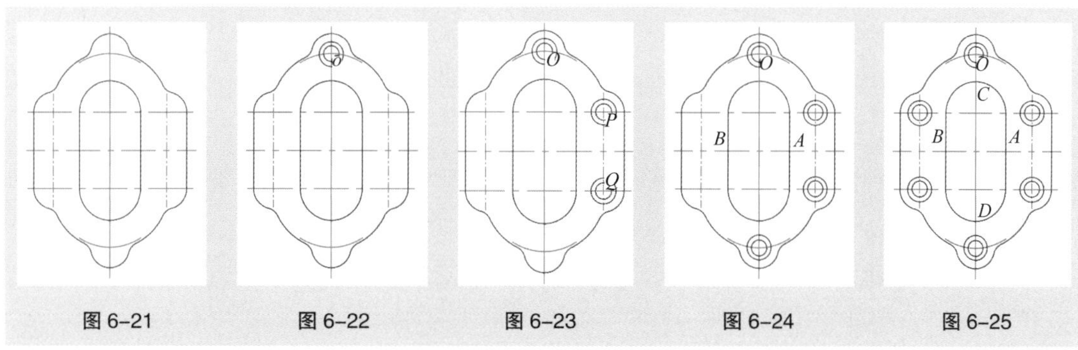

图 6-21 图 6-22 图 6-23 图 6-24 图 6-25

6.3.2 复制对象

在绘图过程中，用户经常会遇到需要重复绘制相同图形对象的情况，这时用户可以启用“复制”命令，将图形对象复制到图中相应的位置。

启用命令的方法如下。

- 工具栏：单击“修改”工具栏中的“复制”按钮。
- 菜单命令：选择“修改 > 复制”命令。
- 命令行：输入“COPY”（快捷命令：CO），按 Enter 键。

选择“修改 > 复制”命令，启用“复制”命令，绘制图 6-26 所示的图形。操作步骤如下。

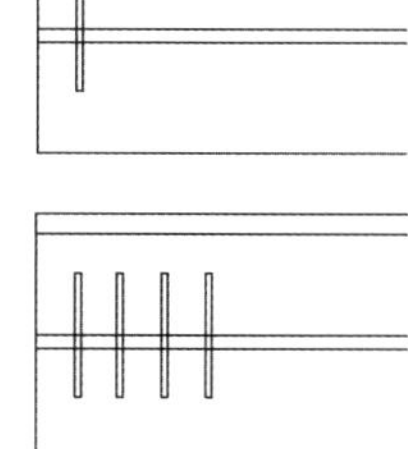
图 6-26

命令 : _copy // 选择“复制”命令
选择对象 : 找到 1 个 // 单击矩形
选择对象 : // 按 Enter 键
指定基点或 [位移 (D)] < 位移 >: 指定第二个点或 < 使用第一个点作为位移 >:
// 单击捕捉矩形与线段的交点作为基点
指定第二个点或 [退出 (E)/ 放弃 (U)] < 退出 >: // 单击确定图形复制的第二个点
指定第二个点或 [退出 (E)/ 放弃 (U)] < 退出 >: // 按 Enter 键

提示

进行复制操作的时候，当提示指定第二点时，可以利用鼠标单击确定，也可以通过输入坐标来确定。

6.3.3 镜像对象

绘制图形的过程中经常会遇到绘制对称图形的情况，这时可以利用“镜像”命令来绘制图形。启用“镜像”命令时，可以任意定义两点作为对称轴来镜像对象，同时也可以选择删除或保留原来的对象。

启用命令的方法如下。

- 工具栏：单击“修改”工具栏中的“镜像”按钮。
- 菜单命令：选择“修改 > 镜像”命令。

命令行：输入“MIRROR”（快捷命令：MI），按Enter键。

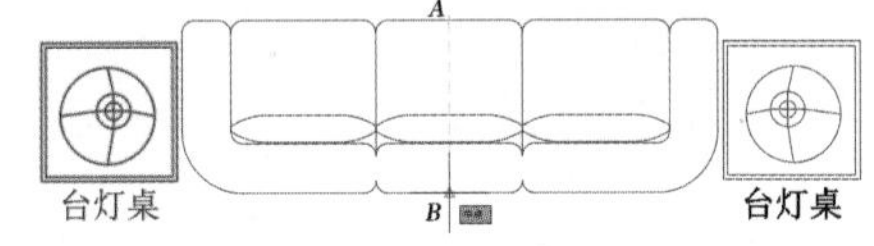

图 6-27

选择“修改 > 镜像”命令，启用“镜像”命令，绘制图 6-27 所示的图形。操作步骤如下。

```
命令：_mirror                              // 选择“镜像”命令
选择对象：指定对角点：找到 2 个              // 选择台灯桌图形对象
选择对象：                                  // 按 Enter 键
指定镜像线的第一点：< 对象捕捉 开 >          // 打开“对象捕捉”开关，捕捉沙发的中点 A
指定镜像线的第二点：                        // 捕捉沙发的中点 B
是否删除源对象？ [ 是 (Y)/ 否 (N)] <N>:      // 按 Enter 键
```

提示选项说明如下。

- 是（Y）：在进行图形镜像时，删除源对象，如图 6-28 所示。
- 否（N）：在进行图形镜像时，不删除源对象。

对文字进行镜像操作时，会出现前后颠倒的现象，如图 6-29 所示。如果不需要文字前后颠倒，用户需将系统变量 MIRRTEXT 的值设置为“0”。操作步骤如下。

```
命令：_mirrtext                            // 输入命令“MIRRTEXT”
输入 MIRRTEXT 的新值 <1>: 0                // 输入新变量值
```

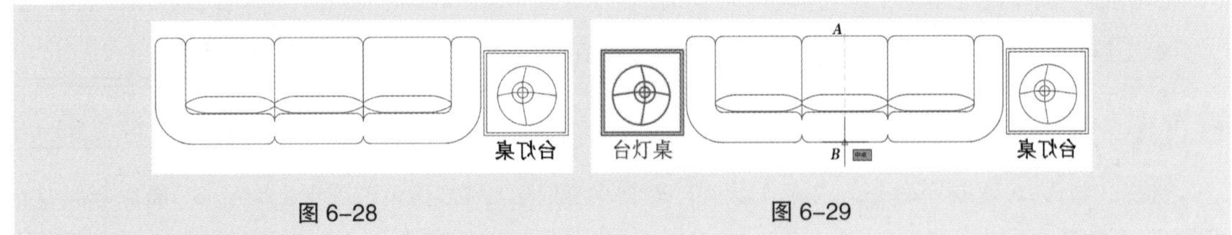

图 6-28　　图 6-29

6.3.4 偏移对象

利用“偏移”命令可以绘制一个与原图形相似的新图形。在 AutoCAD 2019 中，可以进行偏移操作的对象有线段、圆弧、圆、二维多段线、椭圆、椭圆弧、构造线、射线和样条曲线等。

启用命令的方法如下。

- 工具栏：单击“修改”工具栏中的“偏移”按钮。
- 菜单命令：选择“修改 > 偏移”命令。

● 命令行：输入“OFFSET”（快捷命令：O），按 Enter 键。

选择“修改 > 偏移”命令，启用“偏移”命令，绘制图 6-30 所示的图形。操作步骤如下。

命令 : _offset // 选择“偏移”命令

当前设置 : 删除源 = 否图层 = 源 OFFSETGAPTYPE=0

指定偏移距离或 [通过 (T)/ 删除 (E)/ 图层 (L)]< 通过 >:80 // 输入偏移距离值

选择要偏移的对象，或 [退出 (E)/ 放弃 (U)]< 退出 >: // 单击图 6-30 上方的水平线段

指定要偏移的那一侧上的点，或 [退出 (E)/ 多个 (M)/ 放弃 (U)] < 退出 >:m

// 选择“多个”选项

指定要偏移的那一侧上的点，或 [退出 (E)/ 放弃 (U)]< 下一个对象 >: // 单击偏移对象的下方

指定要偏移的那一侧上的点，或 [退出 (E)/ 放弃 (U)]< 下一个对象 >: // 单击偏移对象的下方

指定要偏移的那一侧上的点，或 [退出 (E)/ 放弃 (U)]< 下一个对象 >: // 按 Enter 键

选择要偏移的对象，或 [退出 (E)/ 放弃 (U)] < 退出 >: // 按 Enter 键

用户也可以通过点的方式来确定偏距，绘制图 6-31 所示的图形。操作步骤如下。

命令 : _offset // 选择“偏移”命令

当前设置 : 删除源 = 否 图层 = 源 OFFSETGAPTYPE=0

指定偏移距离或 [通过 (T)/ 删除 (E)/ 图层 (L)] < 通过 >:t // 选择“通过”选项

选择要偏移的对象，或 [退出 (E)/ 放弃 (U)] < 退出 >: // 单击图 6-32 上方的水平线段

指定通过点或 [退出 (E)/ 多个 (M)/ 放弃 (U)] < 退出 >: // 单击捕捉 *A* 点

选择要偏移的对象，或 [退出 (E)/ 放弃 (U)] < 退出 >: // 单击偏移后的水平线段

指定通过点或 [退出 (E)/ 多个 (M)/ 放弃 (U)] < 退出 >: // 单击捕捉 *B* 点

选择要偏移的对象，或 [退出 (E)/ 放弃 (U)] < 退出 >: // 按 Enter 键

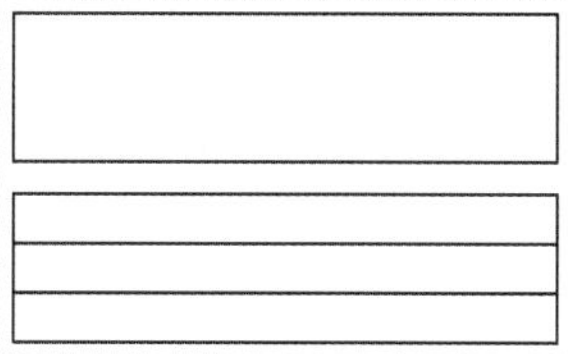

图 6-30

A
B

图 6-31

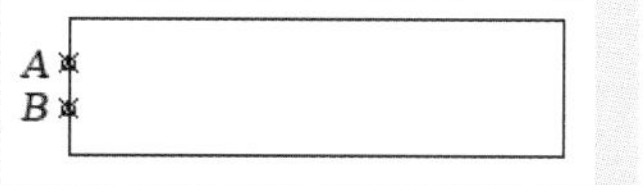

A
B

图 6-32

6.3.5 阵列对象

利用“阵列”命令可以绘制多个相同图形对象的阵列，“阵列”工具栏如图 6-33 所示。对于矩形阵列，用户需要指定行和列的数目、行或列之间的距离及阵列的旋转角度，效果如图 6-34 所示；对于路径阵列，需要制定阵列曲线、复制对象的数目及方向，效果如图 6-35 所示；对于环形阵列，用户需要指定复制对象的数目及对象是否旋转，效果如图 6-36 所示。

启用命令的方法如下。

● 菜单命令：选择“修改 > 阵列”命令。

● 命令行：输入“ARRAY”（快捷命令：AR），按 Enter 键。

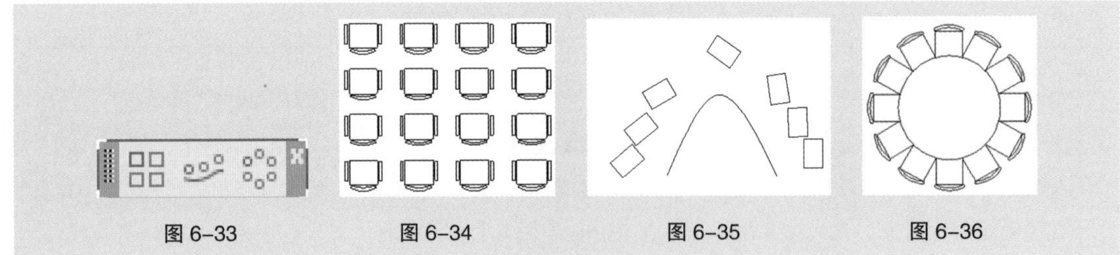

图 6-33　　图 6-34　　图 6-35　　图 6-36

6.3.6 移动对象

利用“移动”命令可平移所选的图形对象，且不改变该图形对象的方向和大小。若想将图形对象精确地移动到指定位置，可以使用捕捉、坐标及对象捕捉等辅助功能。

启用命令的方法如下。

- 工具栏：单击“修改”工具栏中的“移动”按钮✥。
- 菜单命令：选择“修改 > 移动”命令。
- 命令行：输入“MOVE”（快捷命令：M），按 Enter 键。

选择“修改 > 移动”命令，启用“移动”命令，将床头柜移动到墙角位置，操作步骤如下。效果如图 6-37 所示。

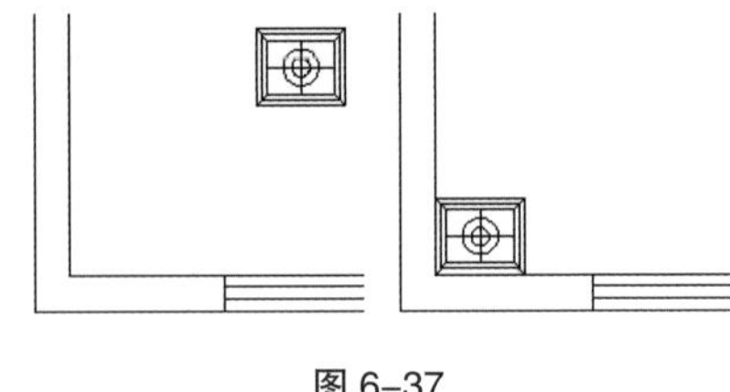

图 6-37

命令 : _move　　// 选择“移动”命令

选择对象 : 找到 13 个　　// 矩形框框选床头柜

选择对象 :　　// 按 Enter 键

指定基点或 [位移 (D)] < 位移 >: < 对象捕捉 开 >　　// 打开“对象捕捉”开关，捕捉床头柜的左下角点

指定第二个点或 < 使用第一个点作为位移 >:　　// 捕捉墙角的交点

6.3.7 旋转对象

利用“旋转”命令可以将图形对象绕着某一基点旋转，从而改变图形对象的方向。用户可以通过指定基点，输入旋转角度来转动图形对象；也可以以某个方位作为参照，选择一个新对象或输入一个新角度值来指明要旋转到的位置。

启用命令的方法如下。

- 工具栏：单击“修改”工具栏中的“旋转”按钮↻。
- 菜单命令：选择“修改 > 旋转”命令。
- 命令行：输入“ROTATE”（快捷命令：RO），按 Enter 键。

选择“修改 > 旋转”命令，启用“旋转”命令，将图形沿顺时针方向旋转 45° 效果，操作步骤如下。效果如图 6-38 所示。

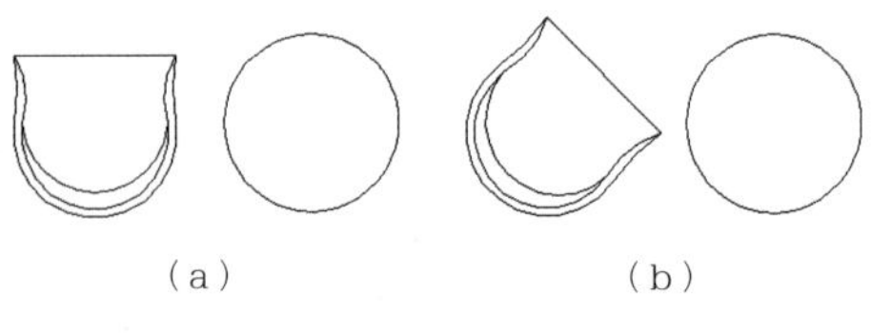

（a）　（b）

图 6-38

命令 : _rotate　　// 选择“旋转”命令

UCS 当前的正角方向 : ANGDIR= 逆时针　ANGBASE=0

选择对象 : 找到 1 个　　// 单击休闲椅

选择对象 :　　// 按 Enter 键

指定基点：< 对象捕捉 开 > < 对象捕捉追踪 开 >　　// 打开"对象捕捉""对象追踪"开关，// 捕捉休闲椅的中点

指定旋转角度，或 [复制 (C)/ 参照 (R)] <0>:-45　　// 输入旋转角度值

提示选项说明如下。

- 指定旋转角度：指定旋转基点并且输入绝对旋转角度来旋转对象。输入的旋转角度为正，则选定对象沿逆时针方向旋转；反之，则选定对象沿顺时针方向旋转。
- 复制（C）：旋转并复制指定对象，如图 6-39 所示。
- 参照（R）：指定某个方向作为参照的起始角，然后选择一个新对象以指定源对象要旋转到的位置；也可以输入新角度值来确定要旋转到的位置，如图 6-40 所示图形就是选择 *A*、*B* 两点作为参照来旋转门图形。

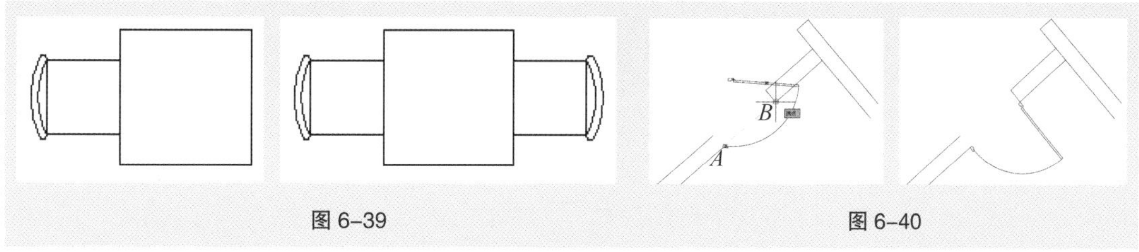

图 6-39　　图 6-40

6.3.8 对齐对象

利用"对齐"命令可以将对象移动、旋转或按比例缩放，使之与指定的对象对齐。

启用命令的方法如下。

- 菜单命令：选择"修改 > 三维操作 > 对齐"命令。
- 命令行：输入"ALIGN"，按 Enter 键。

选择"修改 > 三维操作 > 对齐"命令，启用"对齐"命令，让门与墙体图形对齐，操作步骤如下。效果如图 6-41 所示。

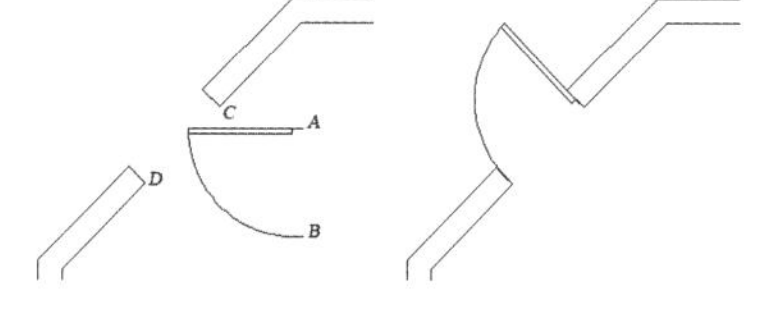

图 6-41

命令：_align　　// 选择"对齐"命令

选择对象：找到 1 个　　// 矩形框选门图形

选择对象：　　// 按 Enter 键

指定第一个源点：< 对象捕捉 开 >　　// 捕捉第一个源点 *A*

指定第一个目标点：　　// 捕捉第一个目标点 *C*

指定第二个源点：　　// 捕捉第二个源点 *B*

指定第二个目标点：　　// 捕捉第二个目标点 *D*

指定第三个源点或 < 继续 >:　　// 按 Enter 键

是否基于对齐点缩放对象？ [是 (Y)/ 否 (N)] < 否 >:　　// 按 Enter 键

6.4 调整对象的形状

AutoCAD 2019 提供了多种命令来调整图形对象的大小或形状。下面具体介绍调整图形对象大小或形状的方法。

6.4.1 课堂案例——绘制双人沙发

【案例学习目标】掌握并能够熟练应用调整图形对象的各种命令。

【案例知识要点】利用“拉伸”“移动”“复制”命令绘制双人沙发图形，效果如图 6-42 所示。

【效果所在位置】云盘 /Ch06/DWG/ 绘制双人沙发。

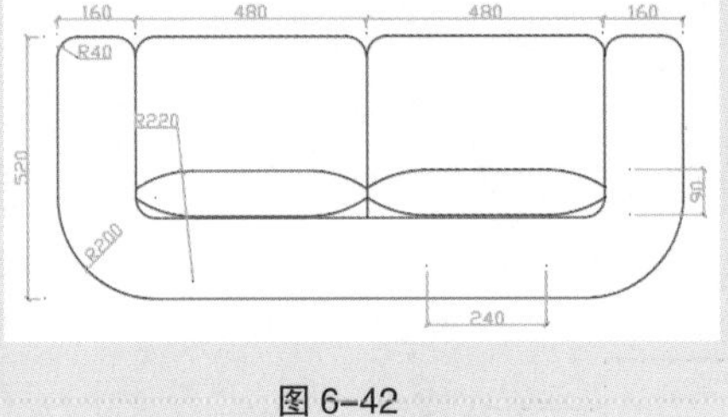

图 6-42

（1）打开图形文件。选择“文件 > 打开”命令，打开云盘中的“Ch06 > 素材 > 绘制沙发”文件，如图 6-43 所示。

（2）移动坐垫图形。单击“移动”按钮✥，将沙发坐垫图形移动到沙发靠背的外侧，效果如图 6-44 所示。

（3）拉伸沙发图形。单击“拉伸”按钮，打开“正交”开关拉伸沙发靠背，操作步骤如下。效果如图 6-45 所示。

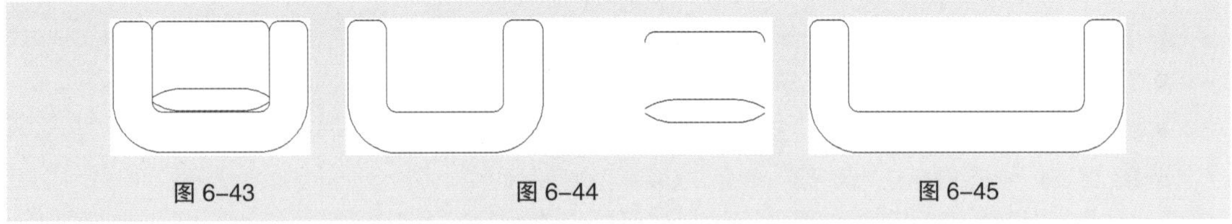

图 6-43　　图 6-44　　图 6-45

```
命令 : _stretch                                      // 单击“拉伸”按钮
以交叉窗口或交叉多边形选择要拉伸的对象 ...
选择对象 : 指定对角点 : 找到 9 个                      // 用交叉矩形框框选靠背，如图 6-46 所示
选择对象 :                                           // 按 Enter 键
指定基点或 [ 位移 (D)] < 位移 >:                       // 单击沙发图形中的一点
指定第二个点或 < 使用第一个点作为位移 >: 480            // 将十字光标向右移动，输入第一点距离值
```

（4）移动并复制坐垫图形。单击“移动”按钮✥和“复制”按钮，将沙发坐垫图形移回原位置，并复制另一个沙发坐垫图形，完成后效果如图 6-47 所示。

（5）绘制线段。单击“直线按钮，在沙发坐垫图形之间绘制线段，效果如图 6-48 所示。双人沙发绘制完成。

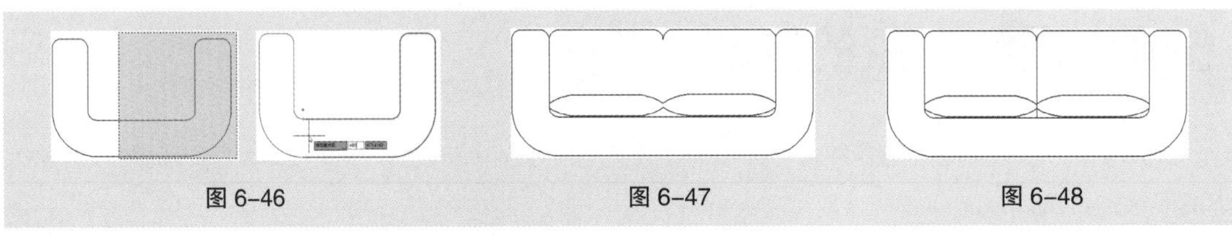

图 6-46　　图 6-47　　图 6-48

6.4.2 拉长对象

利用“拉长”命令可以延伸或缩短非闭合线段、圆弧、非闭合多段线、椭圆弧和非闭合样条曲线等图形对象的长度，也可以改变圆弧的角度。

启用命令的方法如下。

- 菜单命令：选择“修改 > 拉长”命令。
- 命令行：输入“LRNGTHEN”（快捷命令：LEN），按 Enter 键。

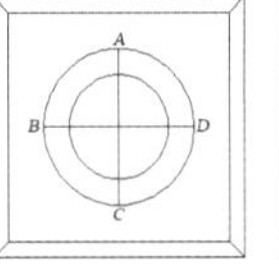

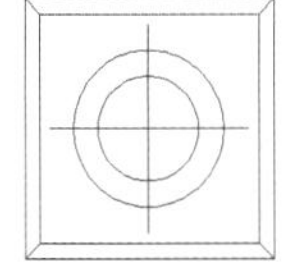

图 6-49

选择“修改 > 拉长”命令，启用“拉长”命令，拉长线段 *AC*、*BD* 的长度，操作步骤如下。效果如图 6-49 所示。

```
命令 : _lengthen                                        // 选择“拉长”命令
选择要测量的对象或 [ 增量 (DE)/ 百分数 (P)/ 总计 (T)/ 动态 (DY)] < 增量 (DE)>:de
                                                        // 选择“增量”选项
输入长度增量或 [ 角度 (A)] <0.0000>: 5                   // 输入长度增量值
选择要修改的对象或 [ 放弃 (U)]:                          // 在 A 点附近单击线段 AC
选择要修改的对象或 [ 放弃 (U)]:                          // 在 B 点附近单击线段 BD
选择要修改的对象或 [ 放弃 (U)]:                          // 在 C 点附近单击线段 AC
选择要修改的对象或 [ 放弃 (U)]:                          // 在 D 点附近单击线段 BD
选择要修改的对象或 [ 放弃 (U)]:                          // 按 Enter 键
```

提示选项说明如下。

- 对象：系统的默认项，用于查看所选对象的长度。
- 增量（DE）：以指定的增量来修改对象的长度，该增量从距离选择点最近的端点处开始测量；此外，还可以修改圆弧的角度。若输入的增量为正值则拉伸对象；反之，输入负值则缩短对象。
- 百分数（P）：以指定对象总长度的百分数来改变对象的长度。
- 总计（T）：以输入新的总长度来设置选定对象的长度，也可以按照指定的总角度设置选定圆弧的包含角。
- 动态（DY）：通过动态拖动模式改变对象的长度。

6.4.3 拉伸对象

利用“拉伸”命令可以在一个方向上按用户所指定的尺寸拉伸、缩短和移动对象。该命令通过改变端点的位置来拉伸或缩短图形对象，编辑过程中除被伸长、缩短的对象外，其他图形对象间的几何关系将保持不变。

可进行拉伸的对象有圆弧、椭圆弧、线段、多段线线段、二维实体、射线、宽线和样条曲线等。

启用命令的方法如下。

- 工具栏：单击“修改”工具栏中的“拉伸”按钮。
- 菜单命令：选择“修改 > 拉伸”命令。
- 命令行：输入“STRETCH”（快捷命令：S），按 Enter 键。

选择“修改 > 拉伸”命令，启用“拉伸”命令，将沙发图形拉伸，操作步骤如下。效果如图 6-50 所示。

```
命令 : _stretch                                         // 选择“拉伸”命令
以交叉窗口或交叉多边形选择要拉伸的对象 ...
```

选择对象：指定对角点：找到 9 个　　　　　　　　// 用交叉矩形框框选要拉伸的对象，如图 6-51 所示

选择对象：

指定基点或 [位移 (D)] < 位移 >:　　　　　　　　// 单击确定 A 点的位置

指定第二个点或 < 使用第一个点作为位移 >: 1000　　　　// 输入 B 点的距离值

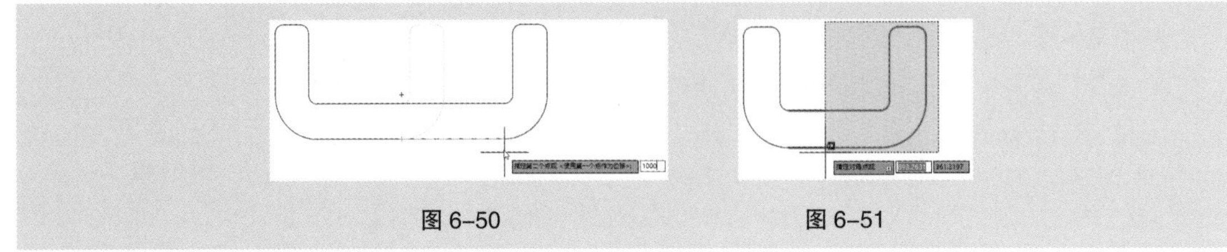

图 6–50　　　　图 6–51

在选取图形对象时，若整个图形对象均在交叉矩形框内，则执行的结果是对齐移动；若图形对象一端在交叉矩形框内，另一端在外，则有以下拉伸规则。

- 线段、区域填充：框外端点不动，框内端点移动。
- 圆弧：框外端点不动，框内端点移动，并且在圆弧的改变过程中，圆弧的弦高保持不变。
- 多段线：与线段或圆弧相似，但多段线的两端宽度、切线方向及曲线拟合信息都不变。
- 圆、矩形、块、文本和属性定义：如果其定义点位于选取框内，对象移动；否则不移动。其中圆的定义点为圆心，块的定义点为插入点，文本的定义点为字符串的基线左端点。

6.4.4　缩放对象

“缩放”命令可以按照用户的需要将对象按指定的比例因子相对于基点放大或缩小，这是一个非常有用的命令，熟练使用该命令可以节省用户的绘图时间。

启用命令的方法如下。

- 工具栏：单击“修改”工具栏中的“缩放”按钮。
- 菜单命令：选择“修改 > 缩放”命令。
- 命令行：输入“SCALE”（快捷命令：SC），按 Enter 键。

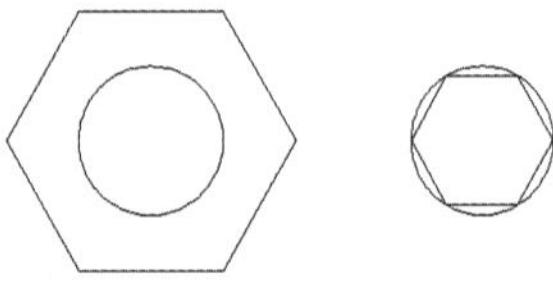

图 6–52

选择“修改 > 缩放”命令，启用“缩放”命令，将图形对象缩小，操作步骤如下。效果如图 6–52 所示。

命令：_scale　　　　　　　　// 选择“缩放”命令

选择对象：找到 1 个　　　　　　　　// 单击正六边形

选择对象：　　　　　　　　// 按 Enter 键

指定基点：< 对象捕捉 开 >　　　　　　　　// 打开“对象捕捉”开关，捕捉圆心

指定比例因子或 [复制 (C)/ 参照 (R)] <1.0000>: 0.5　　　　// 输入缩放比例因子

提示

当输入的缩放比例因子大于 1 时，将放大图形对象；当输入的缩放比例因子小于 1 时，则缩小图形对象。输入的比例因子必须为大于 0 的数值。

提示选项说明如下。

- 指定比例因子：指定旋转基点并且输入比例因子来缩放对象。
- 复制（C）：复制并缩放指定对象，如图 6–53 所示。
- 参照（R）：以参照方式缩放图形。用户输入参考长度和新长度后，系统会把新长度和参考长度作

为比例因子进行缩放，如图 6-54（a）所示。以 *AB* 边作为参照，输入新的长度值，效果如图 6-54（b）所示。

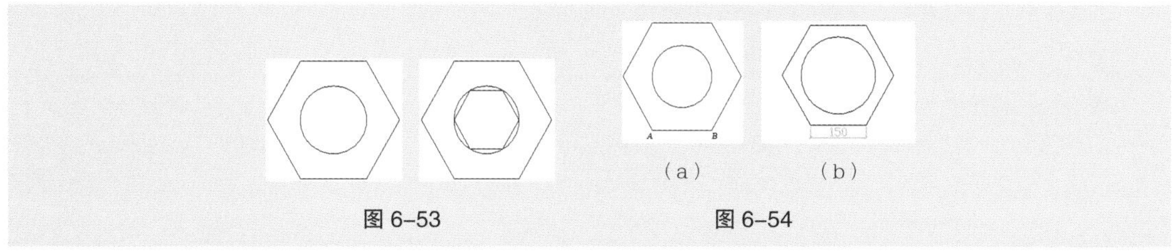

图 6-53　　　　图 6-54

6.5 编辑对象操作

在 AutoCAD 2019 中绘制复杂的工程图时，一般需要先绘制出图形的基本形状，然后再使用编辑工具对图形对象进行编辑，如修剪、延伸、打断、合并、分解及删除一些线段等。

6.5.1 修剪对象

“修剪”命令是比较常用的编辑工具。在绘制图形对象时， 一般先粗略绘制一些图形对象，然后再利用“修剪”命令将多余的线段修剪掉。

启用命令的方法如下。

工具栏：“修改”工具栏中的“修剪”按钮 。

- 菜单命令：选择“修改 > 修剪”命令。
- 命令行：输入“TRIM”（快捷命令：TR），按 Enter 键。

选择“修改 > 修剪”命令，启用“修剪”命令，修剪图形对象，操作步骤如下。效果如图 6-55 所示。

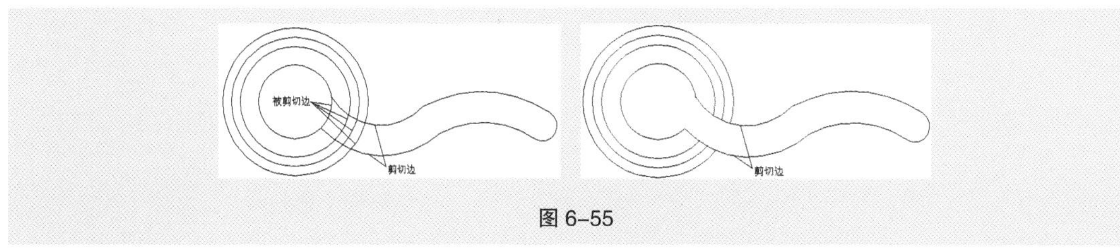

图 6-55

```
命令 : _trim                                          // 选择“修剪”命令
选择剪切边 ...
选择对象或 < 全部选择 >: 指定对角点 : 找到 2 个         // 框选圆弧作为剪切边
选择对象 :                                            // 按 Enter 键
选择要修剪的对象，或按住 Shift 键选择要延伸的对象，或
[ 栏选 (F)/ 窗交 (C)/ 投影 (P)/ 边 (E)/ 删除 (R)/ 放弃 (U)]:   // 依次选择要修剪的线条
选择要修剪的对象，或按住 Shift 键选择要延伸的对象，或
[ 栏选 (F)/ 窗交 (C)/ 投影 (P)/ 边 (E)/ 删除 (R)/ 放弃 (U)]:
选择要修剪的对象，或按住 Shift 键选择要延伸的对象，或
[ 栏选 (F)/ 窗交 (C)/ 投影 (P)/ 边 (E)/ 删除 (R)/ 放弃 (U)]:
选择要修剪的对象，或按住 Shift 键选择要延伸的对象，或
```

[栏选 (F)/ 窗交 (C)/ 投影 (P)/ 边 (E)/ 删除 (R)/ 放弃 (U)]:

选择要修剪的对象，或按住 Shift 键选择要延伸的对象，或

[栏选 (F)/ 窗交 (C)/ 投影 (P)/ 边 (E)/ 删除 (R)/ 放弃 (U)]: // 按 Enter 键

提示选项说明如下。

● 栏选（F）：单击“修剪”按钮，修剪与线段 AB、CD 相交的多条线段，操作步骤如下。效果如图 6-56 所示。

命令 : _trim // 单击“修剪”按钮

选择剪切边 ...

选择对象或 <全部选择>: 指定对角点 : 找到 1 个，总计 2 个 // 框选线段 *AB*、*CD* 作为剪切边

选择对象 : // 按 Enter 键

选择要修剪的对象，或按住 Shift 键选择要延伸的对象，或

[栏选 (F)/ 窗交 (C)/ 投影 (P)/ 边 (E)/ 删除 (R)/ 放弃 (U)]: f // 选择“栏选”选项

指定第一栏选点 : // 在线段 *AB*、*CD* 中间多条线段的上端单击

指定下一个栏选点或 [放弃 (U)]: // 在下端单击，使栏选穿过需要修剪的线段

指定下一个栏选点或 [放弃 (U)]: // 按 Enter 键

选择要修剪的对象，或按住 Shift 键选择要延伸的对象，或

[栏选 (F)/ 窗交 (C)/ 投影 (P)/ 边 (E)/ 删除 (R)/ 放弃 (U)]: // 按 Enter 键

● 窗交（C）：单击“修剪”按钮，修剪与圆相交的多条线段，效果如图 6-57 所示。操作步骤如下。

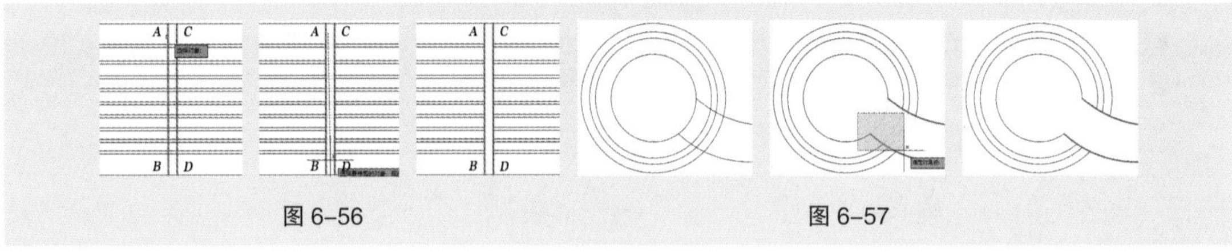

图 6-56　　图 6-57

命令 : _trim // 单击“修剪”按钮

选择剪切边 ...

选择对象或 : 找到 1 个，总计 2 个 // 选择两个圆弧作为剪切边

选择对象 : // 按 Enter 键

选择要修剪的对象，或按住 Shift 键选择要延伸的对象，或

[栏选 (F)/ 窗交 (C)/ 投影 (P)/ 边 (E)/ 删除 (R)/ 放弃 (U)]: c // 选择“窗交”选项

指定第一个角点 : 指定对角点 : // 单击确定窗交矩形的第一点和对角点

选择要修剪的对象，或按住 Shift 键选择要延伸的对象，或

[栏选 (F)/ 窗交 (C)/ 投影 (P)/ 边 (E)/ 删除 (R)/ 放弃 (U)]: // 按 Enter 键

提示

某些要修剪的对象的交叉选择不确定。“修剪”命令将沿着矩形交叉框从第一个点以顺时针方向选择遇到的第一个对象。

● 投影（P）：指定修剪对象时 AutoCAD 2019 使用的投影模式。输入字母“p”，按 Enter 键，命令行窗口提示如下。

输入投影选项 [无 (N)/UCS(U)/ 视图 (V)] <UCS>:

提示选项说明如下。

▲无（N）：输入“n”，按 Enter 键，表示按三维方式修剪，该选项对只在空间相交的对象有效。

▲ UCS（U）：输入“u”，按 Enter 键，表示在当前用户坐标系的 *xy* 平面上修剪，也可以在 *xy* 平面上按投影关系修剪在三维空间中没有相交的对象。

▲视图（V）：输入“n”，按 Enter 键，表示在当前视图的平面上修剪。

● 边（E）：用来确定修剪方式。输入“E”，按 Enter 键，命令行窗口提示如下。

输入隐含边延伸模式 [延伸 (E)/ 不延伸 (N)] < 延伸 >:

提示选项说明如下。

▲延伸（E）：输入“e”，按 Enter 键，则系统按照延伸方式修剪。如果剪切边界没有与被剪切边相交，系统会假设将剪切边界延长，然后再进行修剪。

▲不延伸（N）：输入“n”，按 Enter 键，则系统按照剪切边界与剪切边的实际相交情况修剪。如果被剪边与剪切边界没有相交，则不进行剪切。

● 放弃（U）：输入“u”，按 Enter 键，放弃上一次的操作。

利用“修剪”工具编辑图形对象时，按住 Shift 键进行选择，系统将执行“延伸”命令，将选择的对象延伸到剪切边界，如图 6-58 所示。

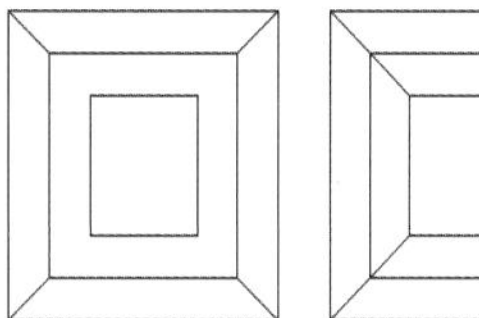

图 6-58

6.5.2 延伸对象

利用“延伸”命令可以延伸线段、曲线等对象，使其与边界对象相交。有时边界对象可能是隐含边界，这时对象延伸后并不与边界对象直接相交，而是与边界对象的隐含部分相交。

启用命令的方法如下。

● 工具栏：单击“修改”工具栏中的“延伸”按钮 。

● 菜单命令：选择“修改 > 延伸”命令。

● 命令行：输入“EXTEND”（快捷命令：EX），按 Enter 键。

选择“修改 > 延伸”命令，启用“延伸”命令，延伸线段 *A* 使其与线段 *B* 相交，操作步骤如下。效果如图 6-59 所示。

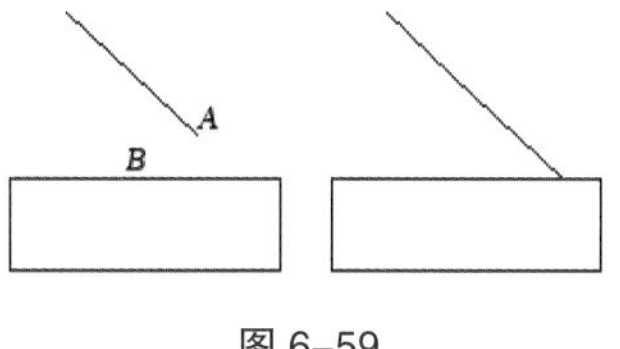

图 6-59

命令 : _extend　　// 选择“延伸”命令

选择边界的边 ...

选择对象或 < 全部选择 >: 找到 1 个　　// 选择线段 *B* 作为延伸边界

选择对象 :　　// 按 Enter 键

选择要延伸的对象，或按住 Shift 键选择要修剪的对象，或

[栏选 (F)/ 窗交 (C)/ 投影 (P)/ 边 (E)/ 放弃 (U)]:　　// 单击线段 *A*

选择要延伸的对象，或按住 Shift 键选择要修剪的对象，或

[栏选 (F)/ 窗交 (C)/ 投影 (P)/ 边 (E)/ 放弃 (U)]:　　// 按 Enter 键

若线段 *A* 延伸后并不与线段 *B* 直接相交，而是与线段 *B* 的延长线相交，操作步骤如下。效果如图 6-60 所示。

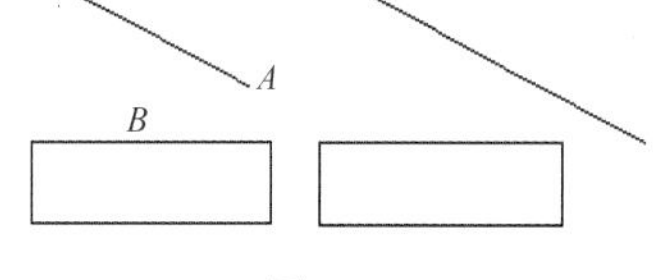

图 6-60

命令 : _extend　　// 选择“延伸”命令

选择边界的边 ...

选择对象 : 找到 1 个　　// 选择线段 *B* 作为延伸边界

选择对象 :　　// 按 Enter 键

选择要延伸的对象，或按住 Shift 键选择要修剪的对象，或

[栏选 (F)/ 窗交 (C)/ 投影 (P)/ 边 (E)/ 放弃 (U)]:e　　　　// 选择“边”选项

输入隐含边延伸模式 [延伸 (E)/ 不延伸 (N)] < 不延伸 >:e　　　　// 选择“延伸”选项

选择要延伸的对象，或按住 Shift 键选择要修剪的对象，或

[栏选 (F)/ 窗交 (C)/ 投影 (P)/ 边 (E)/ 放弃 (U)]:　　　　// 单击线段 *A*

选择要延伸的对象，或按住 Shift 键选择要修剪的对象，或

[栏选 (F)/ 窗交 (C)/ 投影 (P)/ 边 (E)/ 放弃 (U)]:　　　　// 按 Enter 键

提示

在使用“延伸”工具编辑图形对象时，按住 Shift 键进行选择，系统将执行“修剪”命令，将选择的对象修剪掉。

6.5.3　打断对象

AutoCAD 2019 提供了两种用于打断对象的命令：“打断”命令和“打断于点”命令。可以进行打断操作的对象有线段、圆、圆弧、多段线、椭圆和样条曲线等。

1. “打断”命令

“打断”命令可将对象打断，并删除所选对象的一部分，将其分为两个部分。

启用命令的方法如下。

- 工具栏：单击“修改”工具栏中的“打断”按钮。
- 菜单命令：选择“修改 > 打断”命令。
- 命令行：输入“BREAK”（快捷命令：BR），按 Enter 键。

选择“修改 > 打断”命令，启用“打断”命令，将矩形上的线段打断，操作步骤如下。效果如图 6-61 所示。

命令 : _break 选择对象 :　　　　// 选择“打断”命令，在矩形上单击一个端点

指定第二个打断点 或 [第一点 (F)]:　　　　// 在另一个端点上单击

提示选项说明如下。

- 指定第二个打断点：在图形对象上选取第二个打断点后，系统会将第一个打断点与第二个打断点间的部分删除。
- “第一点（F）：默认情况下，在选择对象时确定的点为第一个打断点，若需要另外选择一点作为第一个打断点，则可以选择该选项，然后单击确定第一个打断点。

2. “打断于点”命令

“打断于点”命令用于打断所选的对象，使之成为两个对象，但不删除其中的部分。

单击“修改”工具栏中的“打断于点”按钮，启用“打断于点”命令，将多段线打断，操作步骤如下。效果如图 6-62 所示。

图 6-61　　　　图 6-62

命令 : _break 选择对象 :　　　　// 单击“打断于点”按钮，单击选择多段线

指定第二个打断点 或 [第一点 (F)]: _f

指定第一个打断点 :< 对象捕捉 开 >　　　　　　// 在圆弧的中点处单击确定打断点

指定第二个打断点 : @

命令 :　　　　　　// 在多段线的上端单击，将多段线分为两个部分

6.5.4 合并对象

利用“合并”命令可以将线段、多段线、圆弧、椭圆弧和样条曲线等独立的线条合并为一个对象。

启用命令的方法如下。

- 工具栏：单击“修改”工具栏中的“合并”按钮。
- 菜单命令：选择“修改 > 合并”命令。
- 命令行：输入“JOIN”（快捷命令：J），按 Enter 键。

选择“修改 > 合并”命令，启用“合并”命令，将多段线合并，操作步骤如下。效果如图 6-63 所示。

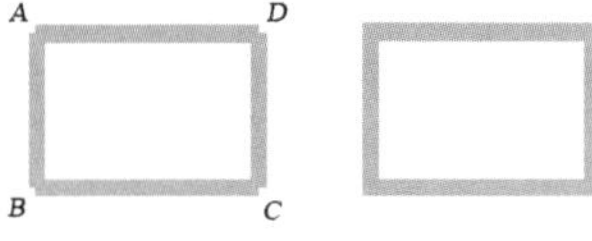

图 6-63

命令 : _join:　　　　　　// 选择“合并”命令

选择源对象或要一次合并的多个对象：找到 1 个　　// 单击选择多段线 *AB*

选择要合并的对象：找到 1 个，总计 2 个　　　　// 单击选择多段线 *BC*

选择要合并的对象：找到 1 个，总计 3 个　　　　// 单击选择多段线 *CD*

选择要合并的对象：找到 1 个，总计 4 个　　　　// 单击选择多段线 *AD*

选择要合并到源的对象 :　　　　　　// 按 Enter 键

提示

合并两条或多条圆弧或椭圆弧时，将从源对象开始按逆时针方向合并。

6.5.5 分解对象

利用“分解”命令可以把复杂的图形对象或用户定义的块分解成简单的基本图形对象，以便编辑工具能够做进一步的操作。

启用命令的方法如下。

- 工具栏：单击“修改”工具栏中的“分解”按钮。
- 菜单命令：选择“修改 > 分解”命令。
- 命令行：输入“EXPLODE”（快捷命令：X），按 Enter 键。

选择“修改 > 分解”命令，启用“分解”命令，分解图形对象。操作步骤如下。

命令 : _explode　　　　　　// 选择“分解”命令

选择对象 :　　　　　　// 单击选择正六边形

选择对象 :　　　　　　// 按 Enter 键

正六边形在分解前是一个独立的图形对象；分解后是由 6 条线段组成，如图 6-64 所示。

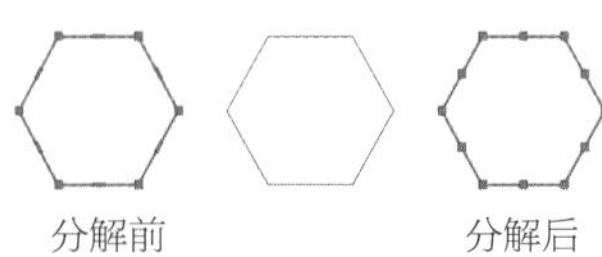

图 6-64

6.5.6 删除对象

利用“删除”命令，用户可以删除多余的图形对象。

启用命令的方法如下。

- 工具栏：单击“修改”工具栏中的“删除”按钮。
- 菜单命令：选择“修改 > 删除”命令。
- 命令行：输入“ERASE”（快捷命令：DEL），按 Entet 键。

选择“修改 > 删除”命令，启用“删除”命令，删除图形对象。操作步骤如下。

```
命令 : _erase                                   // 选择“删除”命令
选择对象 : 找到 1 个                            // 单击选择欲删除的图形对象
选择对象 :                                      // 按 Enter 键
```

用户也可以先选择欲删除的图形对象，然后单击“删除”按钮或按 Delete 键将其删除。

6.6 利用夹点编辑对象

夹点是一些实心的小方框。使用定点设备指定对象时，对象关键点上将出现夹点。拖动这些夹点可以快速拉伸、移动、旋转、缩放或镜像对象。

6.6.1 利用夹点拉伸对象

利用夹点拉伸对象，与利用“拉伸”工具拉伸对象的功能相似。在操作过程中，用户选中的夹点即对象的拉伸点。

当选中的夹点是线条的端点时，用户将选中的夹点移动到新位置即可拉伸对象，操作步骤如下。效果如图 6-65 所示。

```
命令 :                                          // 单击线段 AB
命令 :                                          // 单击夹点 B
** 拉伸 **                                      // 进入拉伸模式
指定拉伸点或 [ 基点 (B)/ 复制 (C)/ 放弃 (U)/ 退出 (X)]:   // 将夹点 B 拉伸到线段 CD 的中点位置
```


利用夹点进行编辑时，选中夹点后，系统默认的操作为拉伸，若连续按 Enter 键就可以在拉伸、移动、旋转、缩放和镜像操作之间切换。此外，也可以选中夹点后单击鼠标右键，弹出快捷菜单，如图 6-66 所示，通过此菜单选择编辑操作。

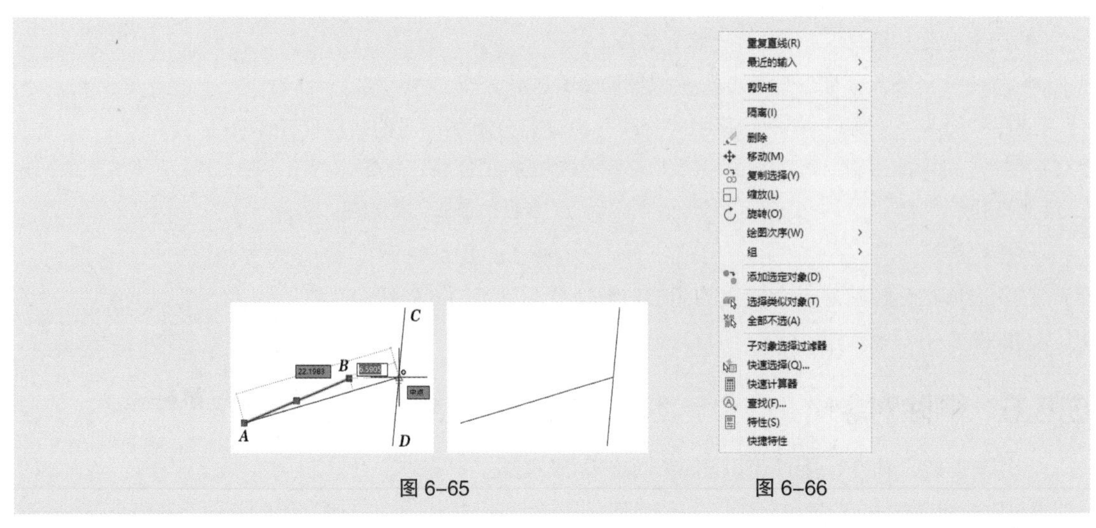

图 6-65　　图 6-66

提示

打开“正交”状态后就可以利用夹点的拉伸功能方便地改变水平或垂直线段的长度。

提示

移动文字、块参照、线段中点、圆心和点对象上的夹点将移动对象而不是拉伸它。

6.6.2 利用夹点移动或复制对象

利用夹点移动、复制对象，与使用“移动”工具和“复制”工具移动、复制对象相似。在操作过程中，用户选中的夹点即对象的移动点，用户也可以指定其他点作为移动点。

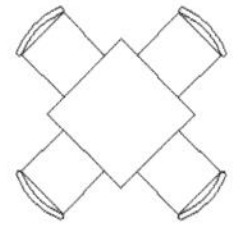
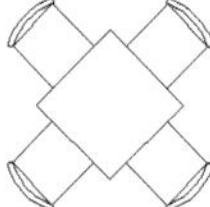

图 6-67

利用夹点移动、复制对象，操作步骤如下。效果如图 6-67 所示。

```
命令 : 指定对角点或 [ 栏选 (F)/ 圈围 (WP)/ 圈交 (CP)]:
                                                    // 框选桌椅图形
命令 :                                              // 单击任意夹点
** 拉伸 **
指定拉伸点或 [ 基点 (B)/ 复制 (C)/ 放弃 (U)/ 退出 (X)]:
                                                    // 单击鼠标右键，在弹出的快捷菜单中选择
                                                    //“移动”命令
** 移动 **
指定移动点或 [ 基点 (B)/ 复制 (C)/ 放弃 (U)/ 退出 (X)]: c      // 选择“复制”选项
** 移动 ( 多个 ) **
指定移动点或 [ 基点 (B)/ 复制 (C)/ 放弃 (U)/ 退出 (X)]:        // 单击确定复制的位置
** 移动 ( 多个 ) **
指定移动点或 [ 基点 (B)/ 复制 (C)/ 放弃 (U)/ 退出 (X)]:x       // 选择“退出”选项
命令 : * 取消 *                                      // 按 Esc 键
```

6.6.3 利用夹点旋转对象

利用夹点旋转对象，与利用“旋转”工具旋转对象的功能相似。在操作过程中，用户选中的夹点即对象的旋转中心，用户也可以指定其他点作为旋转中心。

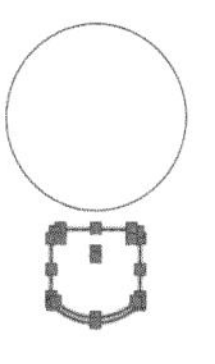
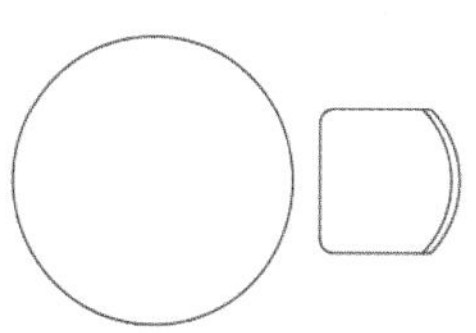

图 6-68

利用夹点旋转对象，操作步骤如下。效果如图 6-68 所示。

```
命令 : 指定对角点或 [ 栏选 (F)/ 圈围 (WP)/ 圈交 (CP)]:      // 框选椅子图形
命令 :                                              // 单击任意夹点
** 拉伸 **
指定拉伸点或 [ 基点 (B)/ 复制 (C)/ 放弃 (U)/ 退出 (X)]:        // 单击鼠标右键，在弹出的快捷菜单中选
                                                    // 择“旋转”命令
** 旋转 **
指定旋转角度或 [ 基点 (B)/ 复制 (C)/ 放弃 (U)/ 参照 (R)/ 退出 (X)]: b
                                                    // 选择“基点”选项
```

```
指定基点：                                          // 捕捉桌子的圆心位置
** 旋转 **
指定旋转角度或 [ 基点 (B)/ 复制 (C)/ 放弃 (U)/ 参照 (R)/ 退出 (X)]: 90
                                                    // 输入选择角度
命令 :* 取消 *                                       // 按 Esc 键
```

6.6.4 利用夹点镜像对象

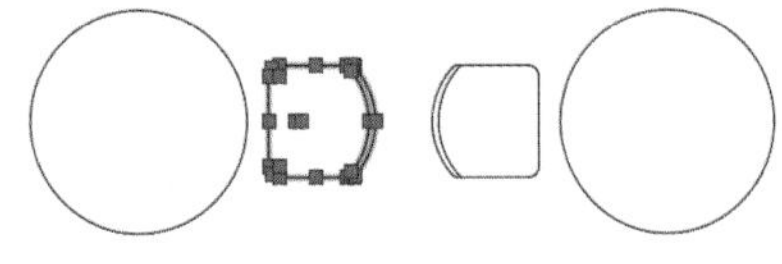

图 6–69

利用夹点镜像对象，与使用“镜像”工具镜像对象相似。在操作过程中，用户选中的夹点是镜像线的第一点，在选取第二点后，即可形成一条镜像线。

利用夹点镜像对象，操作步骤如下。效果如图 6–69 所示。

```
命令 : 指定对角点或 [ 栏选 (F)/ 圈围 (WP)/ 圈交 (CP)]:      // 框选择椅子图形
命令 :                                               // 单击任意夹点
** 拉伸 **
指定拉伸点或 [ 基点 (B)/ 复制 (C)/ 放弃 (U)/ 退出 (X)]:   // 单击鼠标右键，在弹出的快捷菜单中选择
                                                     //“镜像”命令
** 镜像 **
指定第二点或 [ 基点 (B)/ 复制 (C)/ 放弃 (U)/ 退出 (X)]: B // 选择“基点”选项
指定基点 :                                            // 单击桌子图形上方水平线段的中点
** 镜像 **
指定第二点或 [ 基点 (B)/ 复制 (C)/ 放弃 (U)/ 退出 (X)]:   // 单击桌子图形下方水平线段的中点
命令 :* 取消 *                                        // 按 Esc 键
```


6.6.5 利用夹点缩放对象

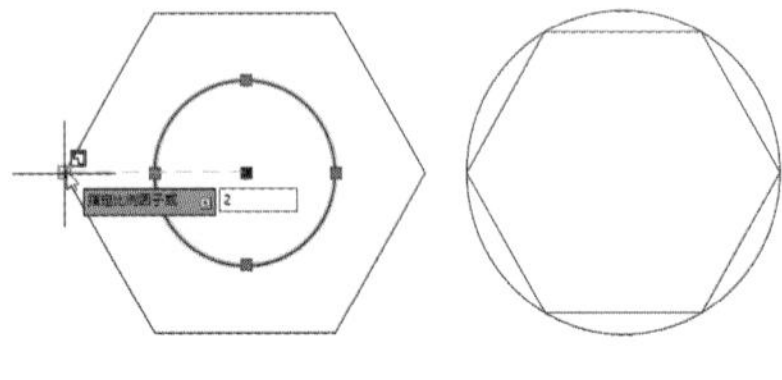

图 6–70

利用夹点缩放对象，与使用“缩放”工具缩放对象相似。在操作过程中，用户选中的夹点是缩放对象的基点。

利用夹点缩放对象，操作步骤如下。效果如图 6–70 所示。

```
命令 :                                                // 单击圆
命令 :                                                // 单击圆心处的夹点
** 拉伸 **
指定拉伸点或 [ 基点 (B)/ 复制 (C)/ 放弃 (U)/ 退出 (X)]:    // 单击鼠标右键，在弹出的快捷菜单中选择
                                                      //“缩放”命令
** 比例缩放 **
指定比例因子或 [ 基点 (B)/ 复制 (C)/ 放弃 (U)/ 参照 (R)/ 退出 (X)]: 2
                                                      // 输入比例因子
命令 :* 取消 *                                         // 按 Esc 键
```

6.7 对象特性

对象属性是指 AutoCAD 2019 赋予图形对象的颜色、线型、图层、高度和文字样式等属性。例如线段包含图层、线型和颜色等属性，而文本则具有图层、颜色、字体和字高等属性。编辑图形对象属性一般可利用“特性”命令，启用该命令后，会弹出“特性”对话框，通过此对话框可以编辑图形对象的各项属性。

编辑图形对象属性的另一种方法是利用“特性匹配”命令，该命令可以使被编辑对象的属性与指定对象的某些属性完全相同。

6.7.1 修改对象特性

“特性”对话框会列出选定对象或对象集的特性的当前设置。用户可以通过指定新值修改对象的特性。

启用命令的方法如下。

- 工具栏：单击“标准”工具栏中的“特性”按钮。
- 菜单命令：选择“工具 > 选项板 > 特性”或“修改 > 特性”命令。
- 命令行：输入“PROPERTIES”（快捷命令：CH/MO），按 Enter 键。

下面通过简单的例子说明修改图形对象属性的操作过程。在该例子中需要将中心线的线型比例放大，效果如图 6-71 所示。

（1）选择要进行属性编辑的中心线。

（2）单击“标准”工具栏中的“特性”按钮，弹出“特性”对话框，如图 6-72 所示。

所选对象不同，“特性”对话框中显示的属性也不同，但有一些属性几乎是所有对象都拥有的，如颜色、图层和线型等。

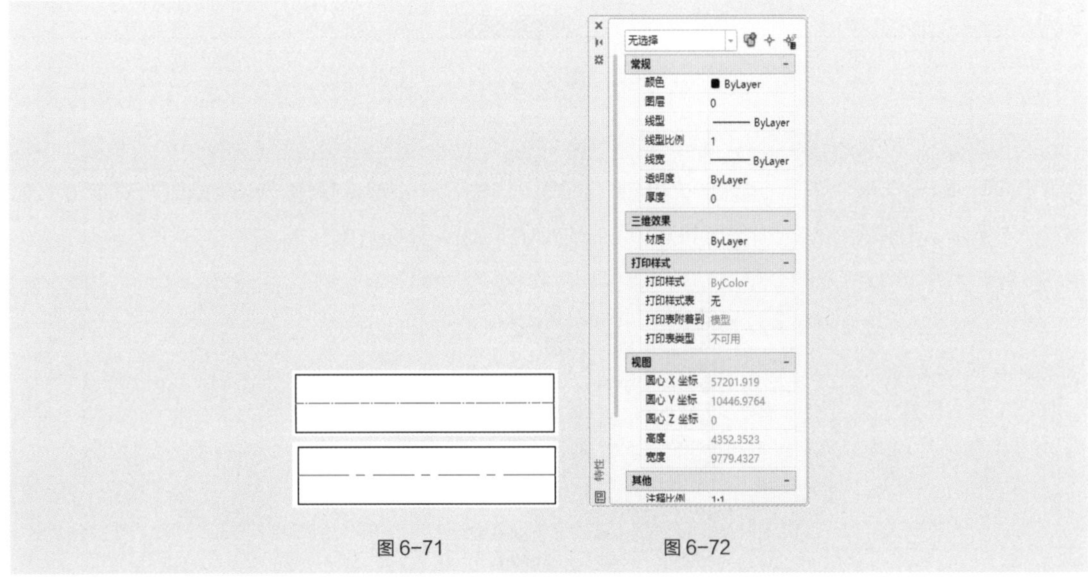

图 6-71　　图 6-72

当用户在绘图窗口中选择单个对象时，“特性”对话框显示的是该对象的特性；若用户选择的是多个对象，则“特性”对话框显示的是这些对象的共同属性。

（3）在绘图窗口中选择中心线，然后在“常规”选项组中选择“线型比例”选项，接着在其右侧的数值框中设置该线型的比例因子为“5”，并按 Enter 键，绘图窗口中的中心线将立即被更新。

6.7.2 匹配对象特性

“特性匹配”命令是一个非常有用的编辑工具，利用此命令可将源对象的属性（如颜色、线型、图层和线型等）传递给目标对象。

启用命令的方法如下。

- 工具栏：单击“标准”工具栏中的“特性匹配”按钮。
- 菜单命令：选择“修改 > 特性匹配”命令。
- 命令行：MATCHPROP（快捷命令：MA）。

选择“修改 > 特性匹配”命令，启用“特性匹配”命令，编辑图 6–73 所示的图形。操作步骤如下。

命令 : _matchprop // 选择“特性匹配”命令

选择源对象 : // 选择中心线图形，如图 6–73 所示

当前活动设置 : 颜色 图层 线型 线型比例 线宽 透明度 厚度 打印样式 标注 文字 填充图案 多段线 视口 表格材质 多重引线中心对象

选择目标对象或 [设置 (S)]: // 选择线段图形，如图 6–73 所示

选择目标对象或 [设置 (S)]: // 按 Enter 键

选择源对象后，十字光标将变成类似“刷子”的形状，此时可选取接受属性匹配的目标对象。

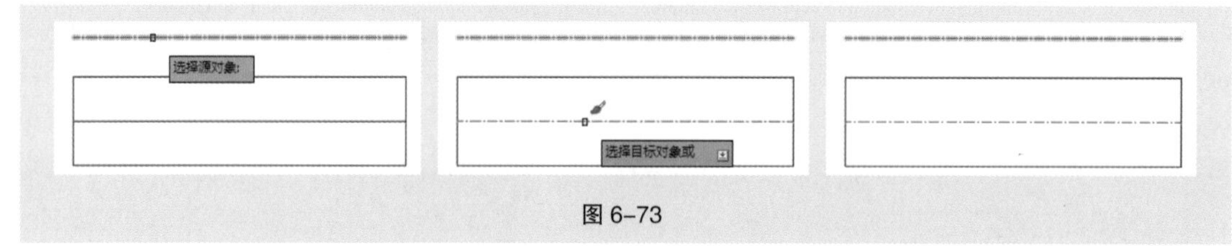

图 6–73

若用户仅想使目标对象的部分属性与源对象相同，可在命令行窗口出现“选择目标对象或 [设置 (S)]:”时，输入字母“s”（即选择“设置”选项）。按 Enter 键，弹出“特性设置”对话框，如图 6–74 所示。设置相应的选项即可将其中的部分属性传递给目标对象。

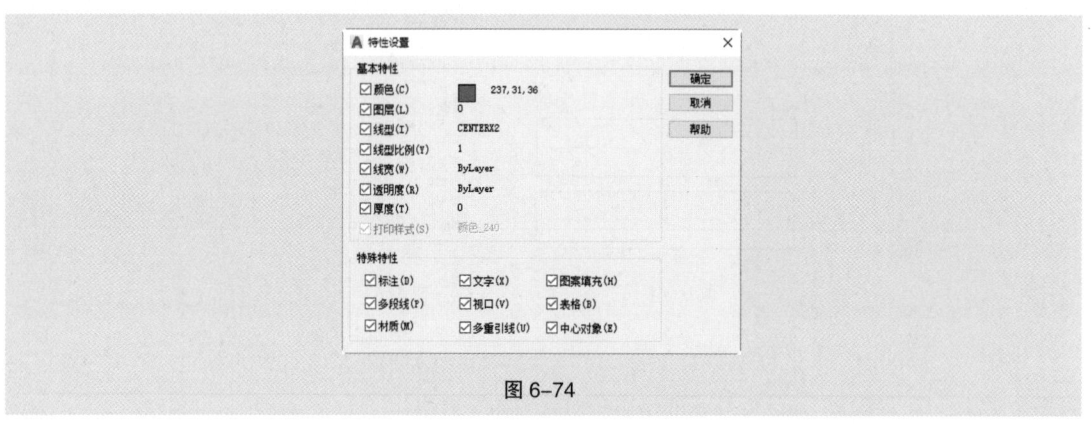

图 6–74

6.8 课堂练习——绘制棘轮

【练习知识要点】利用“直线”“圆”“环形阵列”“偏移”“修剪”“删除”命令绘制棘轮，效果如图 6-75 所示。

【效果所在位置】云盘 /Ch06/DWG/ 绘制棘轮。

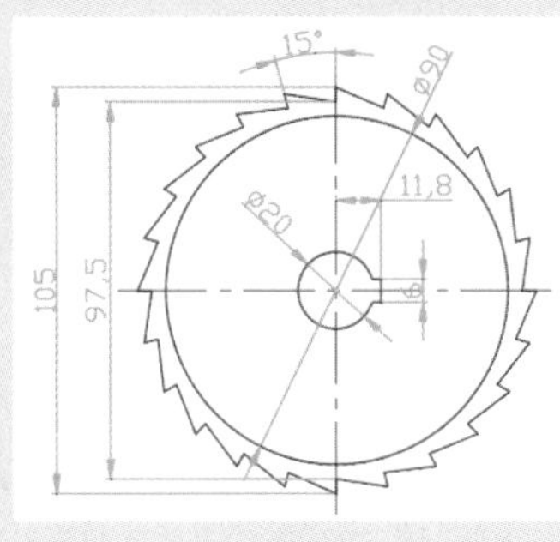

图 6-75

6.9 课后习题——绘制浴巾架

【习题知识要点】利用“直线”“矩形”“偏移”“圆角”命令完成浴巾架的绘制，效果如图 6-76 所示。

【效果所在位置】云盘 /Ch06/DWG/ 绘制浴巾架。

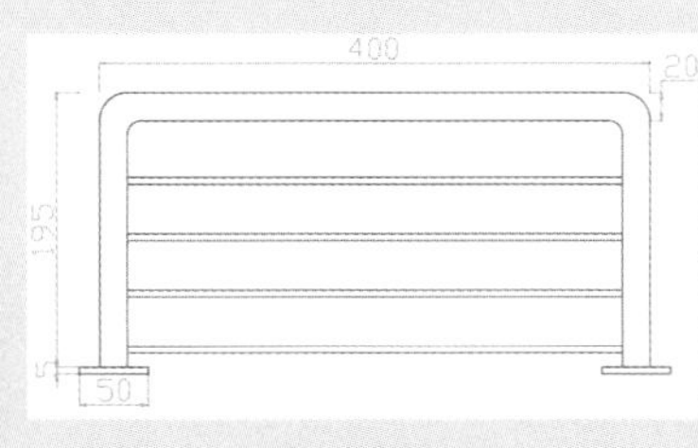

图 6-76

07

第 7 章
文字与表格

第 7 章简介

本章介绍

本章主要介绍文字和表格的使用方法及编辑技巧。本章介绍的知识可帮助读者学习如何在绘制好的图形上添加文字标注和文字说明，以表达一些图形无法表达的信息。通过本章的学习，读者还可以掌握如何在图框上建立标题栏、说明栏、会签栏等内容，这些是完整的工程设计图纸必须包含的内容。

学习目标

- 掌握文字样式的创建、修改和重命名方法；
- 掌握单行文字的创建和属性设置方法；
- 掌握多行文字的创建和属性设置方法；
- 掌握表格样式的创建和修改方法；
- 掌握表格的创建方法和编辑技巧。

技能目标

- 掌握技术要求的填写方法；
- 掌握灯具明细表的填写方法。

7.1 文字样式

在书写文字之前需要对文字的样式进行设置，以使其符合行业要求。

7.1.1 创建文字样式

AutoCAD 2019 中的文字拥有字体、高度、效果、倾斜角度、对齐方式和位置等属性，用户可以通过设置文字样式来控制文字的这些属性。默认情况下，书写文字时使用的文字样式是“Standard”。用户可以根据需要创建新的文字样式，并将其设置为当前文字样式，这样在书写文字时就可以使用新创建的文字样式。AutoCAD 2019 提供了“文字样式”命令，用于创建文字样式。

启用命令的方法如下。

- 工具栏：单击“样式”工具栏中的“文字样式”按钮A。
- 菜单命令：选择“格式 > 文字样式”命令。
- 命令行：输入“STYLE”，按 Enter 键。

启用“文字样式”命令，弹出“文字样式”对话框，从中可以创建或调用已有的文字样式。在创建新的文字样式时，需要输入文字样式的名称，并进行相应的设置。

创建一个名称为“机械制图”的文字样式的方法如下。

（1）选择“格式 > 文字样式”命令，弹出“文字样式”对话框，如图 7–1 所示。

（2）单击“新建”按钮，弹出“新建文字样式”对话框，在“样式名”文本框中输入新样式的名称“机械制图”，如图 7–2 所示。此处最多可输入 255 个字符，包括字母、数字及特殊字符，如美元符号“$”、下画线“_”和连字符“-”等。

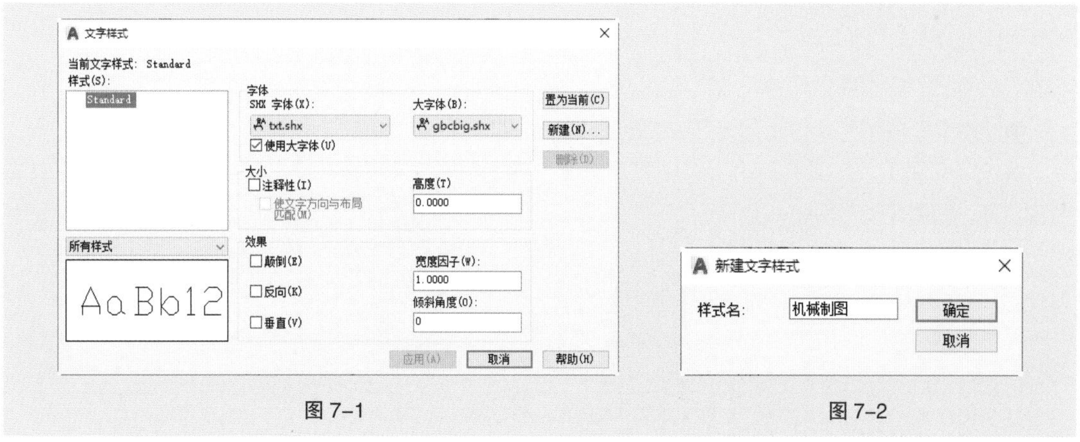

图 7–1　　　　图 7–2

（3）单击“确定”按钮，返回“文字样式”对话框，新样式的名称会出现在“样式”列表框中。设置新样式的属性，如文字的字体、高度和效果等，完成后单击“应用”按钮，将其设置为当前文字样式。

“文字样式”对话框中的选项说明如下。

- “字体”选项组：用于设置字体。

▲“SHX 字体”下拉列表框：用于选择字体，如图 7–3 所示。若书写的中文显示为乱码或“？”符号，如图 7–4 所示，是因为选择的字体不对，该字体无法显示中文。此外，取消勾选“使用大字

体”复选框，才能选择合适的中文字体，如“仿宋 _GB2312”，若不取消勾选“使用大字体”复选框，则无法选用中文字体样式。设置好的“文字样式”对话框如图 7-5 所示，单击“置为当前”按钮，即可使用自己创建的文字样式。

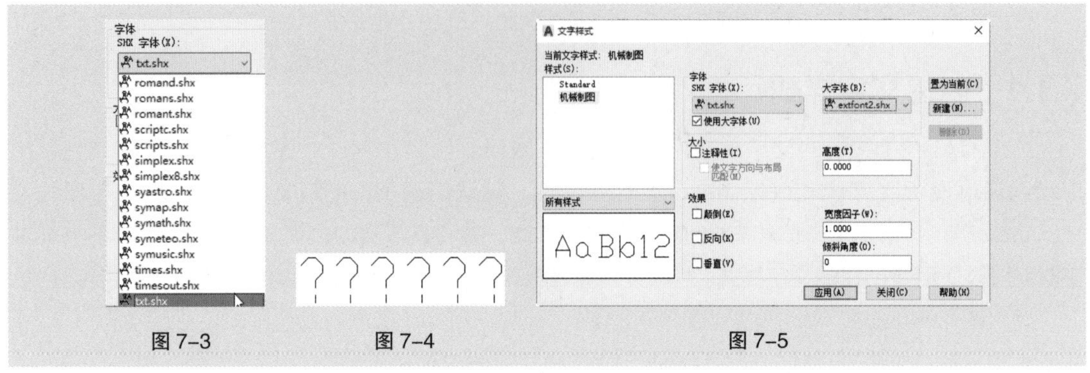

图 7-3　　图 7-4　　图 7-5

- “大小”选项组：用于设置字体的高度。

▲“高度”数值框：用于设置字体的高度。

▲“注释性”复选框：使样式为注释性的字体。勾选则激活“使文字方向与布局匹配”复选框。

▲“使文字方向与布局匹配”复选框：用于指定绘图窗口中的文字方向与布局方向匹配。

- “效果”选项组：用于控制文字的效果。

▲“颠倒”复选框：用于将文字上下颠倒显示，如图 7-6 所示。该选项仅作用于单行文字。

▲“反向”复选框：用于将文字左右反向显示，如图 7-7 所示。该选项仅作用于单行文字。

技术要求　　技术要求　　技术要求　　技术要求

正常效果　　颠倒效果　　正常效果　　反向效果

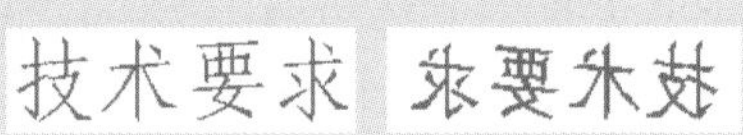

图 7-6　　图 7-7

▲“垂直”复选框：用于将文字垂直排列显示，如图 7-8 所示。

▲“宽度因子”数值框：用于设置字符宽度，输入小于 1 的值将压缩文字，输入大于 1 的值将扩大文字，如图 7-9 所示。

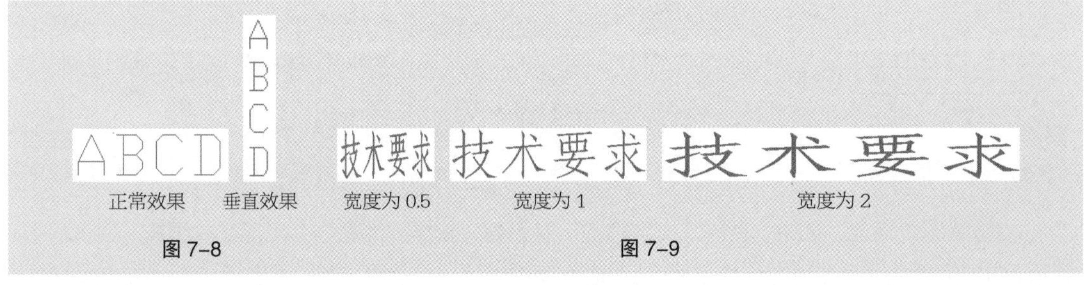

正常效果　　垂直效果　　宽度为 0.5　　宽度为 1　　宽度为 2

图 7-8　　图 7-9

▲“倾斜角度”数值框：用于设置文字的倾斜角，可以输入 −85° ~ 85° 的值，如图 7-10 所示。

技术要求　　技术要求　　技术要求

角度为 0°　　角度为 30°　　角度为 −30°

图 7-10

7.1.2 选择文字样式

在绘图过程中，需要根据书写文字的要求选择文字样式。选择文字样式并将其设置为当前文字样式，有以下两种方法。

● 使用“文字样式”对话框

打开“文字样式”对话框，在“样式”列表框中选择需要的文字样式，然后单击“关闭”按钮，关闭对话框，完成文字样式的选择操作。

● 使用“样式”工具栏

在“样式”工具栏中的“文字样式控制”下拉列表框中选择需要的文字样式，如图 7–11 所示。

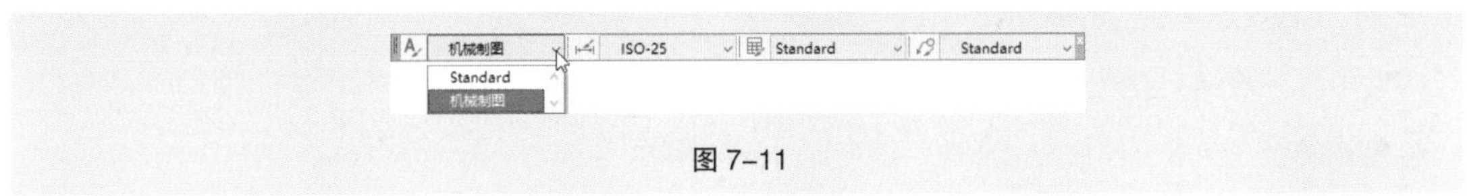

图 7–11

7.1.3 修改文字样式

在绘图过程中，用户可以随时修改文字样式。完成修改后，绘图窗口中的文字将自动变为更新后的样式，方法如下。

（1）单击“样式”工具栏中的“文字样式”按钮A，或选择“格式 > 文字样式”命令，弹出“文字样式”对话框。

（2）在“文字样式”对话框的“样式”列表框中选择需要修改的文字样式，然后修改文字的相关属性。

（3）完成修改后，单击“应用”按钮，使修改生效。此时绘图窗口中的文字自动改变，单击“关闭”按钮，完成修改文字样式的操作。

7.1.4 重命名文字样式

创建文字样式后，可以根据需要重命名文字样式，方法如下。

（1）单击“样式”工具栏中的“文字样式”按钮A，或选择“格式 > 文字样式”命令，弹出“文字样式”对话框。

（2）在“文字样式”对话框的“样式”列表框中选择需要重命名的文字样式。

（3）在要重命名的文字样式上单击鼠标右键，在弹出的快捷菜单中选择“重命名”命令，如图 7–12 所示，使其处于修改状态并输入新名称。

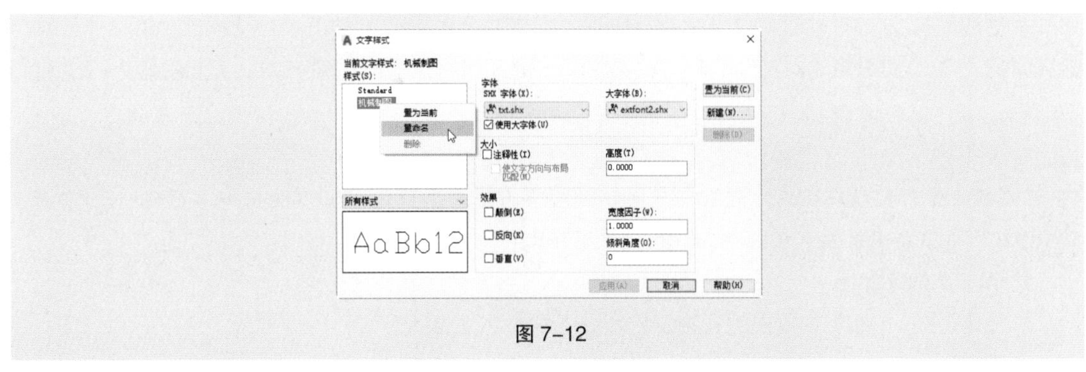

图 7–12

（4）单击“应用”按钮，使修改生效。单击“关闭”按钮，完成重命名文字样式的操作。

7.2 单行文字

单行文字是指 AutoCAD 2019 会将输入的每行文字作为一个对象来处理，它主要用于一些不需要使用多种字体的简短输入。因此，通常会采用单行文字来创建工程图的标题栏和标签，这样比较简单、方便、快捷。

7.2.1 创建单行文字

启用命令的方法如下。

- 工具栏：单击“默认”选项卡“注释”选项组中的“单行文字”按钮A。
- 菜单命令：选择“绘图 > 文字 > 单行文字”命令。
- 命令行：输入“TEXT（DTEXT）”，按 Enter 键。

书写文字“单行文字”，操作步骤如下。效果如图 7-13 所示。

单行文字

图 7-13

```
命令 : _dtext                              // 选择“绘图 > 文字 > 单行文字”命令
当前文字样式 :Standard  当前文字高度 :2.5000 注释性 : 否对正 : 左
指定文字的起点或 [ 对正 (J)/ 样式 (S)]:
                                           // 单击确认文字的插入点
指定高度 <2.5000>:                         // 按 Enter 键
指定文字的旋转角度 <0>:                    // 按 Enter 键，输入文字“单行文字”，按 Ctrl+Enter
                                           // 组合键
```

提示选项说明如下。

- 指定文字的起点：用于指定文字对象的起点。
- 对正（J）：用于设置文字的对齐方式。在命令行中输入字母“j”，按 Enter 键，命令行会出现多种文字对齐方式，可以从中选取合适的一种。
- 样式（S）：用于选择文字的样式。在命令行中输入字母“s”，按 Enter 键，命令行会出现“输入样式名或 [?] < 样式 2>:”，此时输入要使用的样式名称即可。输入符号“?”，命令行将列出所有的文字样式。

7.2.2 设置对齐方式

在创建单行文字的过程中，当命令行出现“指定文字的起点 [对正（J）/ 样式（S）]：”时，输入字母“j”（即选择“对正”选项），按 Enter 键即可指定文字的对齐方式，此时命令行出现如下信息。

```
输入选项
[ 左 (L)/ 居中 (C)/ 右 (R)/ 对齐 (A)/ 中间 (M)/ 布满 (F)/ 左上 (TL)/ 中上 (TC)/ 右上 (TR)/ 左中 (ML)/
正中 (MC)/ 右中 (MR)/ 左下 (BL)/ 中下 (BC)/ 右下 (BR)]
```

提示选项说明如下。

- 左（L）：在由用户给出的点指定的基线上左对齐文字。

● 居中（C）：从基线的水平中心对齐文字。此基线是由用户指定的点确定的。

● 右（R）：在由用户给出的点指定的基线上右对齐文字。

● 对齐（A）：通过指定文字的起始点和结束点来设置文字的高度和方向，文字将均匀地排列于基线起始点与结束点之间，文字的大小将根据其高度按比例调整。文字越多，其宽度越窄。

● 中间（M）：文字在基线的水平中点和指定高度的垂直中点上对齐，中间对齐的文字不保持在基线上。

● 布满（F）：文字将根据起始点与结束点定义的方向和高度布满整个区域。文字越多，其宽度越窄，但高度保持不变。该方式只适用于水平方向的文字。

● 左上（TL）：在指定为文字顶点的点上左对齐文字。

● 中上（TC）：以指定为文字顶点的点居中对齐文字。

● 右上（TR）：以指定为文字顶点的点右对齐文字。

● 左中（ML）：在指定为文字中间点的点上靠左对齐文字。

● 正中（MC）：在文字的中央水平和垂直居中对齐文字。

● 右中（MR）：以指定为文字的中间点的点右对齐文字。

● 左下（BL）：以指定基线的点左对正齐字。

● 中下（BC）：以指定基线的点居中对齐文字。

● 右下（BR）：以指定基线的点靠右对齐文字。

各项基点的位置如图 7–14 所示。

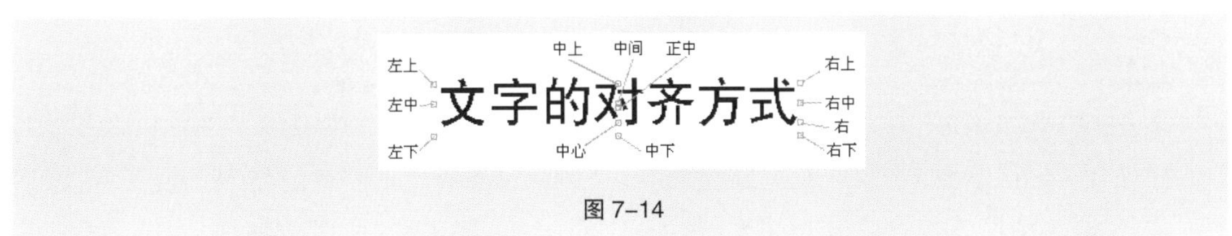

图 7–14

7.2.3 输入特殊字符

创建单行文字时，可以输入特殊字符，如直径符号 ϕ、百分号%、正负公差符号 ±、文字的上画线和下画线等，但是这些特殊符号不能由键盘直接输入，而是需要输入其专用的代码。每个代码均由“%%”与一个字符组成，如%%c、%%d、%%p 等。表 7–1 所示为特殊字符的代码。

表 7–1

代码	对应字符	输入方法	显示效果
%%o	上画线	%%o90	$\overline{90}$
%%u	下画线	%%u90	$\underline{90}$
%%d	度数符号“°”	90%%d	90°
%%p	公差符号“±”	%%p90	±90
%%c	圆直径标注符号“ϕ”	%%c90	⌀90
%%%	百分号“%”	90%%%	90%

7.2.4 编辑单行文字

用户可以对单行文字的内容、字体、字体样式和对齐方式等进行编辑，也可以使用删除、复制和旋转等编辑工具对其进行编辑。

1．修改单行文字的内容

启用命令的方法如下。

- 菜单命令：选择“修改 > 对象 > 文字 > 编辑”命令。
- 鼠标：双击要修改的单行文字。

双击要修改的单行文字，然后在弹出的“文字输入”编辑框中修改文字内容，效果如图 7–15 所示，完成后按 Enter 键。

2．缩放文字的大小

启用命令的方法：选择“修改 > 对象 > 文字 > 比例”命令。

调整文字大小，操作步骤如下。效果如图 7–16 所示。

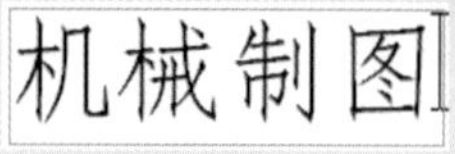

图 7–15

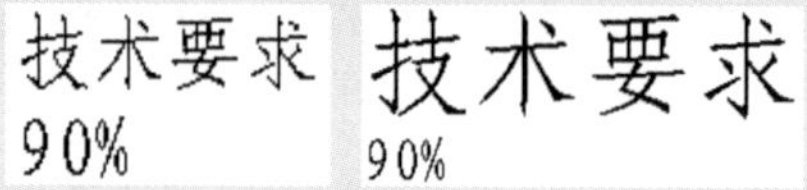

图 7–16

命令 : _scaletext　　// 选择“修改 > 对象 > 文字 > 比例”命令

选择对象 : 找到 1 个　　// 选择文字“技术要求”

选择对象 :　　// 按 Enter 键

输入缩放的基点选项

[现有 (E)/ 左 (L)/ 居中 (C)/ 中间 (M)/ 右对齐 (R)/ 左上 (TL)/ 中上 (TC)/ 右上 (TR)/ 左中 (ML)/ 正中 (MC)/ 右中 (MR)/ 左下 (BL)/ 中下 (BC)/ 右下 (BR)] < 现有 >: bl　　// 选择“左下”选项

指定新模型高度或 [图纸高度 (P)/ 匹配对象 (M)/ 比例因子 (S)] <2.5>: 5　　// 输入新的高度

3．修改文字的对齐方式

启用命令的方法：选择“修改 > 对象 > 文字 > 对正”命令。

修改文字的对齐方式，操作步骤如下。效果如图 7–17 所示。

图 7–17

命令 : _ justifytext　　// 选择“修改 > 对象 > 文字 > 对正”命令

选择对象 : 找到 1 个　　// 选择文字对象

选择对象 :　　// 按 Enter 键

输入对正选项 [左对齐 (L)/ 对齐 (A)/ 布满 (F)/ 居中 (C)/ 中间 (M)/ 右对齐 (R)/ 左上 (TL)/ 中上 (TC)/ 右上 (TR)/ 左中 (ML)/ 正中 (MC)/ 右中 (MR)/ 左下 (BL)/ 中下 (BC)/ 右下 (BR)] < 中心 >: tc

// 选择“中上”选项，按 Enter 键

4．使用对象特性对话框编辑文字

启用命令的方法：选择“工具 > 选项板 > 特性”命令。

选择“工具 > 选项板 > 特性”命令，打开“特性”对话框。单击“选择对象”按钮，然后在绘图窗口中选择文字对象，此时对话框显示与该文字相关的信息，如图 7–18 所示。从中可以修改文字的内容、文字样式、对正和高度等特性。

图 7-18

7.3 多行文字

对于较长、较为复杂的文字内容，通常是以多行文字形式输入的，这样可以方便、快捷地指定文字对象分布的宽度，并可以在多行文字中单独设置其中某个字符或某一部分文字的属性。

7.3.1 课堂案例——填写技术要求

【案例学习目标】熟练使用“多行文字”命令创建多行文字。

【案例知识要点】利用“多行文字”命令填写技术要求，效果如图 7-19 所示。

【效果所在位置】云盘 /Ch07/DWG/ 填写技术要求。

技术要求

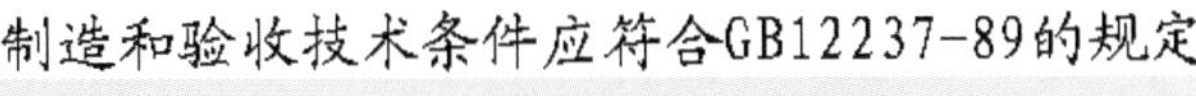

图 7-19

（1）单击“多行文字”按钮A，并通过鼠标指针指定文字的输入位置。

（2）打开“文字编辑器”选项卡和一个顶部带有标尺的“文字输入”编辑框（即多行文字编辑器）。

（3）在“文字输入”编辑框中输入技术要求的内容，并调整其格式，效果如图 7-20 所示。

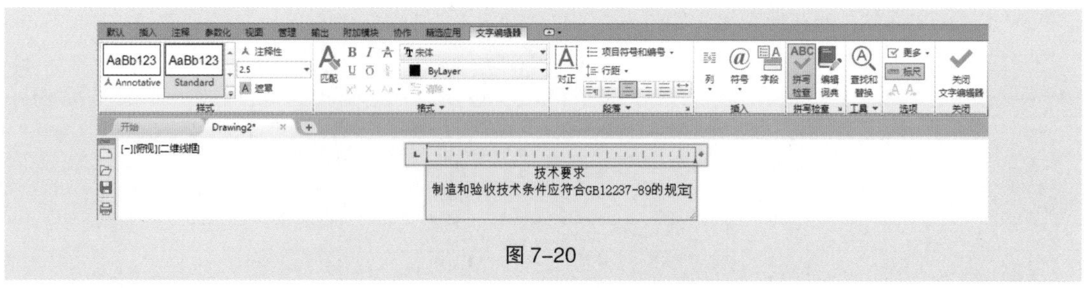

图 7–20

（4）选中其中的“技术要求”文字，在“文字高度”数值框中输入数值 5，按 Enter 键，即可将字高设置为 5，如图 7–21 所示。

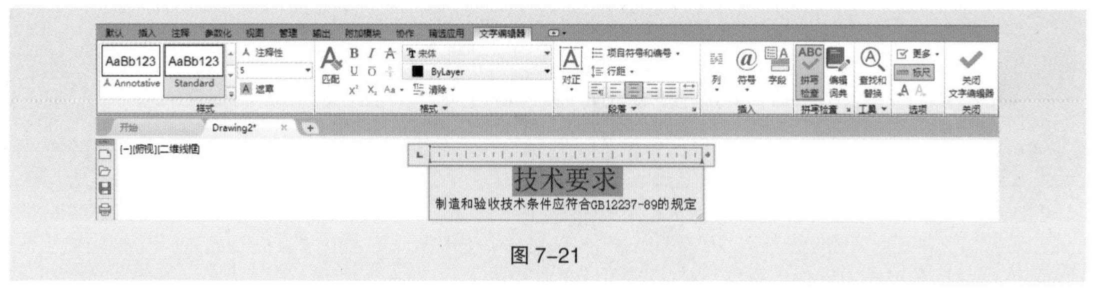

图 7–21

（5）选中其中的“制造和验收技术条件应符合 GB12237–89 的规定”文字，在“字体”下拉列表框中选择“楷体 _GB2312”选项，即可将字体设置为楷体，如图 7–22 所示。

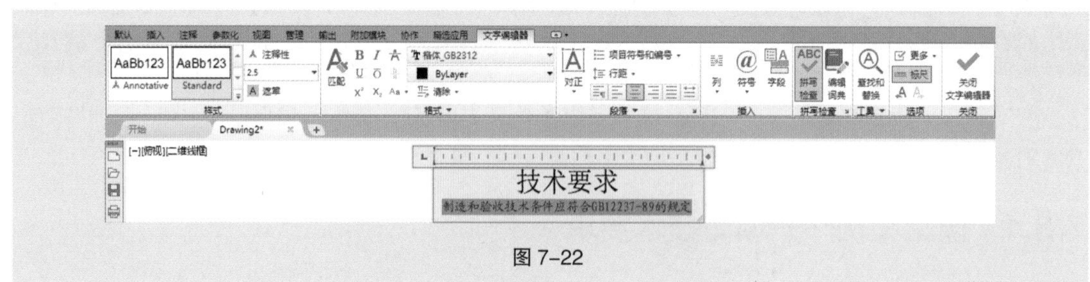

图 7–22

（6）单击“文字编辑器”选项卡中的“关闭文字编辑器”按钮完成输入。

7.3.2 创建多行文字

AutoCAD 2019 提供了“多行文字”命令来输入多行文字。

启用命令的方法如下。

- 工具栏：单击“绘图”工具栏中的“多行文字”按钮A。
- 菜单命令：选择“绘图 > 文字 > 多行文字”命令。
- 命令行：输入“MTEXT”（快捷命令：T/MT），按 Enter 键。

输入技术要求，效果如图 7–23 所示。操作步骤如下。

（1）单击“绘图”工具栏中的“多行文字”按钮A，十字光标变为“┼”形状。在绘图窗口中单击确定一点，并向右下方拖动鼠标指针绘制出一个矩形框，如图 7–24 所示。

（2）拖动鼠标指针到适当的位置后单击确定文字的输入区域，打开“文字编辑器”选项卡和一个顶部带有标尺的“文字输入”编辑框，如图 7–25 所示。

图 7-23　　图 7-24

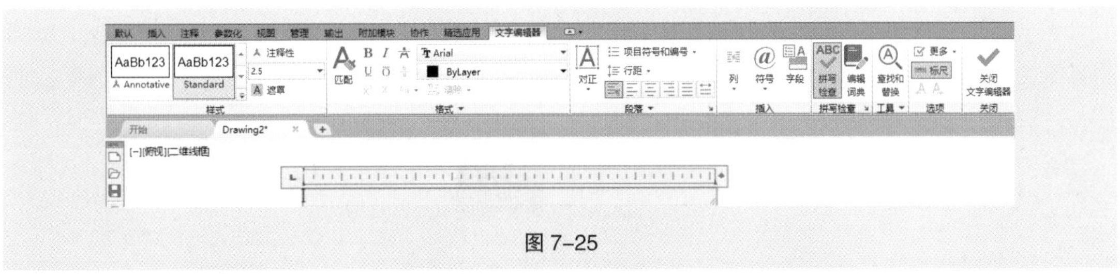

图 7-25

（3）在“文字输入”编辑框中输入技术要求文字，如图 7-26 所示。

（4）输入完毕后，单击“文字编辑器”选项卡中的“关闭文字编辑器”按钮完成输入，此时文字如图 7-27 所示。

图 7-26　　图 7-27

7.3.3　设置文字的字体与高度

“文字编辑器”选项卡用于设置多行文字的文字样式和文字字符格式，如图 7-28 所示。

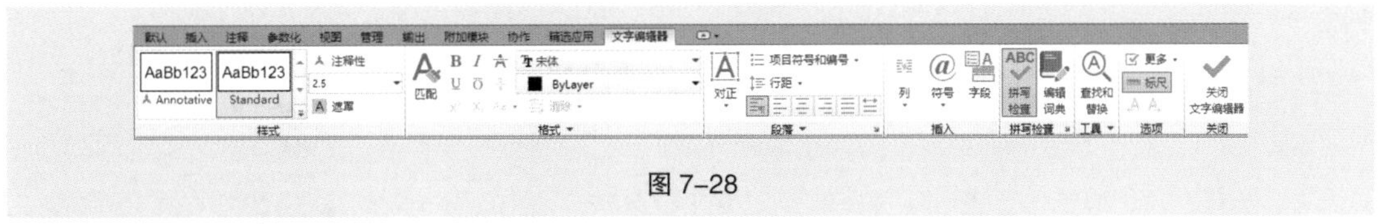

图 7-28

工具栏选项说明如下。

- “样式”选项组：可以选择文字样式、设置文字高度及文字注释。
- “格式”选项组：可以设置文字的字体、颜色、加粗、斜体、下画线、上画线等。
- “段落”选项组：可以设置文字的对齐方式、项目符号和行距等。
- “插入”选项组：可以设置文字的列数、特殊符号和字段等。
- “拼写检查”选项组：可以设置文字的拼写及词典等。
- “工具”选项组：可以用于文字的查找和替换等。

- “选项”选项组：可以用于设置标尺等。
- “关闭”选项组：用于文字的提交。

7.3.4 输入分数与公差

“文字编辑器”选项卡“格式”选项组中的“堆叠”按钮，用于设置有分数、公差等形式的文字，通常使用“/”“^”“#”等符号设置文字的堆叠形式。

文字的堆叠形式如下。

- 分数形式：使用“/”或“#”连接分子与分母。选择分数文字，单击“堆叠”按钮，即可将其设为分数的表示形式，如图 7-29 所示。

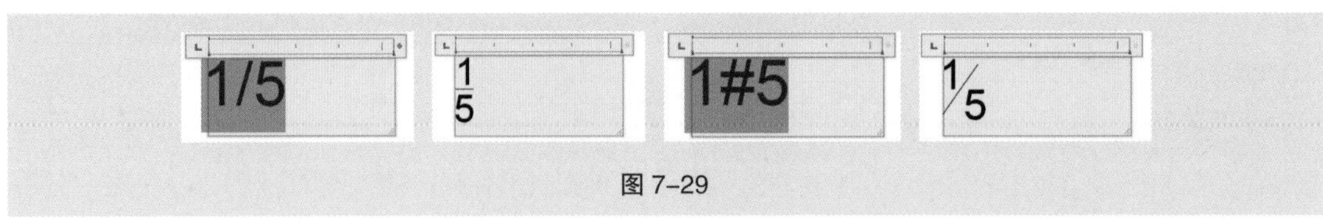

图 7-29

- 上标形式：使用字符“^”标识文字。将“^”放在文字之后，然后将其与文字都选中，单击“堆叠”按钮，即可设置所选文字为上标字符，如图 7-30 所示。
- 下标形式：将“^”放在文字之前，然后将其与文字都选中，单击“堆叠”按钮，即可设置所选文字为下标字符，如图 7-31 所示。

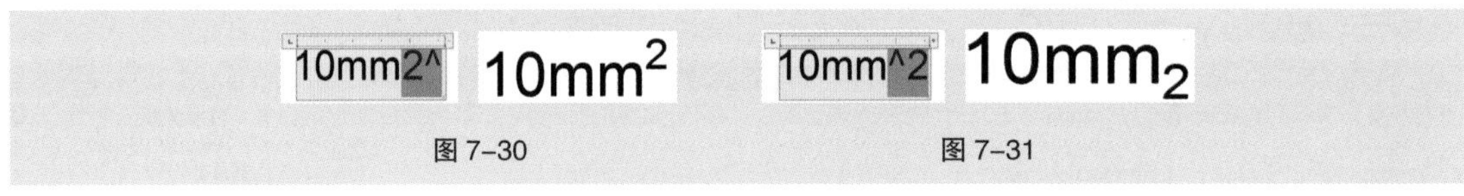

图 7-30　　图 7-31

- 公差形式：将字符“^”放在文字之间，然后将其与文字都选中，单击“堆叠”按钮，即可将所选文字设置为公差形式，如图 7-32 所示。

提示

当需要修改分数、公差等形式的文字时，可选择已堆叠的文字，然后单击鼠标右键，在弹出的快捷菜单中选择“堆叠特性”命令，弹出“堆叠特性”对话框，如图 7-33 所示。对需要修改的选项进行修改，然后单击“确定”按钮，确认修改。

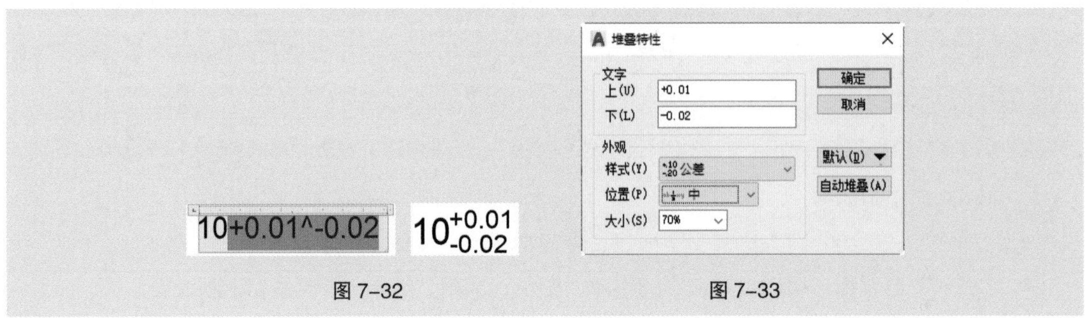

图 7-32　　图 7-33

7.3.5 输入特殊字符

使用“多行文字”命令也可以输入相应的特殊字符。

单击“文字编辑器”选项卡“插入”选项组中的“符号”按钮@，将弹出快捷菜单，如图 7–34 所示。从中可以选择相应的特殊字符，菜单命令的右侧标明了特殊字符的代码。

度数 %%d
正/负 %%p
直径 %%c
几乎相等 \U+2248
角度 \U+2220
边界线 \U+E100
中心线 \U+2104
差值 \U+0394
电相角 \U+0278
流线 \U+E101
恒等于 \U+2261
初始长度 \U+E200
界碑线 \U+E102
不相等 \U+2260
欧姆 \U+2126
欧米加 \U+03A9
地界线 \U+214A
下标 2 \U+2082
平方 \U+00B2
立方 \U+00B3
不间断空格 Ctrl+Shift+Space
其他...

图 7–34

7.3.6 编辑多行文字

AutoCAD 2019 提供了“编辑”命令来编辑多行文字。

启用命令的方法：选择“修改 > 对象 > 文字 > 编辑”命令。

选择“修改 > 对象 > 文字 > 编辑”命令，打开“文字编辑器”选项卡和“文字输入”编辑框。在“文字输入”编辑框内可修改文字的内容，在“文字编辑器”选项卡中可以修改字体、大小、样式和颜色等属性。

提示

直接双击要修改的多行文字对象，也可打开“文字编辑器”选项卡和“文字输入”编辑框。

7.4 表格的应用

利用 AutoCAD 2019 的表格功能，可以方便、快速地绘制图纸所需的表格，如明细表和标题栏等。在绘制表格之前，需要启用“表格样式”命令来设置表格的样式，使表格按照一定的标准来创建。

7.4.1 课堂案例——填写灯具明细表

【案例学习目标】掌握并熟练运用表格命令。

【案例知识要点】填写灯具明细表，效果如图 7–35 所示。

【效果所在位置】云盘 /Ch07/DWG/ 填写灯具明细表。

灯具明细表					
代号	图标	名称	尺寸	位置	备注
L1		栅格灯	600×1200	办公区域	2 支冷光1 支暖光
L2		栅格灯	600×600		2 支冷光1 支暖光
L3	“L”	蓄能筒灯	Ø150		应急使用
L4	“W”	八寸节能筒灯			
L5		筒灯	Ø150	走廊	

图 7–35

（1）打开图形文件。选择“文件 > 打开”命令，打开云盘中的“Ch07 > 素材 > 填写灯具明细表”文件，如图 7–36 所示。

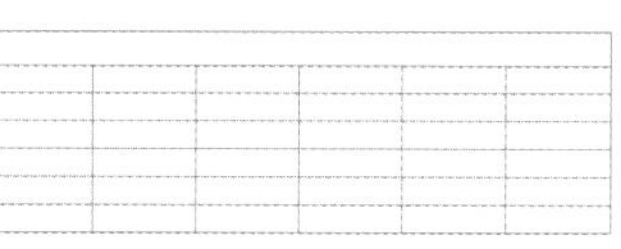

图 7–36

（2）输入标题单元格中的文字。双击标题单元格，打开“文字编辑器”选项卡，同时显示表格的列字母和行号，十字光标变成文字光标，如图 7–37 所示。在“文字编辑器”选项卡中设置文字的样式、字体和颜色等，这时可以在单元格中输入“灯具明细表”，如图 7–38 所示。

（3）输入列标题单元格中的文字。按 Tab 键，转到下一个单元格，输入列标题单元格中的文字“代号”，如图 7–39 所示。

（4）按照步骤（3）所示的方法，输入其余的列标题和数据单元格中的文字，如图 7–40 所示。

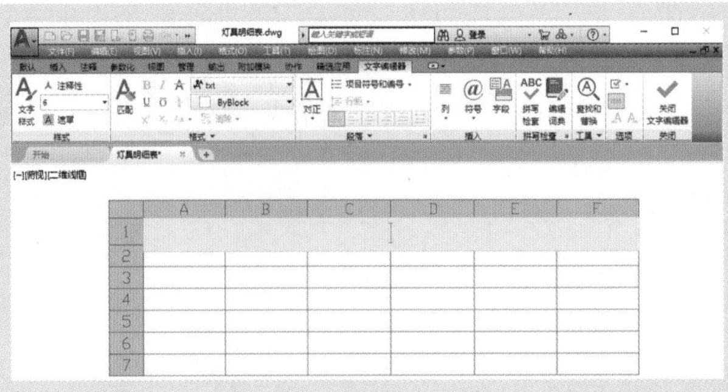

图 7-37

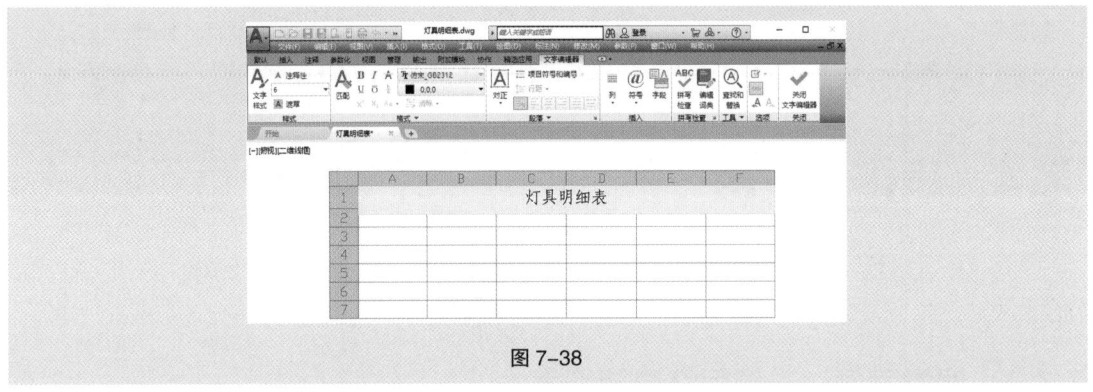

图 7-38

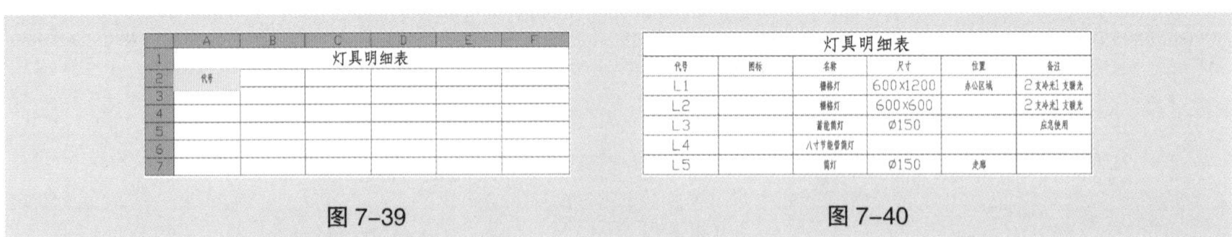

图 7-39　　　图 7-40

（5）插入块。选择“图标”列的第一个空白单元格，单击鼠标右键，在弹出的快捷菜单中选择“插入点 > 块”命令，如图 7-41 所示。弹出“在表格单元中插入块”对话框，在“名称”下拉列表框中选择“L1”选项，将“特性”选项组中的“全局单元对齐”设置为“正中”对齐，如图 7-42 所示。单击“确定”按钮，完成块的插入，效果如图 7-43 所示。

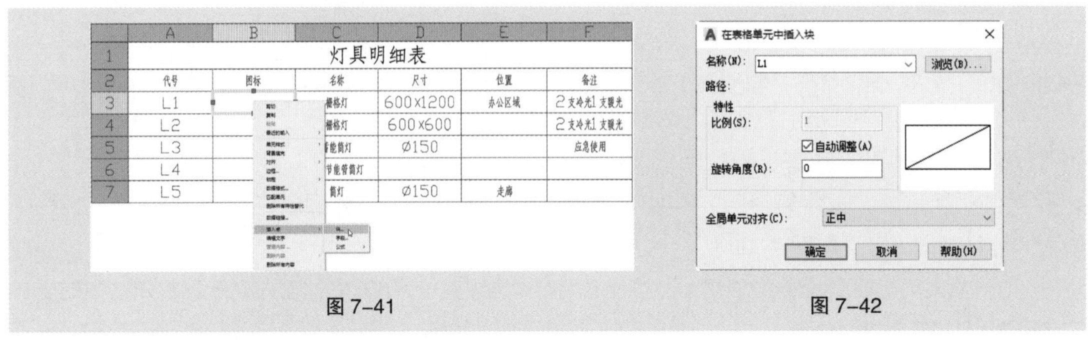

图 7-41　　　图 7-42

（6）插入其余块。按照步骤（5）所示的方法，依次插入其余灯具图标的块，完成后效果如图 7-44 所示。

灯具明细表

代号	图标	名称	尺寸	位置	备注
L1	▱	栅格灯	600x1200	办公区域	2支冷光1支暖光
L2		栅格灯	600x600		2支冷光1支暖光
L3		蓄能筒灯	Ø150		应急使用
L4		八寸节能管筒灯			
L5		筒灯	Ø150	走廊	

图 7-43

灯具明细表

代号	图标	名称	尺寸	位置	备注
L1	▱	栅格灯	600x1200	办公区域	2支冷光1支暖光
L2	▱	栅格灯	600x600		2支冷光1支暖光
L3	⊕ "L"	蓄能筒灯	Ø150		应急使用
L4	⊕ "W"	八寸节能管筒灯			
L5	⊕	筒灯	Ø150	走廊	

图 7-44

7.4.2 创建表格样式

“表格样式”命令用于创建各种表格样式。

启用命令的方法如下。

● 工具栏：单击“样式”工具栏中的“表格样式”按钮。

● 菜单命令：选择“格式 > 表格样式”命令。

● 命令行：输入“TABLESTYLE”，按 Enter 健。

选择“格式 > 表格样式”命令，弹出“表格样式”对话框，如图 7-45 所示。

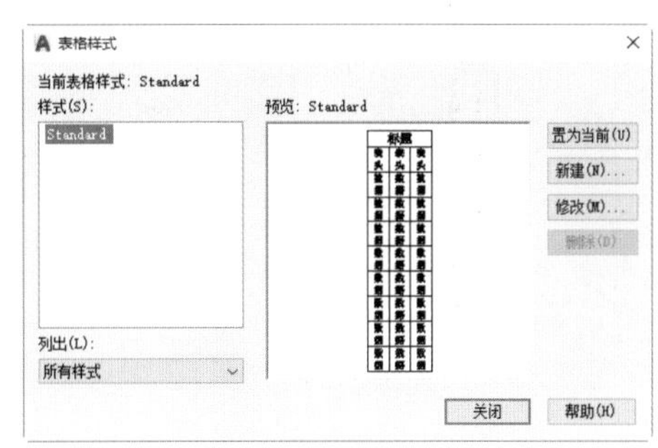

图 7-45

该对话框中的选项说明如下。

● “样式”列表框：用于显示所有的表格样式，默认的表格样式为“Standard”。

● “列出”下拉列表框：用于控制表格样式在“样式”列表框中显示的条件。

● “预览”框：用于预览选择的表格样式。

● “置为当前”按钮：将选择的样式设置为当前表格样式。

● “新建”按钮：用于创建新的表格样式。

● “修改”按钮：用于编辑选择的表格样式。

● “删除”按钮：用于删除选择的表格样式。

创建新的表格样式
新样式名(N)：
表格样式
基础样式(S)：
Standard
继续
取消
帮助(H)

图 7-46

单击“表格样式”对话框中的“新建”按钮，弹出“创建新的表格样式”对话框，如图 7-46 所示。在“新样式名”文本框中输入新的样式名称，如“表格样式”，单击“继续”按钮，弹出“新建表格样式：表格样式”对话框，如图 7-47 所示。

该对话框中的选项说明如下。

● “起始表格”选项组：使用户在图形中指定一个表格作为样例来设置此表格样式的格式。

▲“选择一个表格用作此表格样式的起始表格”按钮：单击该按钮回到绘图窗口，选择表格后，可以指定要从该表格复制到表格样式中的结构和内容。

▲“从此表格样式中删除起始表格”按钮：用于将表格从当前指定的表格样式中删除。

● “常规”选项组：用于更改表格方向。

▲“表格方向”下拉列表框：设置表格方向；其中“向下”选项用于创建由上至下读取的表格，即其行标题和列标题位于表的顶部；“向上”选项用于创建由下至上读取的表格，即其行标题和列标题位于表的底部。

● “单元样式”选项组：用于定义新的单元样式或修改现有的单元样式。

▲“单元样式”下拉列表框：用于显示表格中的单元样式。单击“创建新单元样式”按钮，

弹出“创建新单元样式”对话框，如图 7-48 所示，在“新样式名”文本框中输入要建立的新样式的名称；单击“继续”按钮，返回“表格样式”对话框，可以对其各项进行设置；单击“管理单元样式”按钮，弹出“管理单元样式”对话框，如图 7-49 所示，可以对“单元样式”中的已有样式进行操作，也可以新建单元样式。

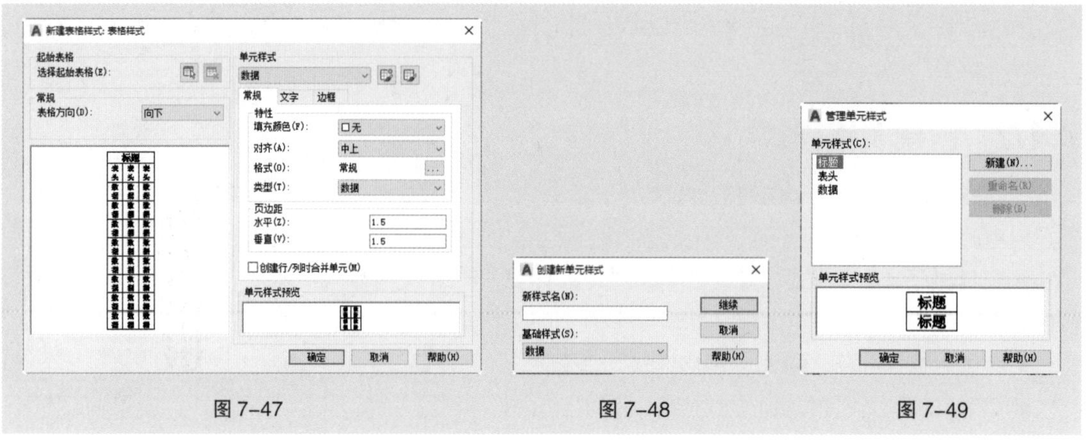

图 7-47　　图 7-48　　图 7-49

● “常规”选项卡：用于设置表格特性和页边距，如图 7-50 所示。

▲ “填充颜色”下拉列表框：用于指定单元的背景色，默认设置为“无”。

▲ “对齐”下拉列表框：用于设置表格单元中文字的对齐方式。文字相对于单元的顶部边框和底部边框进行居中对齐、上对齐和下对齐，相对于单元的左边框和右边框进行居中对齐、左对齐和右对齐。

▲ “格式”选项：为表格中的各行设置数据类型和格式；单击后面的[...]按钮，弹出“表格单元格式”对话框，如图 7-51 所示，从中可以进一步定义数据格式。

▲ “类型”下拉列表框：用于将单元样式指定为标签或数据。

▲ “水平”数值框：用于设置单元中的文字或块与左右单元边界间的距离。

▲ “垂直”数值框：用于设置单元中的文字或块与上下单元边界间的距离。

▲ “创建行 / 列时合并单元”复选框：将使用当前单元样式创建的所有新行或新列合并为一个单元。可以使用此复选框在表格的顶部创建标题行。

● “文字”选项卡：用于设置文字特性，如图 7-52 所示。

图 7-50　　图 7-51　　图 7-52

▲ “文字样式”下拉列表框：用于设置表格内文字的样式。若表格内的文字显示为“？”符

号，如图 7-53 所示，则需要设置文字的样式。单击“文字样式”下拉列表框右侧的[...]按钮，弹出“文字样式”对话框，如图 7-54 所示。在“字体”选项组的“字体名”下拉列表框中选择“仿宋_GB2312”选项，并依次单击“应用”按钮和“关闭”按钮，关闭对话框，即可显示文字。

▲“文字高度”数值框：用于设置表格中文字的高度。

▲“文字颜色”下拉列表框：用于设置表格中文字的颜色。

▲“文字角度”数值框：用于设置表格中文字的角度。

● “边框”选项卡：用于设置边框的特性，如图 7-55 所示。

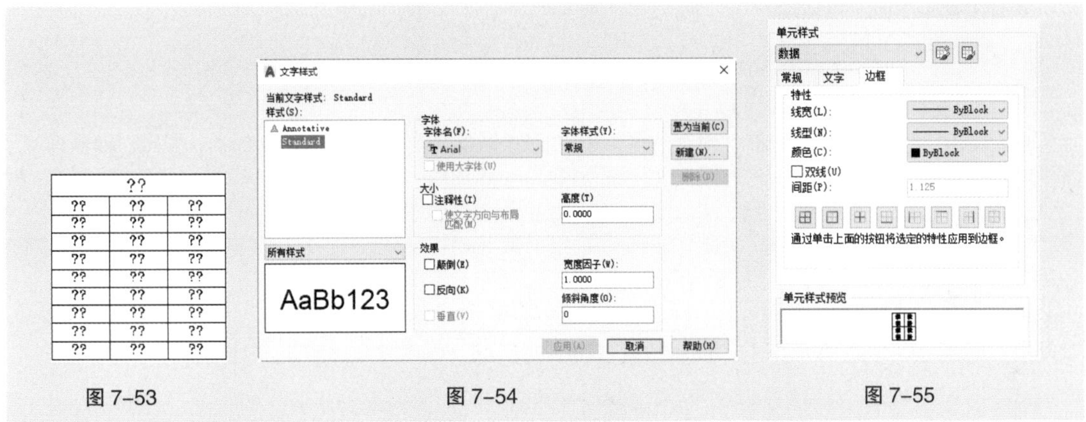

图 7-53　　图 7-54　　图 7-55

▲“线宽”下拉列表框：通过单击边界，设置将要应用于指定边界的线宽。

▲“线型”下拉列表框：通过单击边界，设置将要应用于指定边界的线型。

▲“颜色”下拉列表框：通过单击边界，设置将要应用于指定边界的颜色。

▲“双线”复选框：勾选则表格的边界显示为双线，同时激活“间距”数值框。

▲“间距”数值框：用于设置双线边界的间距。

▲“所有边框”按钮⊞：将边界特性设置应用于所有数据单元、列标题单元或标题单元的所有边界。

▲“外边框”按钮□：将边界特性设置应用于所有数据单元、列标题单元或标题单元的外部边界。

▲“内边框”按钮⊞：将边界特性设置应用于除标题单元外的所有数据单元或列标题单元的内部边界。

▲“底部边框”按钮⊞：将边界特性设置应用到指定单元样式的底部边界。

▲“左边框”按钮⊞：将边界特性设置应用到指定的单元样式的左边界。

▲“上边框”按钮⊞：将边界特性设置应用到指定单元样式的上边界。

▲“右边框”按钮⊞：将边界特性设置应用到指定单元样式的右边界。

▲“无边框”按钮⊞：隐藏数据单元、列标题单元或标题单元的边界。

▲“单元样式预览”框：用于显示当前设置的表格样式。

7.4.3　修改表格样式

若需要修改表格的样式，可以选择“格式 > 表格样式”命令，弹出“表格样式”对话框。在“样式”列表框内选择表格样式，单击“修改”按钮，弹出“修改表格样式”对话框，如图 7-56 所示，从中可以修改表

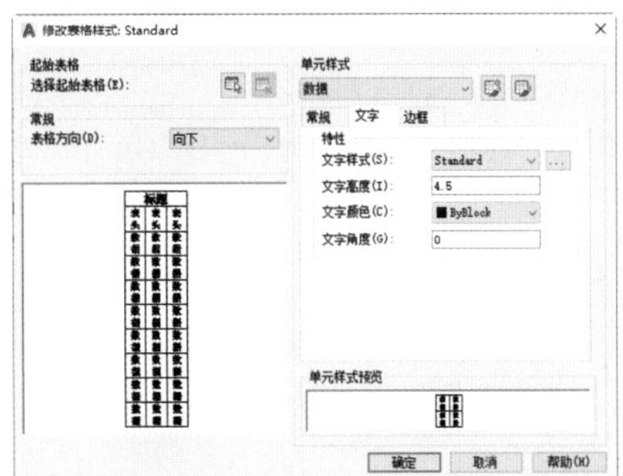

图 7-56

格的各项属性。修改完成后，单击“确定”按钮，确认表格样式的修改。

7.4.4 创建表格

使用“表格”命令可以方便、快速地创建图纸所需的表格。

启用命令的方法如下。

● 工具栏：单击“绘图”工具栏中的“表格”按钮。

● 菜单命令：选择“绘图 > 表格”命令。

● 命令行：输入“TABLE”，按 Enter 键。

选择“绘图 > 表格”命令，弹出“插入表格”对话框，如图 7-57 所示。

该对话框中的选项说明如下。

● “表格样式”下拉列表框：用于选择要使用的表格样式。单击后面的按钮，弹出“表格样式”对话框，可以创建表格样式。

● “插入选项”选项组：用于指定插入表格的方式。

▲“从空表格开始”单选按钮：用于创建可以手动填充数据的空表格。

▲“自数据链接”单选按钮：用于为外部电子表格中的数据创建表格，单击“启动‘数据链接管理器’对话框”按钮，弹出“选择数据链接”对话框，如图 7-58 所示，从中可以创建新的或是选择已有的表格数据。

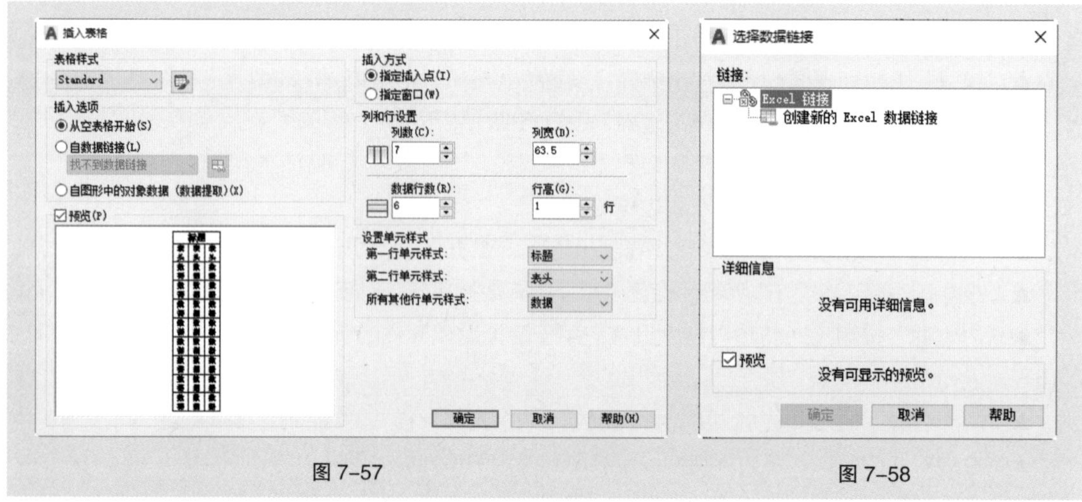

图 7-57　　图 7-58

▲“自图形中的对象数据（数据提取）”单选按钮：用于从图形中提取对象数据，这些数据可输出到表格或外部文件。选择该单选按钮后，单击“确定”按钮，启动“数据提取”向导，向导提供了“创建新数据提取”和“编辑现有的数据提取”两种数据提取方式。

● “插入方式”选项组：用于确定表格的插入方式。

▲“指定插入点”单选按钮：用于设置表格左上角的位置。如果表格样式将表的方向设置为由下至上读取，则插入点位于表的左下角。

▲“指定窗口”单选按钮：用于设置表的大小和位置。选择此单选按钮后，行数、列数、列宽和行高取决于窗口的大小及列和行的设置。

● “列和行设置”选项组：用于确定表格的列数、列宽、行数与行高。

▲“列数”数值框：用于指定列数。

▲“列宽”数值框：用于指定列的宽度。

▲“数据行数”数值框：用于指定行数。

▲“行高”数值框：用于指定行的高度。

● “设置单元样式”选项组：用于对不包含起始表格的表格样式指定新表格中行的单元格式。

▲“第一行单元样式”下拉列表框：用于指定表格中第一行的单元样式，包括“标题”“表头”“数据”3 个选项，默认情况下，使用“标题”单元样式。

▲“第二行单元样式”下拉列表框：用于指定表格中第二行的单元样式，包括“标题”“表头”“数据”3 个选项，默认情况下，使用“表头”单元样式。

▲“所有其他行单元样式”下拉列表框：用于指定表格中所有其他行的单元样式，包括“标题”“表头”“数据”3 个选项，默认情况下，使用“数据”单元样式。

根据表格的需要设置相应的参数，单击“确定”按钮，关闭“插入表格”对话框，返回到绘图窗口，此时十字光标的形状如图 7-59 所示。

在绘图窗口中单击，指定插入表格的位置，并打开“文字编辑器”选项卡。在标题栏中，十字光标变为文字光标，如图 7-60 所示。

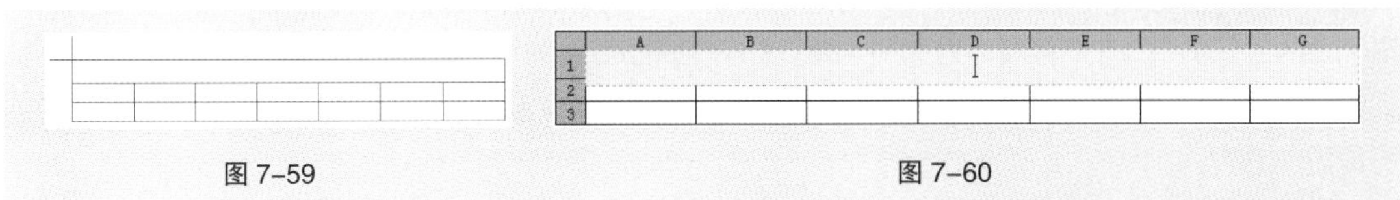

图 7-59　　图 7-60

表格单元中的数据可以是文字或块。创建完表格后，可以在其单元格内添加文字或插入块。

提示

绘制表格时，可以通过输入数值来确定表格的大小，列和行将自动调整其数值，以适应表格的大小。

若在输入文字之前直接单击“文字编辑器”选项卡中的“关闭”按钮，则可以退出表格的文字输入状态，此时可以绘制没有文字的表格，如图 7-61 所示。

如果绘制的表格是一个数据表，则可能需要对表中的某些数据进行求和、均值等公式计算。AutoCAD 2019 提供了非常快捷的操作方法，用户先将要进行公式计算的单元格激活，打开“表格单元”选项卡，单击“插入公式”按钮，弹出下拉菜单，选择相应的命令即可，如图 7-62 所示。

创建一个表格，并对表格中的数据求和，效果如图 7-63 所示，方法如下。

（1）单击“表格”按钮，弹出“插入表格”对话框。设置表格“列数”为 7、“数据行数”为 1，如图 7-64 所示。完成后单击“确定”按钮，将表格插入绘图区域，效果如图 7-65 所示。

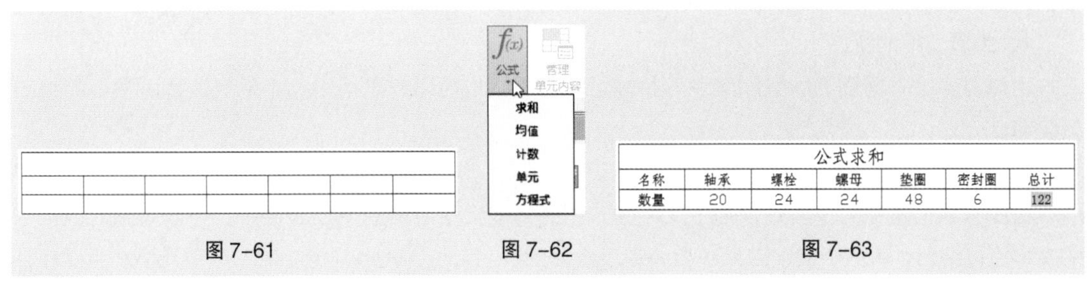

公式求和						
名称	轴承	螺栓	螺母	垫圈	密封圈	总计
数量	20	24	24	48	6	122

图 7-61　　图 7-62　　图 7-63

第7章 文字与表格

图 7-64　　　　图 7-65

（2）分别双击各个单元格，输入表格内容，然后单击“文字编辑器”选项卡中的“关闭”按钮，完成表格内容填写，效果如图 7-66 所示。

（3）单击表格右下角的单元格，将其激活，如图 7-67 所示，弹出“表格单元”工具栏，单击“插入公式”按钮，弹出下拉菜单，选择“求和”命令。此时系统提示选择表格单元的范围。在轴承下方的单元格中单击，将其作为第一个角点；在密封圈下方的单元格中单击，将其作为第二个角点，如图 7-68 所示。系统自动打开“文字编辑器”选项卡，此时表格如图 7-69 所示。单击“关闭”按钮，完成自动求和。

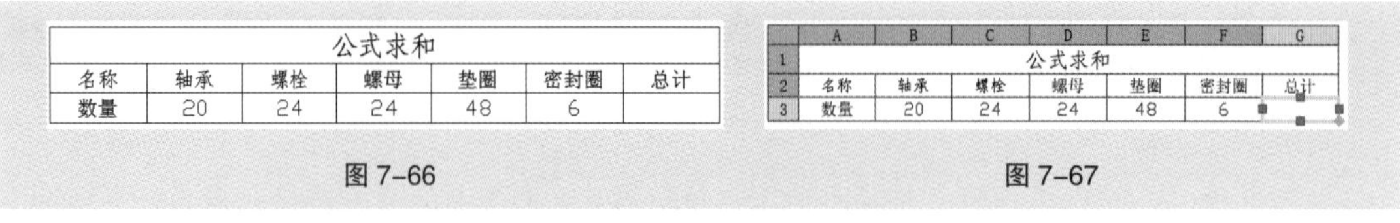

图 7-66　　　　图 7-67

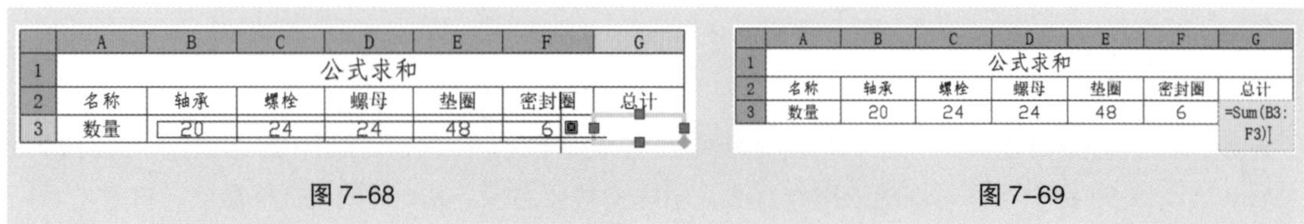

图 7-68　　　　图 7-69

7.4.5　编辑表格

调整表格的样式，可以对表格的特性进行编辑；使用文字编辑工具，可以对表格中的文字进行编辑；在表格中插入块，可以对块进行编辑；编辑夹点，可以调整表格中行与列的大小。

1．编辑表格的特性

可以对表格中栅格的线宽和颜色等特性进行编辑，也可以对表格中文字的高度和颜色等特性进行编辑。

2．编辑表格的文字内容

在编辑表格特性时，若对表格中文字样式做的某些修改不能应用在表格中，可以单独对表格中的文字进行编辑。表格中文字的大小会决定表格单元格的大小，表格某行中的一个单元格发生变化，它所在的行其他单元格也会发生变化。

双击单元格中的文字，如双击表格内的文字“名称”，打开“文字编辑器”选项卡，此时可以对单元格中的文字进行编辑，效果如图 7–70 所示。

十字光标变为文字光标时，可以修改文字内容、字体和字号等特性，也可以继续输入其他字符。在文字之间输入空格，效果如图 7–71 所示。

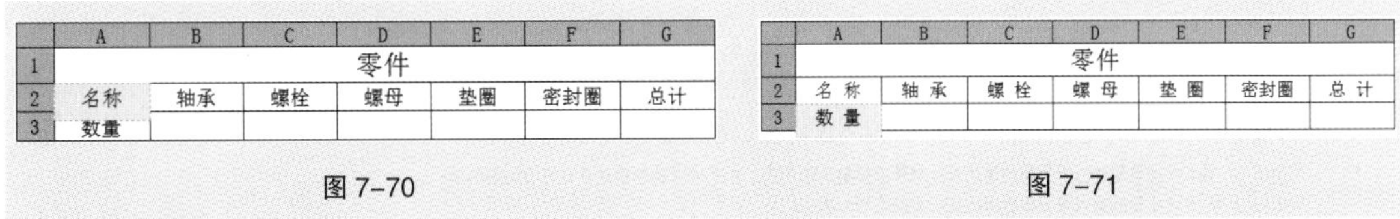

图 7–70　　图 7–71

按 Tab 键，切换到下一个单元格，如图 7–72 所示，对文字进行编辑。依次按 Tab 键，可切换到相应的单元格，完成编辑后，单击“关闭”按钮。

提示

按 Tab 键切换单元格时，若下一个单元格是块的单元格，则跳过单元格。

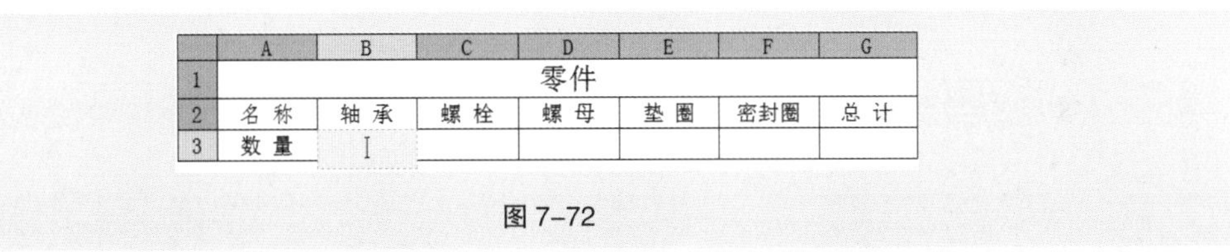

图 7–72

3. 编辑表格中的行与列

使用“表格”工具建立表格时，行与列的间距都是均匀的，这就使表格中留有空白，增加了表格的大小。如果要使表格中行与列的间距适合文字的宽度和高度，可以通过调整夹点来实现。选择整个表格时，表格上会出现夹点，如图 7–73 所示，拖动夹点即可调整表格，使表格更加简明、美观。

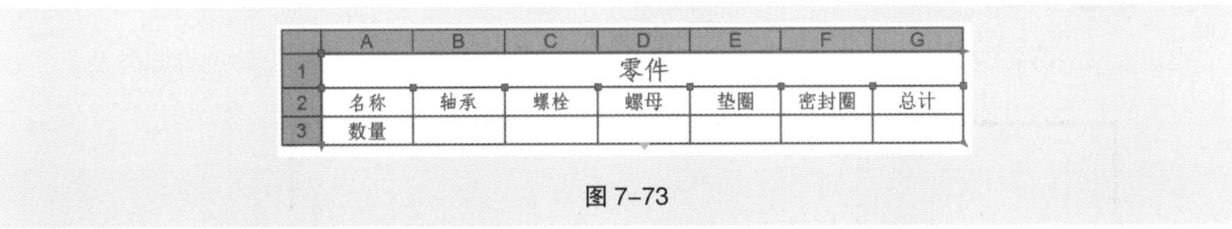

图 7–73

提示

若想选择整个表格，则需将表格全部柜选或单击表格的边框线。若在表格的单元格内部单击，则只能选择单个单元格。

编辑表格中某个单元格的大小可以调整该单元格所在的行与列的大小。

在表格的单元格中单击，夹点的位置在被选择的单元格边界的中间，如图 7–74 所示。选择夹点进行拉伸，即可改变该单元格所在行或列的大小，如图 7–75 所示。

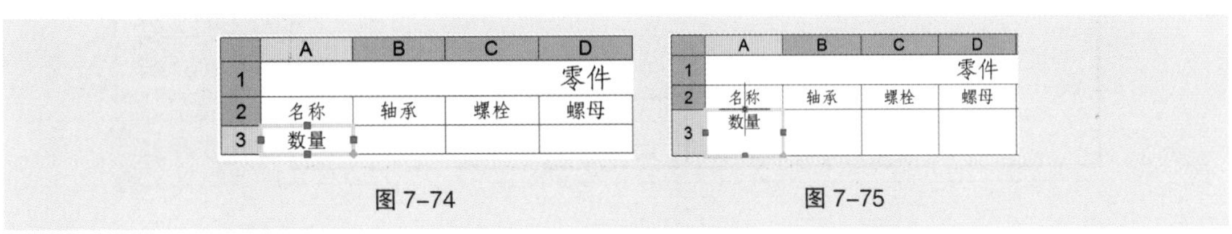

图 7–74　　图 7–75

7.5 课堂练习——填写结构设计总说明

【练习知识要点】利用“多行文字”命令“单行文字”命令，填写结构设计总说明，效果如图 7-76 所示。

【效果所在位置】云盘 /Ch07/DWG/ 填写结构设计总说明。

结构设计总说明

本工程地质报告由甲方委托重庆南江地质工程勘察院提供，甲方必须通知勘察单位进行地基验槽。

标注尺寸除标高以米为单位外，其余均以毫米为单位。

施工时若发现图纸上有遗漏或不明确之处，请及时与本院联系。

1.标高：±0.000对应的绝对标高为326.000m

2.设计依据：

抗震设防裂度6度，抗震等级四级，Ⅰ类场地，B类地面，安全等级二级

基本风压：0.3KN/m²

活载荷：厨房，卫生间，厅，卧室：2.0KN/m²　挑阳台：2.5KN/m²

坡地面：0.7KN/m²　屋顶花园：15.0KN/m²

图 7-76

7.6 课后习题——填写圆锥齿轮轴零件图的技术要求、标题栏和明细表

【习题知识要点】利用“多行文字”“单行文字”“表格”命令，创建表格，并填写圆锥齿轮轴零件图的技术要求、标题栏和明细表，效果如图 7-77 所示。

【效果所在位置】云盘 /Ch07/DWG/ 填写圆锥齿轮轴零件图的技术要求、标题栏和明细表。

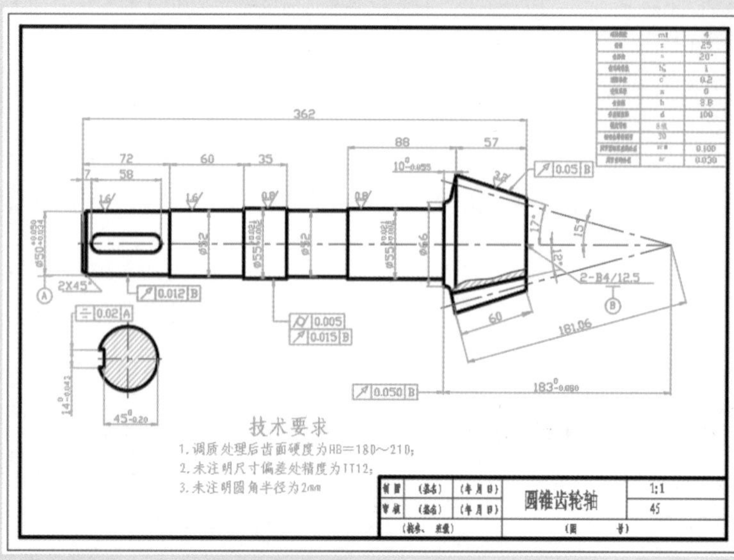

图 7-77

08

第 8 章 尺寸标注

第 8 章简介

本章介绍

本章主要介绍尺寸的标注方法及技巧。建筑和机械工程设计图是以图内标注尺寸的数值为准的，尺寸标注在工程设计图中是一项非常重要的内容。通过本章的学习，读者可以掌握 AutoCAD 2019 中的各种尺寸标注命令，以及如何对工程图进行尺寸标注。

学习目标

- 掌握尺寸标注的基本概念；
- 掌握尺寸标注样式的创建和修改方法；
- 掌握线性尺寸的标注方法；
- 掌握对齐尺寸、径向尺寸和角度尺寸的标注方法；
- 掌握基线尺寸、连续尺寸、形位公差的标注方法；
- 掌握圆心标注和引线注释的创建方法；
- 掌握快速标注命令的使用方法。

技能目标

- 掌握高脚椅的标注方法。

8.1 尺寸标注样式

尺寸标注样式用于控制尺寸标注的外观，如箭头的样式、文字的位置及尺寸界线的长度等。设置尺寸标注样式，可以确保工程图中的尺寸标注符合行业或项目标准。

8.1.1 尺寸标注的基本概念

尺寸标注是由文字、尺寸线、尺寸界线、箭头、中心线等元素组成的，如图 8-1 所示。

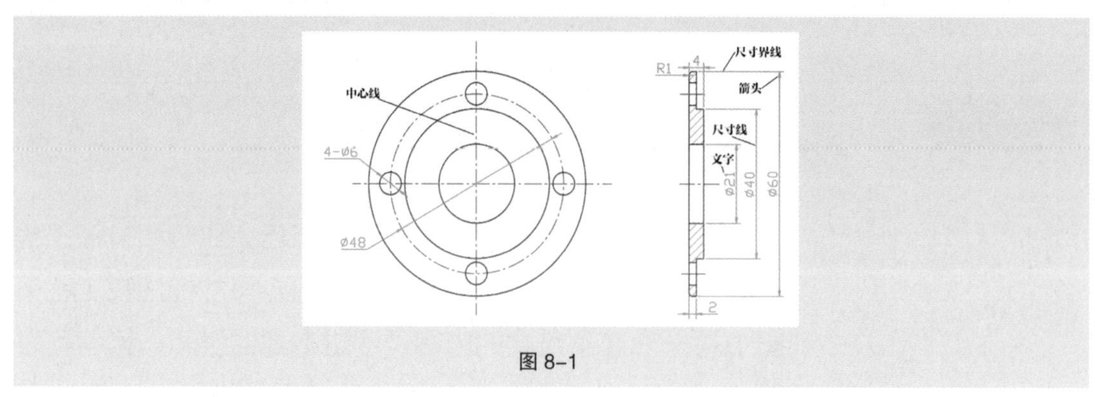

图 8-1

8.1.2 创建尺寸标注样式

默认情况下，在 AutoCAD 2019 中创建尺寸标注时使用的尺寸标注样式是“ISO-25”。用户可以根据需要新建尺寸标注样式，并将其设置为当前标注样式，这样在标注尺寸时，即可使用新创建的尺寸标注样式。AutoCAD 2019 提供了“标注样式”命令来创建尺寸标注样式。

启用命令的方法如下。

- 工具栏：单击“样式”工具栏中的“标注样式”按钮。
- 菜单命令：选择“格式 > 标注样式”命令。
- 命令行：输入“DIMSTYLE”，按 Enter 键。

启用“标注样式”命令，弹出“标注样式管理器”对话框，从中可以创建或调用已有的尺寸标注样式。在创建新的尺寸标注样式时，需要输入尺寸标注样式的名称，并进行相应的设置。

创建名称为“机械制图”的尺寸标注样式的方法如下。

（1）选择“格式 > 标注样式”命令，弹出“标注样式管理器”对话框，如图 8-2 所示。“样式”列表框显示当前已存在的标注样式。

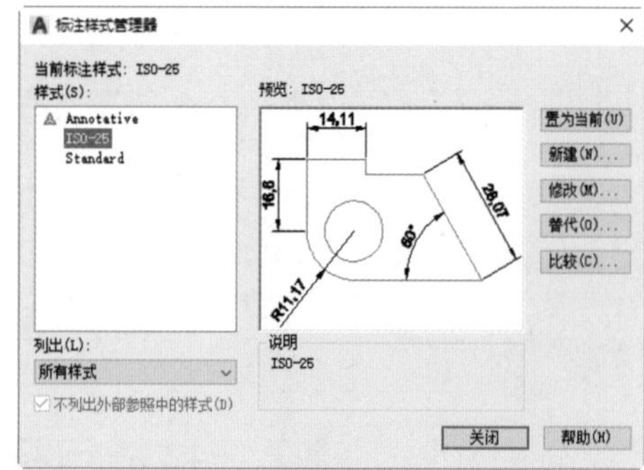

图 8-2

（2）单击“新建”按钮，弹出“创建新标注样式”对话框，在“新样式名”文本框中输入新的样式名称“机械制图”，如图 8-3 所示。

（3）在“基础样式”下拉列表框中选择新标注样式的基础样式，在“用于”下拉列表框中选择新标注样式的应用范围。此处选择默认选项，即“ISO-25”和“所有标注”。

（4）单击“继续”按钮，弹出“新建标注样式：机械制图”对话框，如图 8–4 所示。可以在对话框的 7 个选项卡中进行相应设置。

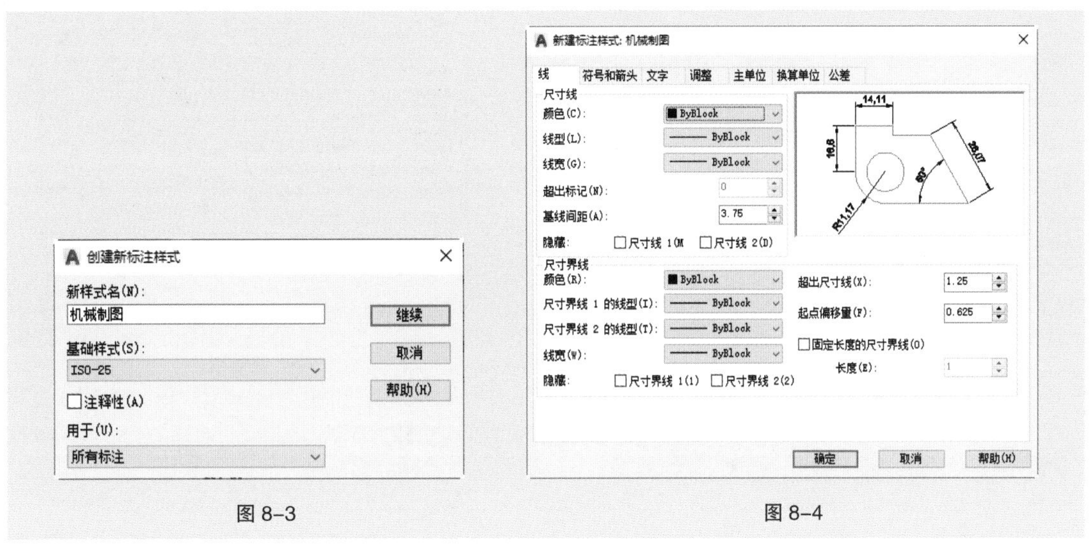

图 8–3　　　　图 8–4

（5）单击“主单位”选项卡，在“小数分隔符”下拉列表框中选择“句点”选项，如图 8–5 所示，将小数点的符号修改为句点。

（6）单击“确定”按钮，创建新的标注样式，其名称显示在“标注样式管理器”对话框的“样式”列表框中，如图 8–6 所示。

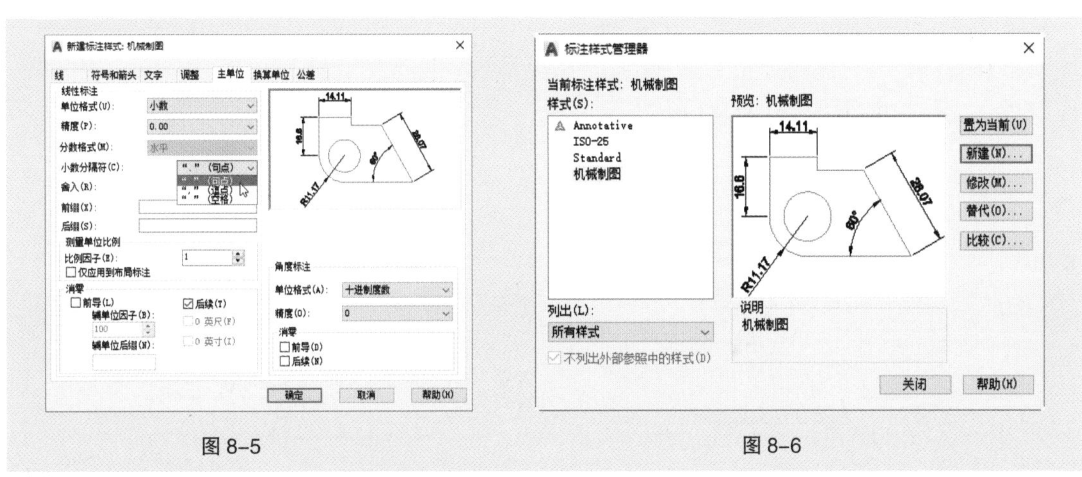

图 8–5　　　　图 8–6

（7）在“样式”列表框内选择前面创建的“机械制图”标注样式，然后单击“置为当前”按钮，将其设置为当前标注样式。

（8）单击“关闭”按钮，关闭“标注样式管理器”对话框。

8.1.3　修改尺寸标注样式

在绘图过程中，用户可以随时修改尺寸标注样式，完成修改后，绘图窗口中的尺寸标注自动使用更新后的样式，方法如下。

（1）单击“样式”工具栏中的“标注样式”按钮，或选择“格式 > 标注样式”命令，弹出“标注样式管理器”对话框。

（2）在“标注样式管理器”对话框的“样式”列表框中选择需要修改的尺寸标注样式，如“机械制图”单击“修改”按钮，弹出“修改标注样式：机械制图”对话框，如图 8-7 所示。在对话框的 7 个选项卡内可以修改各项参数。

（3）完成修改后，单击“确定”按钮，返回“标注样式管理器”对话框。单击“关闭”按钮，完成修改尺寸标注样式的操作。

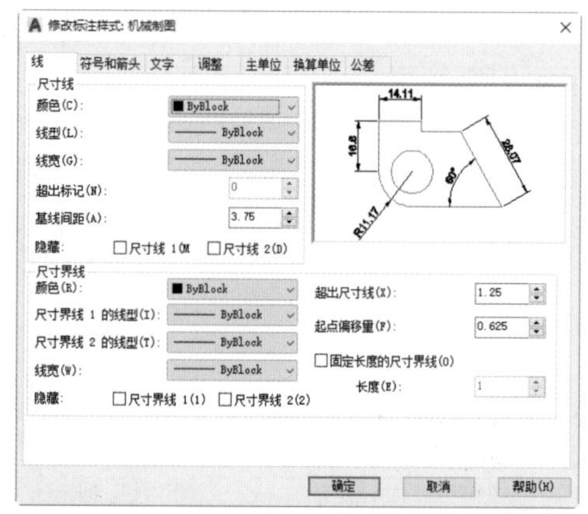

图 8-7

8.2 标注线性尺寸

AutoCAD 2019 提供的“线性”命令用于标注线性尺寸，如标注水平、垂直或倾斜方向上的线性尺寸。

启用命令的方法如下。

- 工具栏：单击“标注”工具栏中的“线性”按钮。
- 菜单命令：选择“标注 > 线性”命令。
- 命令行：输入“DIMLINEAR”（快捷命令：DLI），按 Enter 键。

8.2.1 标注水平方向上的尺寸

使用“线性”命令可以标注水平方向上的线性尺寸。

打开云盘中的“Ch08 > 素材 > 锥齿轮.dwg”文件，在锥齿轮上标注交点 *A* 与交点 *B* 之间的水平距离，操作步骤如下。效果如图 8-8 所示。

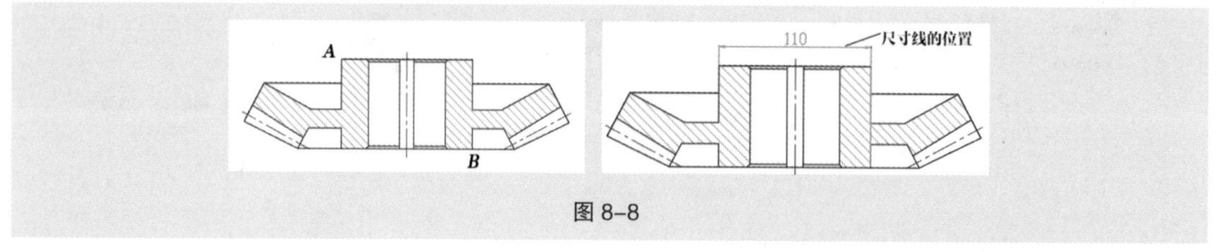

图 8-8

```
命令：_dimlinear                                              //单击“线性”按钮
指定第一条尺寸界线原点或<选择对象>：<对象捕捉 开>              //打开“对象捕捉”功能，选择交点A
指定第二条尺寸界线原点：                                      //选择交点B
指定尺寸线位置或
[多行文字(M)/文字(T)/角度(A)/水平(H)/垂直(V)/旋转(R)]: h
                                                              //选择“水平”选项
指定尺寸线位置或[多行文字(M)/文字(T)/角度(A)]:                  //选择尺寸线的位置
```

标注文字 = 110

提示选项说明如下。

- 多行文字（M）：用于输入多行文字。选择该选项，会打开“文字编辑器”选项卡和“文字输入”编辑框，如图 8-9 所示。“文字输入”编辑框中的数值为 AutoCAD 2019 自动测量得到的数值，用户可以在该编辑框输入其他数值来修改尺寸标注文字。

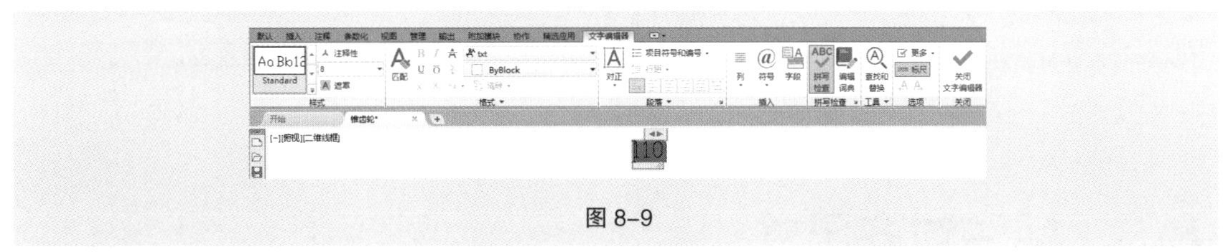

图 8-9

- 文字（T）：用于设置尺寸标注中的文字。
- 角度（A）：用于设置尺寸标注中文字的倾斜角度。
- 水平（H）：用于创建水平方向上的线性标注。
- 垂直（V）：用于创建垂直方向上的线性标注。
- 旋转（R）：用于创建旋转一定角度的线性尺寸。

8.2.2 标注垂直方向上的尺寸

使用“线性”命令可以标注垂直方向上的线性尺寸。

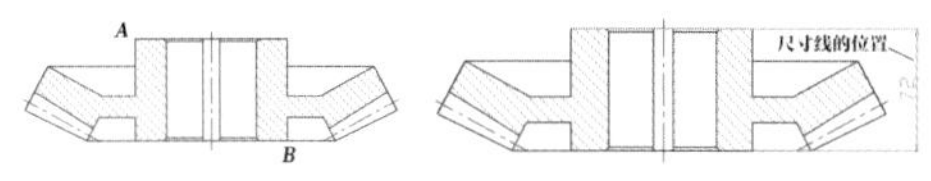

图 8-10

打开云盘中的“Ch08 > 素材 > 锥齿轮.dwg”文件，在锥齿轮上标注交点 *A* 与交点 *B* 之间的垂直距离，即标注锥齿轮的厚度，操作步骤如下。效果如图 8-10 所示。

命令 : _dimlinear　　// 单击“线性”按钮

指定第一条尺寸界线原点或 < 选择对象 >: < 对象捕捉 开 >　　// 打开“对象捕捉”功能，选择交点 *A*

指定第二条尺寸界线原点 :　　// 选择交点 *B*

指定尺寸线位置或

[多行文字 (M)/ 文字 (T)/ 角度 (A)/ 水平 (H)/ 垂直 (V)/ 旋转 (R)]: v

// 选择“垂直”选项

指定尺寸线位置或 [多行文字 (M)/ 文字 (T)/ 角度 (A)]:　　// 选择尺寸线的位置

标注文字 = 72

8.2.3 标注倾斜方向上的尺寸

使用“线性”命令可以标注倾斜方向上的线性尺寸。

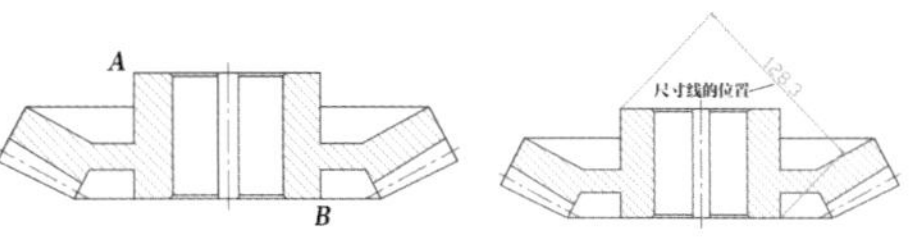

图 8-11

打开云盘中的“Ch08 > 素材 > 锥齿轮.dwg”文件，在锥齿轮上标注交点 *A* 与交点 *B* 在 45° 方向上的投影距离，操作步骤如下。效果如图 8-11 所示。

命令 : _dimlinear　　// 单击“线性”按钮

指定第一条尺寸界线原点或 < 选择对象 >:< 对象捕捉 开 >　　// 打开“对象捕捉”功能，选择交点 *A*

指定第二条尺寸界线原点 :　　// 选择交点 *B*

指定尺寸线位置或

[多行文字 (M)/ 文字 (T)/ 角度 (A)/ 水平 (H)/ 垂直 (V)/ 旋转 (R)]: r

// 选择“旋转”选项

指定尺寸线的角度 <0>: 45 // 输入倾斜方向的角度

指定尺寸线位置或

[多行文字 (M)/ 文字 (T)/ 角度 (A)/ 水平 (H)/ 垂直 (V)/ 旋转 (R)]:

// 选择尺寸线的位置

标注文字 = 128.69

8.3 标注对齐尺寸

使用“对齐”命令可以标注倾斜线段的长度，并且对齐尺寸的尺寸线使其平行于标注的图形对象。启用命令的方法如下。

- 工具栏：单击“标注”工具栏中的“对齐”按钮。
- 菜单命令：选择“标注 > 对齐”命令。
- 命令行：输入“DIMALIGNED”（快捷命令：DAL），按 Enter 键。

打开云盘中的“Ch08 > 素材 > 锥齿轮 .dwg”文件，标注锥齿轮的齿宽，操作步骤如下。效果如图 8-12 所示。

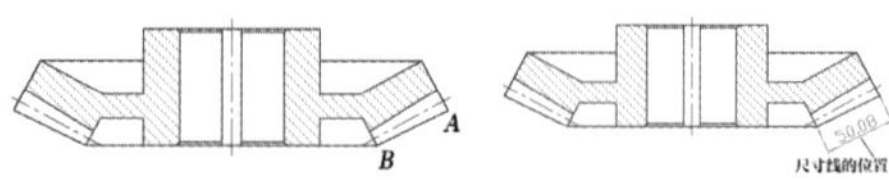

图 8-12

命令 : _dimaligned // 单击“对齐”按钮

指定第一条尺寸界线原点或 < 选择对象 >:< 对象捕捉 开 >

// 打开“对象捕捉”功能，选择交点 *A*

指定第二条尺寸界线原点 : // 选择交点 *B*

指定尺寸线位置或 [多行文字 (M)/ 文字 (T)/ 角度 (A)]: // 选择尺寸线的位置

标注文字 = 50.08

此外，还可以直接选择线段 AB 来进行标注。

命令 : _dimaligned // 单击“对齐”按钮

指定第一条尺寸界线原点或 < 选择对象 >: // 按 Enter 键

选择标注对象 : // 选择线段 *AB*

指定尺寸线位置或 [多行文字 (M)/ 文字 (T)/ 角度 (A)]: // 选择尺寸线的位置

标注文字 = 50.08

8.4 创建径向尺寸

径向尺寸包括直径和半径的尺寸。直径和半径的尺寸标注是 AutoCAD 2019 提供的用于测量圆和圆弧的直径或半径长度的工具。

8.4.1 课堂案例——标注高脚椅

【案例学习目标】掌握并熟练运用“半径”命令标注图形。

【案例知识要点】利用“半径”命令标注高脚椅，效果如图 8-13 所示。

【效果所在位置】云盘 /Ch08/DWG/ 标注高脚椅。

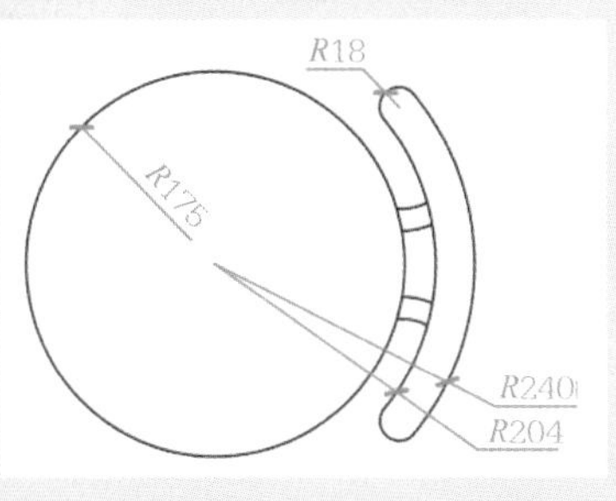

图 8-13

（1）打开图形文件。选择“文件 > 打开”命令，打开云盘中的“Ch08 > 素材 > 标注高脚椅”文件，如图 8-14 所示。

（2）设置图层。选择“格式 > 图层”命令，弹出“图层特性管理器”对话框。单击“新建图层”按钮，建立一个“DIM”图层，设置图层颜色为“绿色”，单击“置为当前”按钮，设置“DIM”图层为当前图层。单击“关闭”按钮，完成图层的设置。

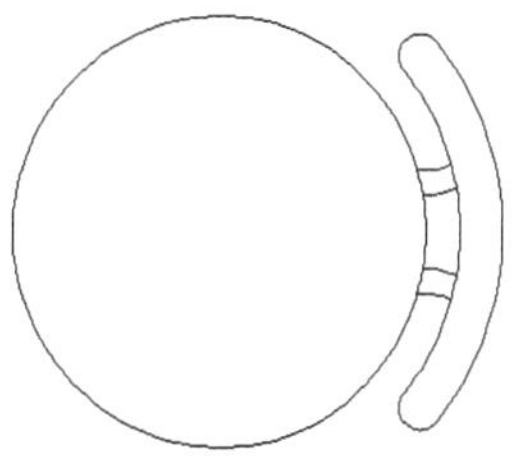

图 8-14

（3）设置标注样式。单击“样式”工具栏上的“标注样式”按钮，弹出“标注样式管理器”对话框，如图 8-15 所示。单击“新建”按钮，弹出“创建新标注样式”对话框，在“新样式名”文本框中输入新样式名“dim”，如图 8-16 所示。单击“继续”按钮，弹出“新建标注样式: dim”对话框，设置标注样式参数，如图 8-17 所示。单击“符号和箭头”选项卡，设置如图 8-18 所示，单击“确定”按钮，返回“标注样式管理器 E”对话框，在“样式”列表框中选择“dim”选项，单击“置为当前”按钮，将其置为当前标注样式。单击“关闭”按钮，返回绘图窗口。

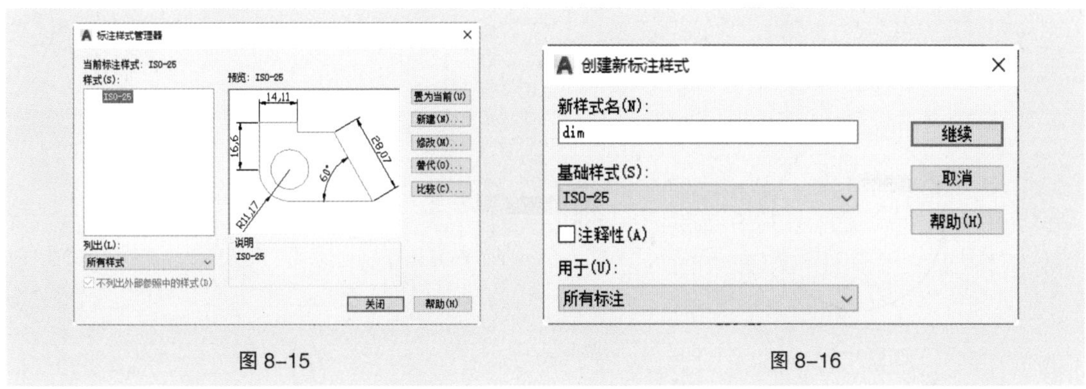

图 8-15　　图 8-16

（4）打开标注工具栏。在任意工具栏上单击鼠标右键，在弹出的快捷菜单中选择“标注”菜单命令，如图 8-19 所示。弹出“标注”工具栏，如图 8-20 所示。

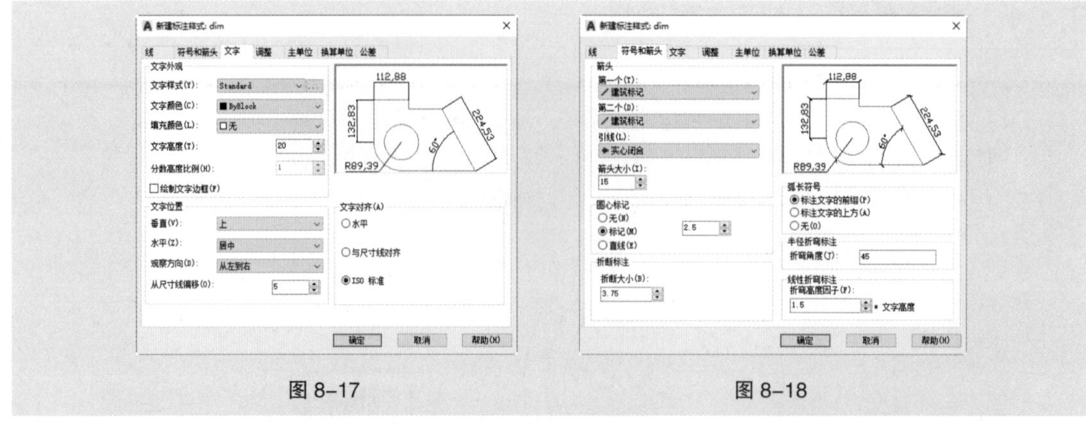

图 8-17　　　　图 8-18

图 8-19　　　　图 8-20

命令 : _dimradius　　　　// 单击“半径”按钮

选择圆弧或圆 :　　　　// 选择外轮廓处圆角，如图 8-21 所示

标注文字 = 175

指定尺寸线位置或 [多行文字 (M)/ 文字 (T)/ 角度 (A)]:　　　　// 移动鼠标指针，单击指定尺寸线的位置，

　　　　// 如图 8-22 所示

命令 _dimradius:　　　　// 按 Enter 键

选择圆弧或圆 :　　　　// 选择椅靠上部的轮廓线

标注文字 =18

指定尺寸线位置或 [多行文字 (M)/ 文字 (T)/ 角度 (A)]:　　　　// 移动鼠标指针，单击指定尺寸线的位置

命令 _dimradius:　　　　// 按 Enter 键

选择圆弧或圆 :　　　　// 选择椅靠下部的外轮廓线

（5）标注半径尺寸。单击“标注”工具栏上的“半径”按钮，在高脚椅轮廓线上的圆角处进行标注，完成后效果如图 8-23 所示。操作步骤如下。

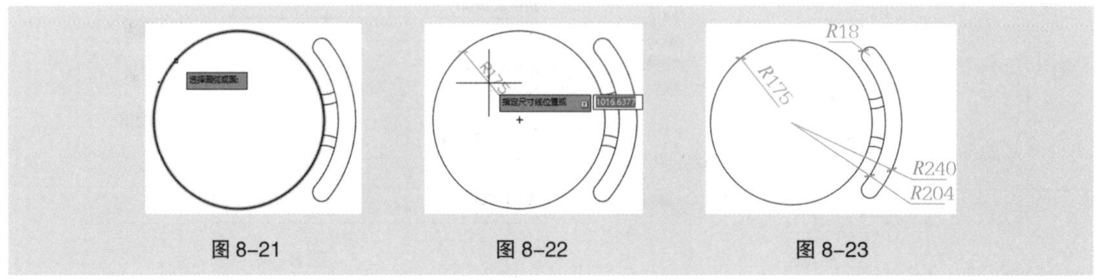

图 8-21　　　　图 8-22　　　　图 8-23

标注文字 = 240

指定尺寸线位置或 [多行文字 (M)/ 文字 (T)/ 角度 (A)]:　　　　// 移动鼠标指针，单击指定尺寸线的位置

命令 _dimradius:　　　　//按 Enter 键

选择圆弧或圆：　　　　//选择椅靠下部的内轮廓线

标注文字 = 204

指定尺寸线位置或 [多行文字 (M)/ 文字 (T)/ 角度 (A)]:　　　　//移动鼠标指针，单击指定尺寸线的位置

8.4.2　标注半径尺寸

半径尺寸常用于标注圆弧和圆角。在标注过程中，AutoCAD 2019 自动在标注文字前添加半径符号“*R*”。AutoCAD 2019 提供了“半径”命令来标注半径尺寸。

启用命令的方法如下。

- 工具栏：单击“标注”工具栏中的“半径”按钮。
- 菜单命令：选择“标注 > 半径”命令。
- 命令行：输入“DIMRADIUS”（快捷命令：DRA），按 Enter 键。

打开云盘中的“Ch08 > 素材 > 连杆 .dwg”文件，标注连杆的外形尺寸，操作步骤如下。效果如图 8-24 所示。

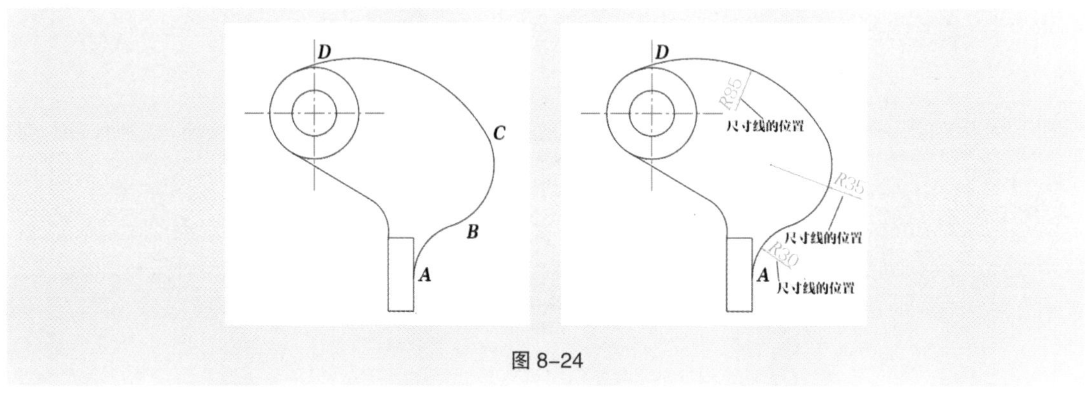

图 8-24

命令 : _dimradius　　　　//单击“半径”按钮

选择圆弧或圆 :　　　　//选择圆弧 *AB*

标注文字 = 30

指定尺寸线位置或 [多行文字 (M)/ 文字 (T)/ 角度 (A)]:　　　　//在圆弧内侧单击指定尺寸线的位置

命令 : _dimradius　　　　//单击“半径”按钮

选择圆弧或圆 :　　　　//选择圆弧 *BC*

标注文字 = 35

指定尺寸线位置或 [多行文字 (M)/ 文字 (T)/ 角度 (A)]:　　　　//在圆弧外侧单击指定尺寸线的位置

命令 : _dimradius　　　　//单击“半径”按钮

选择圆弧或圆 :　　　　//选择圆弧 *CD*

标注文字 = 85

指定尺寸线位置或 [多行文字 (M)/ 文字 (T)/ 角度 (A)]:　　　　//在圆弧内侧单击指定尺寸线的位置

8.4.3　标注直径尺寸

直径尺寸常用于标注圆的大小。在标注过程中，AutoCAD 2019 自动在标注文字前添加直径符

号“Φ”。AutoCAD 2019 提供了“直径”命令来标注直径尺寸。

启用命令的方法如下。

- 工具栏：单击“标注”工具栏中的“直径”按钮⊘。
- 菜单命令：选择“标注 > 直径”命令。
- 命令行：输入“DIMDIAMETER”（快捷命令：DDI），按 Enter 键。

打开云盘中的“Ch08 > 素材 > 连杆 .dwg”文件，标注连杆圆孔的直径，操作步骤如下。效果如图 8-25 所示。

命令 : _dimdiameter　　// 单击“直径”按钮⊘

选择圆弧或圆 :　　// 选择圆 *A*

标注文字 = 25

指定尺寸线位置或 [多行文字 (M)/ 文字 (T)/ 角度 (A)]:　　// 指定尺寸线的位置

选择“格式 > 标注样式”命令，在弹出的“标注样式管理器”对话框的“样式”列表框中选择要修改的尺寸标注样式，如“ISO-25”，单击“修改”按钮，弹出“修改标注样式：ISO-25”对话框，单击“文字”选项卡，选择“文字对齐”选项组中的“ISO 标准”单选按钮，如图 8-26 所示，单击“确定”按钮，返回“标注样式管理器”对话框。单击“关闭”按钮，即可修改标注的样式，效果如图 8-27 所示。

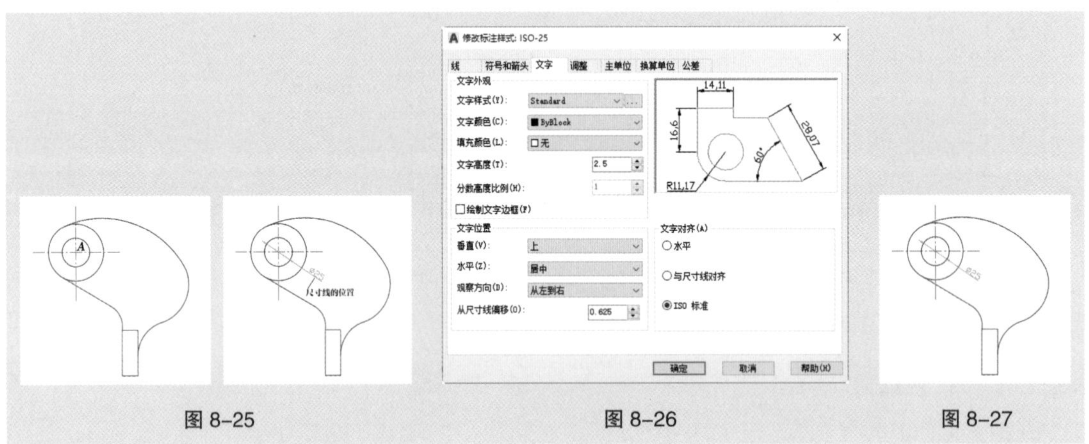

图 8-25　　图 8-26　　图 8-27

8.5 标注角度尺寸

角度的尺寸标注用于标注 2 条线段之间的夹角、3 点之间的角度及圆弧的角度。AutoCAD 2019 提供了“角度”命令来创建角度尺寸标注。

启用命令的方法如下。

- 工具栏：单击“标注”工具栏中的“角度”按钮△。
- 菜单命令：选择“标注 > 角度”命令。
- 命令行：输入“DIMANGULAR”（快捷命令：DAN），按 Enter 键。

1. 标注两条线段之间的夹角

启用“角度”命令后，依次选择两条线段，然后选择尺寸线的位置，即可标注两条线段之间的夹角。AutoCAD 2019 将根据尺寸线的位置来确定其夹角是锐角还是钝角。

打开云盘中的“Ch08 > 素材 > 锥齿轮 .dwg”文件，标注锥齿轮的锥角，操作步骤如下。效果如图 8-28 所示。

命令 : _dimangular　　// 单击“角度”按钮

选择圆弧、圆、直线或 < 指定顶点 >:　　// 选择线段 *AB*

选择第二条直线 :　　// 选择线段 *CD*

指定标注弧线位置或 [多行文字 (M)/ 文字 (T)/ 角度 (A) / 象限点 (Q)]:　　// 指定尺寸线的位置

标注文字 = 125

指定不同的尺寸线位置将产生不一样的角度尺寸，如图 8-29 所示。

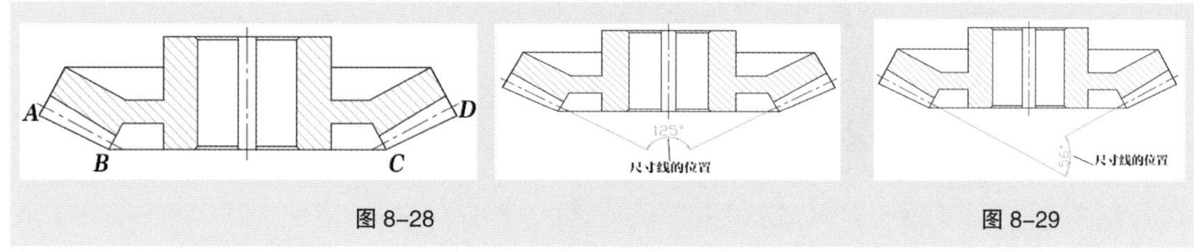

图 8-28　　图 8-29

2. 标注 3 点之间的角度

启用“角度”命令，按 Enter 键，然后依次选择顶点和两个端点，即可标注 3 点之间的角度。

在 *A* 点处标注 *A*、*B*、*C* 3 点之间的角度，操作步骤如下。效果如图 8-30 所示。

命令 : _dimangular　　// 单击“角度”按钮

选择圆弧、圆、直线或 < 指定顶点 >:　　// 按 Enter 键

指定角的顶点 : < 对象捕捉 开 >　　// 打开“对象捕捉”开关，选择顶点 *A*

指定角的第一个端点 :　　// 选择顶点 *B*

指定角的第二个端点 :　　// 选择顶点 *C*

指定标注弧线位置或 [多行文字 (M)/ 文字 (T)/ 角度 (A) / 象限点 (Q)]:

　　// 指定尺寸线的位置

标注文字 = 60

3. 标注圆弧的包含角度

启用“角度”命令，然后选择圆弧，即可标注该圆弧的包含角度。

打开云盘中的“Ch08 > 素材 > 凸轮 .dwg”文件，标注凸轮 *AB* 段圆弧的包含角度，即凸轮的远休止角，操作步骤如下。效果如图 8-31 所示。

命令 : _dimangular　　// 单击“角度”按钮

选择圆弧、圆、直线或 < 指定顶点 >:　　// 选择圆弧 *AB*

指定标注弧线位置或 [多行文字 (M)/ 文字 (T)/ 角度 (A) / 象限点 (Q)]:　　// 指定尺寸线的位置

标注文字 = 120

4. 标注圆上某段圆弧的包含角度

启用“角度”命令，依次选择圆上某段圆弧的起点与终点，即可标注该圆弧的包含角度。

打开云盘中的“Ch08 > 素材 > 凸轮 .dwg”文件，标注凸轮 *AB* 段圆弧的包含角度，即凸轮的近休止角，操作步骤如下。效果如图 8-32 所示。

命令 : _dimangular　　// 单击“角度”按钮

选择圆弧、圆、直线或 < 指定顶点 >:　　// 选择圆上的 *A* 点

指定角的第二个端点： //选择圆上的 B 点

指定标注弧线位置或 [多行文字 (M)/ 文字 (T)/ 角度 (A) / 象限点 (Q)]: //指定尺寸线的位置

标注文字 = 60

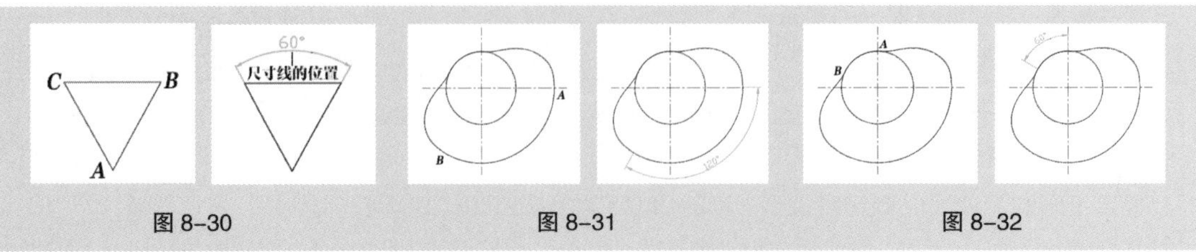

图 8-30 图 8-31 图 8-32

8.6 标注基线尺寸

启用“基线”命令可以为多个图形对象标注基线尺寸。基线尺寸标注可用于标注一组起始点相同的尺寸，其特点是尺寸拥有相同的基准线。在进行基线尺寸标注之前，工程图中必须已存在一个以上的尺寸标注，否则无法进行操作。

启用命令的方法如下。

- 工具栏：单击“标注”工具栏中的“基线”按钮。
- 菜单命令：选择“标注 > 基线”命令。
- 命令行：输入“DIMBASELINE”（快捷命令：DBA），按 Enter 键。

打开云盘中的“Ch08 > 素材 > 传动轴 .dwg”文件，标注传动轴各段的长度，操作步骤如下。效果如图 8-33 所示。

命令 : _dimlinear //单击“线性“按钮

指定第一条尺寸界线原点或 < 选择对象 >:< 对象捕捉 开 > //打开“对象捕捉”开关，选择交点 A

指定第二条尺寸界线原点 : //选择交点 B

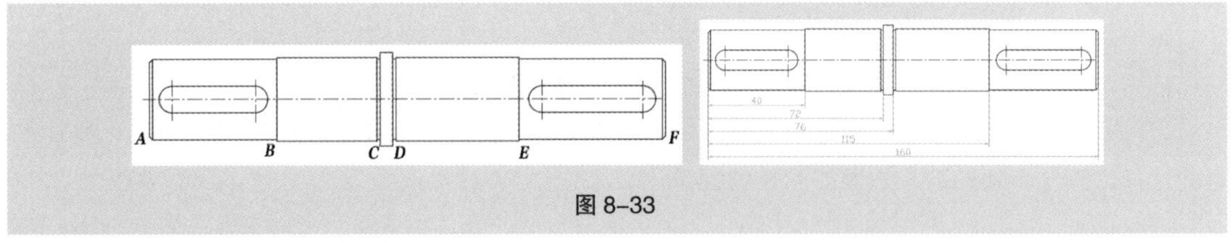

图 8-33

指定尺寸线位置或 //指定尺寸线的位置

[多行文字 (M)/ 文字 (T)/ 角度 (A)/ 水平 (H)/ 垂直 (V)/ 旋转 (R)]:

标注文字 = 40

命令 : _dimbaseline //单击”基线“按钮

指定第二条尺寸界线原点或 [选择 (S)/ 放弃 (U)] < 选择 >: //选择交点 C

标注文字 = 72

指定第二条尺寸界线原点或 [选择 (S)/ 放弃 (U)] < 选择 >: //选择交点 D

标注文字 = 76

指定第二条尺寸界线原点或 [选择 (S)/ 放弃 (U)] < 选择 >: //选择交点 E

标注文字 = 115

指定第二条尺寸界线原点或 [选择 (S)/ 放弃 (U)] < 选择 >: // 选择交点 *F*

标注文字 = 160

指定第二条尺寸界线原点或 [选择 (S)/ 放弃 (U)] < 选择 >: // 按 Enter 键

选择基准标注 : // 按 Enter 键

提示选项说明如下。

● 指定第二条尺寸界线原点：用于选择基线标注的第二条尺寸界线。

● 选择（S）：用于选择基线标注的第一条尺寸界线。默认情况下，AutoCAD 2019 会自动将最后创建的尺寸标注的第一条尺寸界线作为基线标注的第一条尺寸界线。例如，选择 *B* 点处的尺寸界线作为基准线时，标注的图形如图 8-34 所示。

● 放弃（U）：用于放弃命令操作。

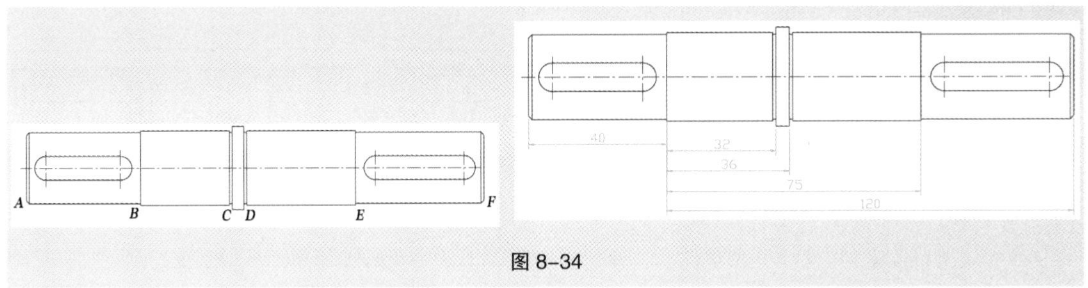

图 8-34

选择 *B* 点处的尺寸界线作为基准线时，标注图形的操作步骤如下。

命令 : _dimlinear // 单击“线性”按钮

指定第一条尺寸界线原点或 < 选择对象 >:< 对象捕捉 开 > // 打开“对象捕捉”开关，选择交点 *A*

指定第二条尺寸界线原点 : // 选择交点 *B*

指定尺寸线位置或 // 指定尺寸线的位置

[多行文字 (M)/ 文字 (T)/ 角度 (A)/ 水平 (H)/ 垂直 (V)/ 旋转 (R)]:

标注文字 = 40

命令 : _dimbaseline // 单击“基线”按钮

指定第二条尺寸界线原点或 [选择 (S)/ 放弃 (U)] < 选择 >: S // 选择“选择”选项

选择基准标注 : // 指定 *B* 点处的尺寸界线

指定第二条尺寸界线原点或 [选择 (S)/ 放弃 (U)] < 选择 >: // 选择交点 *C*

标注文字 = 32

指定第二条尺寸界线原点或 [选择 (S)/ 放弃 (U)] < 选择 >: // 选择交点 *D*

标注文字 = 36

指定第二条尺寸界线原点或 [选择 (S)/ 放弃 (U)] < 选择 >: // 选择交点 *E*

标注文字 = 75

指定第二条尺寸界线原点或 [选择 (S)/ 放弃 (U)] < 选择 >: // 选择交点 *F*

标注文字 = 120

指定第二条尺寸界线原点或 [选择 (S)/ 放弃 (U)] < 选择 >: // 按 Enter 键

选择基准标注 : // 按 Enter 键

8.7 标注连续尺寸

启用“连续”命令可以标注多个连续的对象，并为图形对象标注连续尺寸。连续尺寸是工程制图中常用的一种标注形式，其特点是首尾相连。在标注过程中，AutoCAD 2019 会自动将最后创建的尺寸标注结束点处的尺寸界线作为下一标注起始点处的尺寸界线。

启用命令的方法如下。

- 工具栏：单击“标注”工具栏中的“连续”按钮。
- 菜单命令：选择“标注 > 连续”命令。
- 命令行：输入“DIMCONTINUE”（快捷命令：DCO），按 Enter 健。

打开云盘中的“Ch08 > 素材 > 传动轴 .dwg”文件，标注传动轴各段的长度，操作步骤如下。效果如图 8-35 所示。

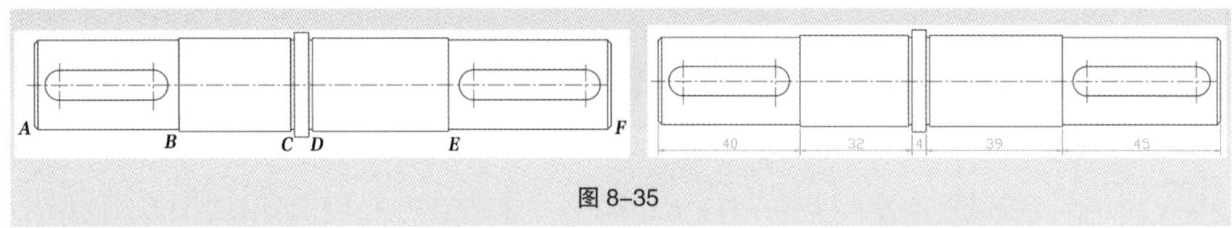

图 8-35

```
命令 : _dimlinear                                          // 单击“线性”按钮
指定第一条尺寸界线原点或 < 选择对象 >:< 对象捕捉 开 >      // 打开“对象捕捉”开关，选择交点 A
指定第二条尺寸界线原点 :                                   // 选择交点 B
指定尺寸线位置或                                           // 指定尺寸线的位置
[ 多行文字 (M)/ 文字 (T)/ 角度 (A)/ 水平 (H)/ 垂直 (V)/ 旋转 (R)]:
标注文字 = 40
命令 : _dimcontinue                                        // 单击“连续”按钮
指定第二条尺寸界线原点或 [ 选择 (S)/ 放弃 (U)] < 选择 >:   // 选择交点 C
标注文字 = 32
指定第二条尺寸界线原点或 [ 选择 (S)/ 放弃 (U)] < 选择 >:   // 选择交点 D
标注文字 = 4
指定第二条尺寸界线原点或 [ 选择 (S)/ 放弃 (U)] < 选择 >:   // 选择交点 E
标注文字 = 39
指定第二条尺寸界线原点或 [ 选择 (S)/ 放弃 (U)] < 选择 >:   // 选择交点 F
标注文字 = 45
指定第二条尺寸界线原点或 [ 选择 (S)/ 放弃 (U)] < 选择 >:   // 按 Enter 键
选择连续标注 :                                             // 按 Enter 键
```

提示选项说明如下。

- 指定第二条尺寸界线原点：用于选择连续标注的第二条尺寸界线。
- 选择（S）：用于选择连续标注的第一条尺寸界线。默认情况下，AutoCAD 2019 会自动将最后创建的尺寸标注的第二条尺寸界线作为连续标注的第一条尺寸界线。
- 放弃（U）：用于放弃命令操作。

8.8 标注形位公差

在 AutoCAD 2019 中，使用“公差”命令可以创建零件的各种形位公差，如零件的形状、方向、位置及跳动的允许偏差等。

启用命令的方法如下。

- 工具栏：单击“标注”工具栏中的“公差”按钮。
- 菜单命令：选择“标注 > 公差”命令。
- 命令行：输入“TOLERANCE”（快捷命令：TOL），按 Enter 键。

打开云盘中的“Ch08 > 素材 > 圆锥齿轮轴.dwg”文件，在 *A* 点处标注键槽的对称度，效果如图 8-36 所示。操作步骤如下。

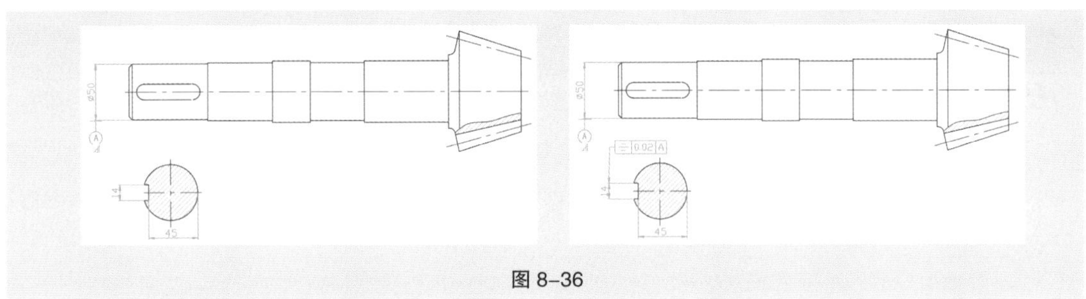

图 8-36

（1）单击”标注”工具栏中的“公差”按钮，弹出“形位公差”对话框，如图 8-37 所示。

该对话框中的选项说明如下。

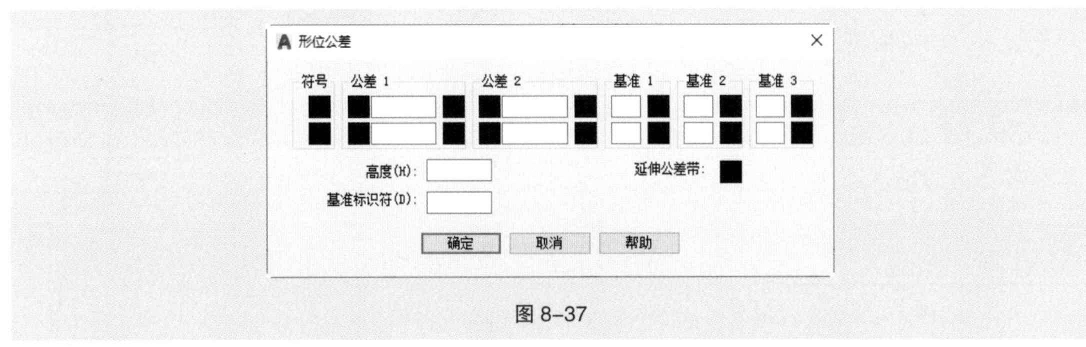

图 8-37

- “符号”选项组：用于设置形位公差的几何特征符号。
- “公差 1”选项组：用于在特征控制框中创建第一个公差值。该公差值指明了几何特征相对于精确形状的允许偏差量。另外，可在公差值前插入直径符号，在其后插入包容条件符号。
- “公差 2”选项组：用于在特征控制框中创建第二个公差值。
- “基准 1”选项组：用于在特征控制框中创建第一级基准参照。基准参照由值和修饰符号组成。基准是理论上精确的几何参照，用于建立特征的公差带。
- “基准 2”选项组：用于在特征控制框中创建第二级基准参照。
- “基准 3”选项组：用于在特征控制框中创建第三级基准参照。
- “高度”数值框：用于在特征控制框中创建投影公差带的值。投影公差带控制固定垂直部分延伸区的高度变化，并以位置公差控制公差精度。

● “延伸公差带”选项组：用于在延伸公差带值的后面插入延伸公差带符号“Ⓟ”。

● “基准标识符”文本框：用于创建由参照字母组成的基准标识符号。基准是理论上精确的几何参照，用于建立其他特征的位置和公差带。点、线段、平面、圆柱或者其他几何图形都能作为基准。

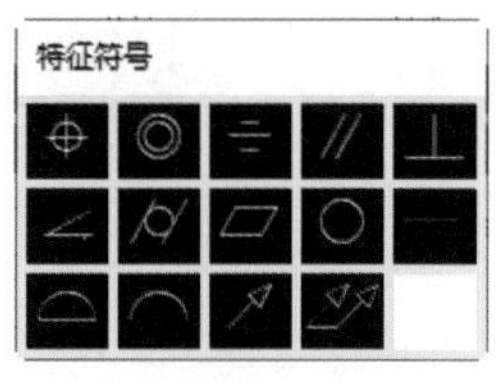

图 8-38

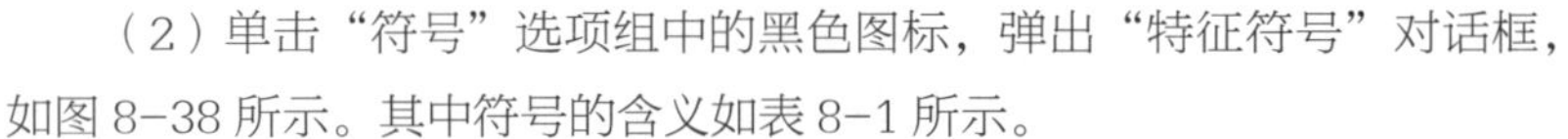

（2）单击“符号”选项组中的黑色图标，弹出“特征符号”对话框，如图 8-38 所示。其中符号的含义如表 8-1 所示。

表 8-1

符号	含义	符号	含义	符号	含义
⌖	位置度	∠	倾斜度	⌓	面轮廓度
◎	同轴度	⌭	圆柱度	⌒	线轮廓度
⌯	对称度	▱	平面度	↗	圆跳度
//	平行度	○	圆度	⌰	全跳度
⊥	垂直度	—	直线度		

（3）单击“特征符号”对话框中的“对称度”符号⌯，AutoCAD 2019 会自动将该符号显示于“形位公差”对话框的“符号”选项组中。

（4）单击“公差 1”选项组左侧的黑色图标可以添加直径符号，再次单击新添加的直径符号图标可以将其取消。

（5）在“公差 1”选项组的数值框中可以输入公差 1 的数值，本例在此处输入数值“0.02”。单击其右侧的黑色图标，会弹出“附加符号”对话框，如图 8-39 所示。其中符号的含义如表 8-2 所示。

附加符号

图 8-39

表 8-2

符号	含义
Ⓜ	材料的一般中等状况
Ⓛ	材料的最大状况
Ⓢ	材料的最小状况

（6）利用同样的方法，可以设置“公差 2”选项组中的各项。

（7）“基准 1”选项组用于设置形位公差的第一基准，本例在此处的文本框中输入形位公差的基准代号“A”。单击其右侧的黑色图标，弹出“附加符号”对话框，从中可以选择相应的符号图标。

（8）同样，可以设置形位公差的第二、第三基准。

（9）在“高度”数值框中设置高度值。

（10）单击“延伸公差带”右侧的黑色图标，可以插入投影公差带的符号图标“Ⓟ”。

（11）在“基准标识符”文本框中可以添加一个基准值。

（12）完成以上设置后，单击“形位公差”对话框中的“确定”按钮，返回到绘图窗口。在系统提示“输入公差位置：”时，在 *A* 点处单击确定公差的标注位置。

（13）完成后的形位公差如图 8-40 所示。启用“公差”命令创建的形位公差不带引线，因此通常要启用“引线”命令来创建带引线的形位公差。

（14）在命令行中输入“QLEADER”，按 Enter 键，在弹出的“引线设置”对话的“注释类型”选项组中选择“公差”单选按钮，如图 8–41 所示。

（15）单击“确定”按钮，关闭“引线设置”对话框。

（16）在 *A* 点处单击确定引线，弹出“形位公差”对话框。设置形位公差的数值，完成后单击“确定”按钮，完成的形位公差如图 8–42 所示。

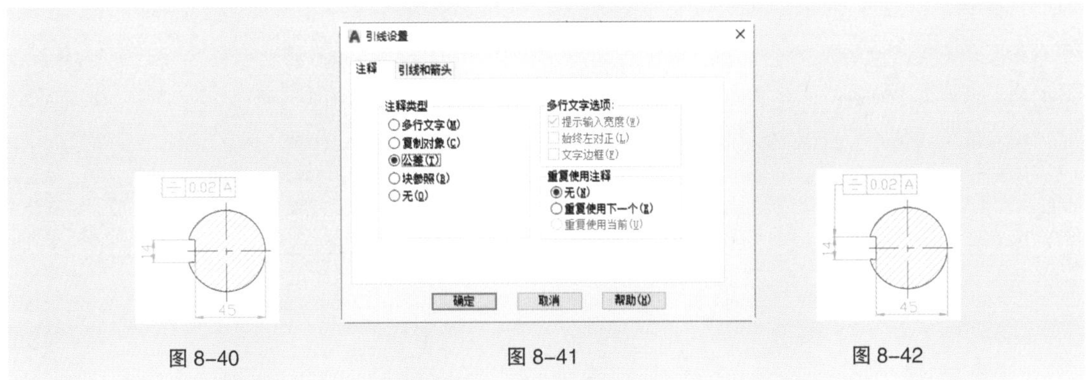

图 8–40　　图 8–41　　图 8–42

8.9 创建圆心标注

“圆心标记”命令用于创建圆心标注，即标注圆或圆弧的圆心符号。

启用命令的方法如下。

- 工具栏：单击“标注”工具栏中的“圆心标记”按钮⊕。
- 菜单命令：选择“标注 > 圆心标记”命令。
- 命令行：输入“DIMCENTER”（快捷命令：DCE），按 Enter 键。

打开云盘中的“Ch08 > 素材 > 连杆 .dwg”文件，依次标注圆弧 *AB* 和圆弧 *BC* 的圆心，操作步骤如下。效果如图 8–43 所示。

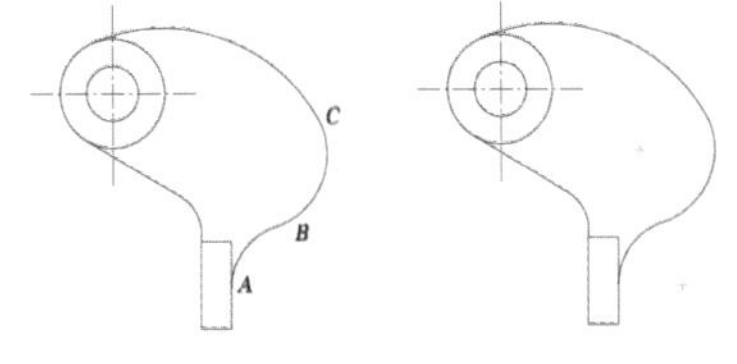

图 8–43

命令 : _dimcenter　　// 单击“圆心标记”按钮⊕

选择圆弧或圆 :　　// 选择圆弧 *AB*

命令 : _dimcenter　　// 单击“圆心标记”按钮⊕

选择圆弧或圆 :　　// 选择圆弧 *BC*

8.10 创建引线注释

引线注释是由箭头、线段和注释文字组成的，如图 8–44 所示。AutoCAD 2019 提供了“引线”命令来创建引线注释。

启用命令的方法：

在命令行输入“QLEADER”，按 Enter 键。

在打开云盘中的“Ch08 > 素材 > 传动轴.dwg”文件，对轴端的倒角进行标注，操作步骤如下。效果如图 8-45 所示。

```
命令 : _ qleader                                           // 在命令行中输入“QLEADER”
指定第一个引线点或 [ 设置 (S)] < 设置 >:< 对象捕捉 开 >    // 打开“对象捕捉”开关，选择 A 点
指定下一点 :                                               // 在 B 点处单击
指定下一点 : < 正交 开 >                                   // 打开“正交”开关，选择 C 点
指定文字宽度 <0.0000>:                                     // 按 Enter 键
输入注释文字的第一行 < 多行文字 (M)>: 1X45%%d              // 输入倒角尺寸
输入注释文字的下一行 :                                     // 按 Enter 键
```

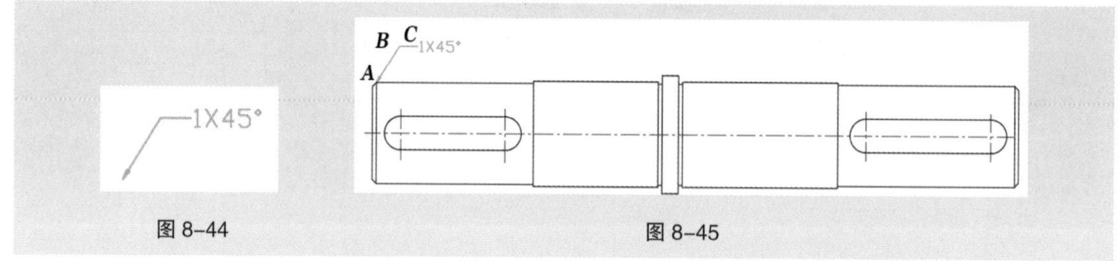

图 8-44　　图 8-45

8.10.1　设置引线注释的类型

可以在“引线设置”对话框中设置引线注释的外观样式。在命令行中输入“QLEADER”，按 Enter 键后，命令行提示“指定第一个引线点或 [设置 (S)] < 设置 >:”；此时按 Enter 键，会弹出“引线设置”对话框，如图 8-46 所示。

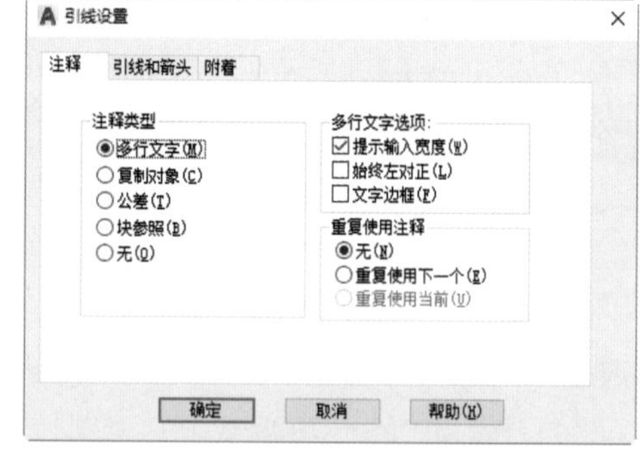

图 8-46

该对话框中的选项说明如下。

● “注释类型”选项组用于设置引线注释的类型。

▲“多行文字”单选按钮：用于创建多行文字的引线注释。

▲“复制对象”单选按钮：用于复制多行文字、单行文字、公差或块参照对象。

▲“公差”单选按钮：用于标注形位公差。

▲“块参照”单选按钮：用于插入块参照。

▲“无”单选按钮：用于创建无注释的引线。

● “多行文字选项”选项组：用于设置文字的格式。

▲“提示输入宽度”复选框：用于设置多行文字的宽度。

▲“始终左对齐”复选框：用于设置多行文字的对齐方式。

▲“文字边框”复选框：用于为多行文字添加边框线。

● “重复使用注释”选项组：用于设置引线注释的使用特点。

▲“无”单选按钮：不重复使用引线注释。

▲“重复使用下一个”单选按钮：用于重复使用、为后续引线创建的下一个注释。

▲“重复使用当前”单选按钮：用于重复使用当前注释。选择“重复使用下一个”单选按钮之

后重复使用注释时，AutoCAD 2019 将自动选择此单选按钮。

8.10.2 控制引线及箭头的外观特征

在“引线设置”对话框中，单击“引线和箭头”选项卡，对话框如图 8-47 所示，从中可以设置引线注释的引线和箭头样式。

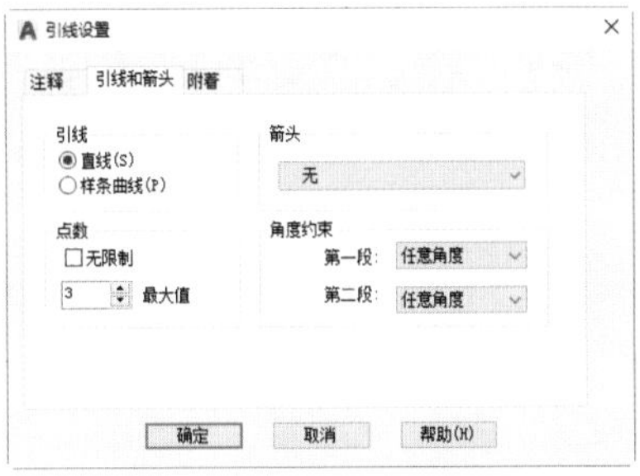

图 8-47

该对话框中各选项的说明如下。

- “直线”单选按钮：用于将引线设置为线段样式。
- “样条曲线”单选按钮：用于将引线设置为样条曲线样式。
- “箭头”下拉列表框：用于选择箭头的样式。
- “点数”选项组：用于设置引线形状控制点的数量。

▲“无限制”复选框：用于设置无限制的引线控制点。勾选此复选框后 AutoCAD 2019 将一直提示选择引线控制点，直到按 Enter 键为止。

▲“最大值”数值框：用于设置引线控制点的最大数量；可在该数值框中输入 2 ~ 999 的任意整数。

- “角度约束”选项组：用于设置第一段和第二段引线之间的角度。

▲“第一段”下拉列表框：用于选择第一段引线的角度。

▲“第二段”下拉列表框：用于选择第二段引线的角度。

8.10.3 设置引线注释的对齐方式

在“引线设置”对话框中，单击“附着”选项卡，从中可以设置引线和多行文字注释的附着位置。只有在“注释”选项卡中选择了“多行文字”单选按钮，“附着”选项卡才为可选择状态，如图 8-48 所示。

该对话框中的选项说明如下。

- “多行文字附着”选项组：其中每个选项都有“文字在左边”和“文字在右边”两个单选按钮，用于设置文字附着的位置，如图 8-49 所示。

▲“第一行顶部”单选按钮：用于将引线附着到多行文字第一行的顶部。

▲“第一行中间”单选按钮：用于将引线附着到多行文字第一行的中间。

▲“多行文字中间”单选按钮：用于将引线附着到多行文字的中间。

▲“最后一行中间”单选按钮：用于将引线附着到多行文字最后一行的中间。

▲“最后一行底部”单选按钮：用于将引线附着到多行文字最后一行的底部。

- “最后一行加下划线”复选框：用于在多行文字的最后一行添加下画线。

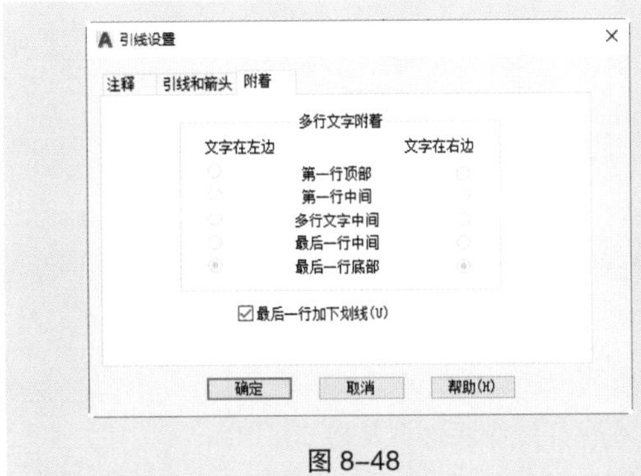

图 8-48

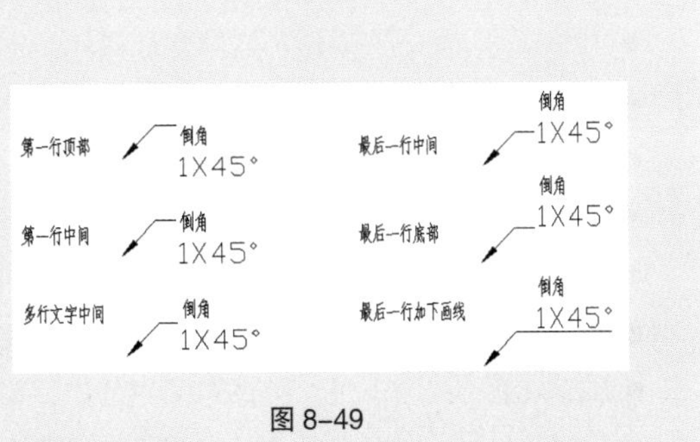

图 8-49

8.11 快速标注

为了提高标注尺寸的速度，AutoCAD 2019 提供了“快速标注”命令，使用该命令可以快速创建或编辑基线标注、连续标注，还可以快速标注圆或圆弧等。启用“快速标注”命令后，一次选择多个图形对象，AutoCAD 2019 将自动完成标注操作。

启用命令的方法如下。

- 工具栏：单击“标注”工具栏中的“快速标注”按钮。
- 菜单命令：选择“标注 > 快速标注”命令。
- 命令行：输入“QDIM”，按 Enter 键。

打开云盘中的“Ch08 > 素材 > 传动轴.dwg”文件，使用“快速标注”命令可一次标注多个对象，操作步骤如下。效果如图 8-50 所示。

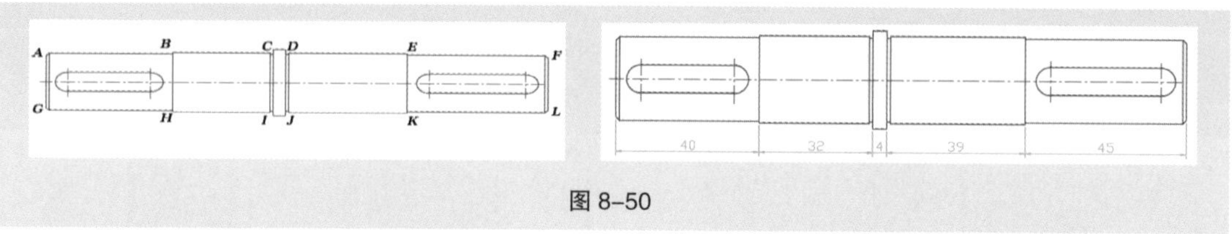

图 8-50

命令：_qdim　　//单击“快速标注”按钮

关联标注优先级 = 端点

选择要标注的几何图形：找到 1 个　　//选择线段 *AG*

选择要标注的几何图形：找到 1 个，总计 2 个　　//选择线段 *BH*

选择要标注的几何图形：找到 1 个，总计 3 个　　//选择线段 *CI*

选择要标注的几何图形：找到 1 个，总计 4 个　　//选择线段 *DJ*

选择要标注的几何图形：找到 1 个，总计 5 个　　//选择线段 *EK*

选择要标注的几何图形：找到 1 个，总计 6 个　　//选择线段 *FL*

选择要标注的几何图形：　　//按 Enter 键

指定尺寸线位置或

[连续 (C)/ 并列 (S)/ 基线 (B)/ 坐标 (O)/ 半径 (R)/ 直径 (D)/ 基准点 (P)/ 编辑 (E)/ 设置 (T)] <连续>:

//指定尺寸线的位置

提示选项说明如下。

- 连续（C）：用于创建连续标注。
- 并列（S）：用于创建一系列并列标注。
- 基线（B）：用于创建一系列基线标注。
- 坐标（O）：用于创建一系列坐标标注。
- 半径（R）：用于创建一系列半径标注。
- 直径（D）：用于创建一系列直径标注。
- 基准点（P）：为基线标注和坐标标注设置新的基准点。
- 编辑（E）：用于显示所有的标注节点，可以在现有标注中添加或删除点。
- 设置（T）：为指定尺寸界线的原点设置默认对象捕捉方式。

8.12 课堂练习——标注压盖零件图

【练习知识要点】利用“线性”“半径”“直径”标注命令等标注压盖零件图，效果如图 8–51 所示。

【效果所在位置】云盘 /Ch08/DWG/ 标注压盖零件图。

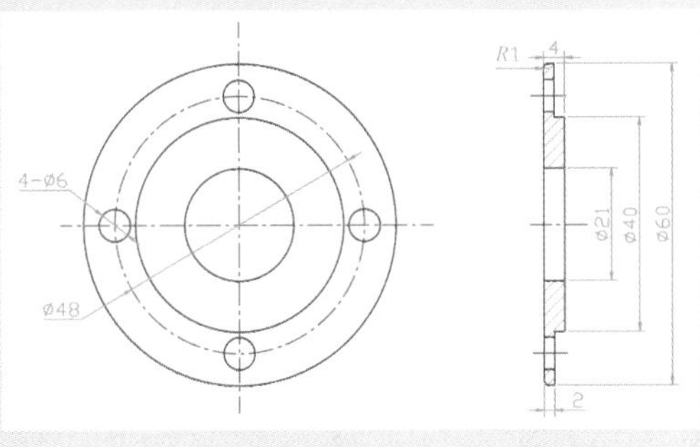

标注压盖零件图

图 8–51

8.13 课后习题——标注天花板大样图材料名称

【习题知识要点】利用“文件 > 打开”命令打开云盘中的“Ch08 > 素材 > 标注天花板大样图材料名称”文件，标注天花板材料名称，效果如图 8–52 所示。

【效果所在位置】云盘 /Ch08/DWG/ 标注天花板大样图材料名称。

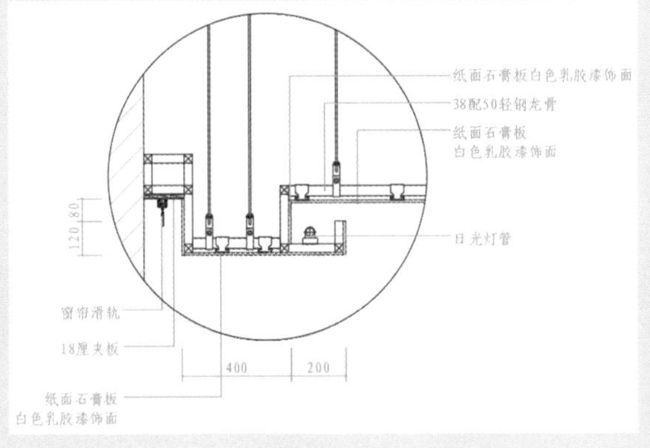

标注天花板大样图材料名称

图 8–52

09

第9章 图块与外部参照

本章介绍

本章首先介绍如何应用图块来绘制工程图中外形相似的图形对象，然后讲解应用外部参照绘制图形的方法。通过本章的学习，读者可以掌握如何使用图块功能重复调用外形相似的图形对象，以及如何利用外部参照共享设计数据，从而进一步提高图形绘制的效率。

学习目标

- 掌握图块的创建与插入方法；
- 掌握图块属性的定义与修改方法；
- 掌握动态块的应用方法；
- 掌握外部参照的引用、更新和编辑方法。

技能目标

- 掌握带有属性的表面粗糙度符号的绘制方法；
- 掌握门动态块的绘制方法。

9.1 应用图块

应用图块可以快速绘制一些外形相似的图形对象。在 AutoCAD 2019 中，可以将外形相似的图形对象定义为图块，然后根据需要在图形文件中方便、快捷地插入这些图块。

9.1.1 创建图块

AutoCAD 2019 提供了以下两种方法来创建图块。

● 启用“块”命令创建图块

启用“块”命令创建的图块将保存于当前的图形文件中，此时该图块只能应用到当前的图形文件，而不能应用到其他图形文件中，因此有一定的局限性。

● 启用“写块”命令创建图块

启用“写块”命令创建的图块将以图形文件格式（.dwg）保存到用户的计算机硬盘上。在应用图块时，可以将这些图块应用到任意图形文件中。

1. 启用“块”命令创建图块

启用命令的方法如下。

● 工具栏：单击“绘图”工具栏中的“创建块”按钮或“插入”选项卡中的“创建块”按钮。

● 菜单命令：选择“绘图 > 块 > 创建”命令。

● 命令行：输入“BLOCK”（快捷命令：B），按 Enter 键。

选择“绘图 > 块 > 创建”命令，弹出“块定义”对话框，如图 9-1 所示。在该对话框中可以将图形对象定义为图块。

图 9-1

“块定义”对话框中的选项说明如下。

● “名称”下拉列表框：用于输入或选择图块的名称。

● “基点”选项组：用于确定图块插入基点的位置。

▲“X”“Y”“Z”数值框：用于输入插入基点的 x、y、z 坐标。

▲“拾取点”按钮：用于在绘图窗口中选择插入基点的位置。

● “对象”选项组：用于选择组成图块的图形对象。

▲“选择对象”按钮：用于在绘图窗口中选择组成图块的图形对象。

▲“快速选择”按钮：单击该按钮，可打开“快速选择”对话框，通过该对话框可以利用快速过滤来选择满足条件的图形对象。

▲“保留”单选按钮：选择该单选按钮，则在创建图块后，所选择的图形对象仍保留在绘图窗口，并且其属性不变。

▲“转换为块”单选按钮：选择该单选按钮，则在创建图块后，所选择的图形对象转换为图块。

▲“删除”单选按钮：选择该单选按钮，则在创建图块后，所选择的图形对象被删除。

● “方式”选项组：用于定义块的使用方式。

▲“注释性”复选框：使块具有注释特性，勾选后，“使块方向与布局匹配”复选框处于可选状态。

▲“按统一比例缩放”复选框：用于设置图块是否按统一比例进行缩放。

▲“允许分解”复选框：用于设置图块是否可以进行分解。

● “设置”选项组：用于设置图块的属性。

▲“块单位”下拉列表框：用于选择图块的单位。

▲“超链接”按钮：用于设置图块的超链接，单击“超链接”按钮，会弹出“插入超链接”对话框，从中可以将超链接与图块定义相关联。

● “说明”文本框：用于输入图块的说明文字。

● “在块编辑器中打开”复选框：用于在图块编辑器中打开当前的块定义。

2. 启用“写块”命令创建图块

启用“写块”命令创建的图块，可以保存到用户计算机的硬盘中，并能够应用到其他的图形文件中。启用命令的方法如下。

● 工具栏：单击“插入”选项卡中的“写块”按钮。

● 命令行：输入“WBLOCK”（快捷命令：W），按 Enter 键。

启用“写块”命令，将平垫圈创建为图块，方法如下。

（1）打开云盘中的“Ch09 > 素材 > 平垫圈 .dwg”文件。

（2）在命令行中输入“WBLOCK”，按 Enter 键，弹出“写块”对话框，如图 9-2 所示。

（3）单击“基点”选项组中的“拾取点”按钮，在绘图窗口中选择交点 *A* 作为图块的基点，如图 9-3 所示。

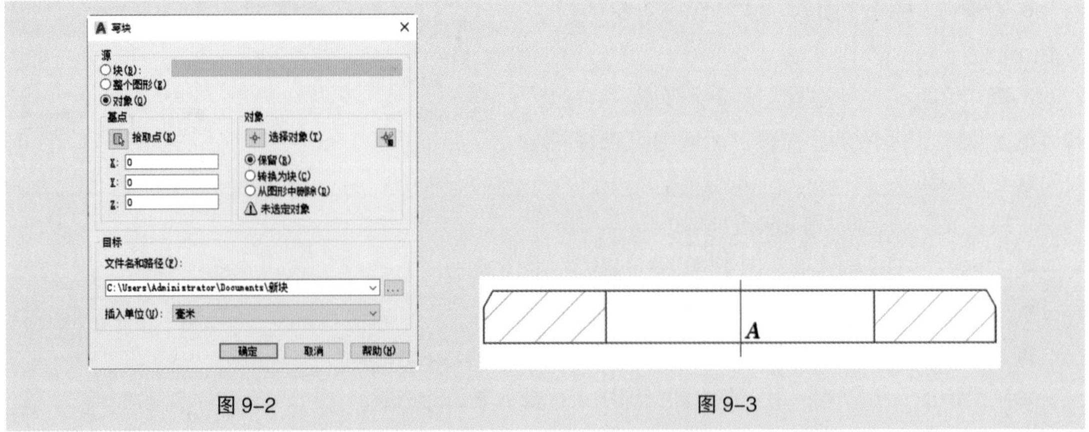

图 9-2　　图 9-3

（4）单击“对象”选项组的“选择对象”按钮，在绘图窗口中选择平垫圈的所有图形对象，然后单击鼠标右键，返回“写块”对话框。

（5）在“目标”选项组中输入图块的名称和保存路径，单击“确定”按钮，完成创建图块的操作。

“写块”对话框中的选项说明如下。

● “源”选项组：用于选择图块和图形对象，以便将其保存为图形文件，并为其设置插入点。

▲“块”单选按钮：用于从下拉列表框中选择要保存为图形文件的现有图块。

▲“整个图形”单选按钮：用于将当前绘图窗口中的图形对象创建为图块。

▲“对象”单选按钮：用于从绘图窗口中选择组成图块的图形对象。

● “基点”选项组：用于设置图块插入基点的位置。

▲“X”“Y”“Z”数值框：用于输入插入基点的 x、y、z 坐标。

▲“拾取点”按钮：用于在绘图窗口中选择插入基点的位置。

● “对象”选项组：用于选择组成图块的图形对象。

▲“选择对象”按钮：用于在绘图窗口中选择组成图块的图形对象。

▲“快速选择”按钮：单击该按钮，可打开“快速选择”对话框，通过该对话框可以利用快速过滤来选择满足条件的图形对象。

▲“保留”单选按钮：选择该单选按钮，则在创建图块后，所选择的图形对象仍保留在绘图窗口中，并且其属性不变。

▲“转换为块”单选按钮：选择该单选按钮，则在创建图块后，所选择的图形对象转换为图块。

▲“从图形中删除”单选按钮：选择该单选按钮，则在创建图块后，所选择的图形对象被删除。

● “目标”选项组：用于设置图块文件的名称、位置和插入图块时使用的测量单位。

▲“文件名和路径”下拉列表框：用于输入或选择图块文件的名称和保存位置。单击右側的…按钮，弹出“浏览图形文件”对话框，可以设置图块的保存位置，并输入图块的名称。

▲“插入单位”下拉列表框：用于选择插入图块时使用的测量单位。

9.1.2 插入图块

在绘图过程中需要应用图块时，可以启用“插入块”命令，将已创建的图块插入当前图形中。在插入图块时，用户需要指定图块的名称、插入点、缩放比例和旋转角度。

启用命令的方法如下。

● 工具栏：单击“绘图”工具栏中的“插入块”按钮或“插入”选项卡中的“插入块”按钮。

● 菜单命令：选择“插入 > 块”命令。

● 命令行：输入“INSERT”（快捷命令：I），按 Enter 键。

选择“插入 > 块”命令，会弹出“插入”对话框，如图 9-4 所示。从中可以选择需要插入的图块的名称与位置。

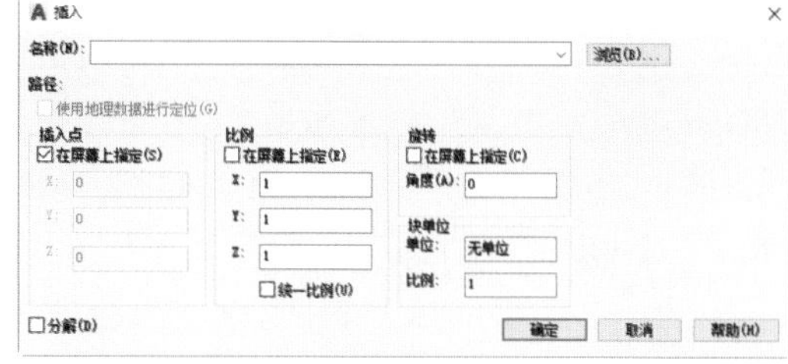

图 9-4

该对话框中的选项说明如下。

● “名称”下拉列表框：用于输入或选择需要插入的图块的名称。

● “浏览”按钮：用于选择需要插入的图块。单击“浏览”按钮，会弹出“选择图形文件”对话框，从中选择需要的图块文件后，单击“确定”按钮，可以将该文件中的图形对象作为图块插入当前图形。

● “插入点”选项组：用于设置图块的插入点位置。可以利用鼠标指针在绘图窗口中选择插入点的位置，也可以通过“X”“Y”“Z”数值框输入插入点的 x、y、z 坐标。

● “比例”选项组：用于设置图块的缩放比例。可以直接在“X”“Y”“Z”数值框内输入图块在 x、y、z 方向上的比例因子，也可以利用鼠标指针在绘图窗口中设置图块的缩放比例。

● “旋转”选项组：用于设置图块的旋转角度。在插入图块时，可以按照“角度”数值框内设置的角度旋转图块。

● “块单位”选项组：用于设置图块的单位。

● “分解”复选框：用于控制插入的图块是否进行分解。

9.2 图块属性

图块属性是附加在图块上的文字信息，在 AutoCAD 2019 中经常要利用图块属性来预定义文字的位置、内容或默认值等。在插入图块时，输入不同的文字信息可以使相同的图块表达不同的信息，如粗糙度符号就是利用图块属性设置的。

9.2.1 课堂案例——绘制带有属性的表面粗糙度符号

【案例学习目标】深入学习并掌握创建功能更强的图块命令。

【案例知识要点】利用“块 > 定义属性”命令创建带有属性的表面粗糙度符号，如图 9-5 所示。

【效果所在位置】云盘 /Ch09/DWG/ 定义带有属性的表面粗糙度符号。

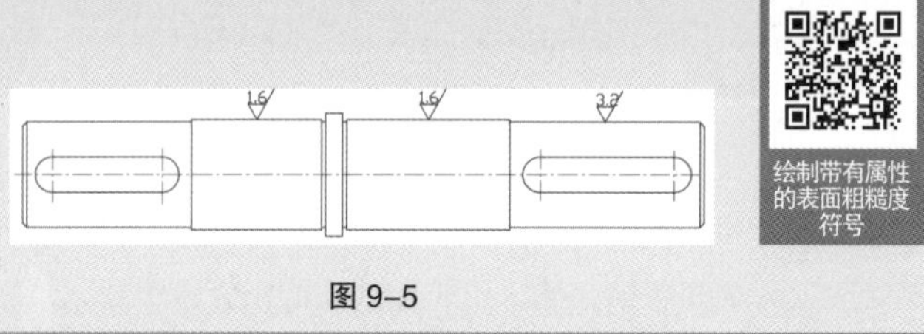

图 9-5

（1）选择“文件 > 打开”命令，打开云盘中的“Ch09 > 素材 > 表面粗糙度.dwg”文件，如图 9-6 所示。

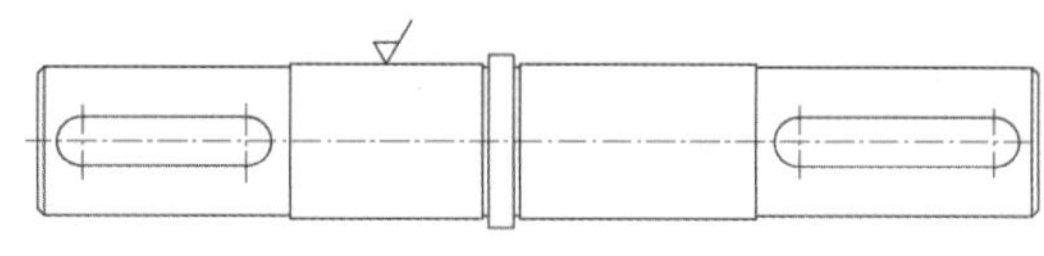

图 9-6

（2）选择“绘图 > 块 > 定义属性”命令，弹出“属性定义”对话框。

（3）在“属性定义”对话框的“属性”选项组的“标记”文本框中输入表面粗糙度符号的标记“RA”，在“提示”文本框中输入提示文字“请输入表面粗糙度参数值”，在“默认”数值框中输入表面粗糙度参数值的默认值“1.6”，如图 9-7 所示。

（4）单击“属性定义”对话框中的“确定”按钮，在绘图窗口中选择属性的插入点，如图 9-8 所示。完成后的表面粗糙度符号如图 9-9 所示。

图 9-7　　图 9-8

（5）选择“绘图 > 块 > 创建”命令，在弹出的“块定义”对话框的“名称”文本框中输入块的名称“表面粗糙度”；单击“对象”选项组中的“选择对象”按钮，在绘图窗口中选择表面粗糙度符号及其属性，然后单击鼠标右键。

（6）单击“块定义”对话框中“基点”选项组中的“拾取点”按钮，在绘图窗口中选择 *A* 点作为图块的基点，如图 9-10 所示。

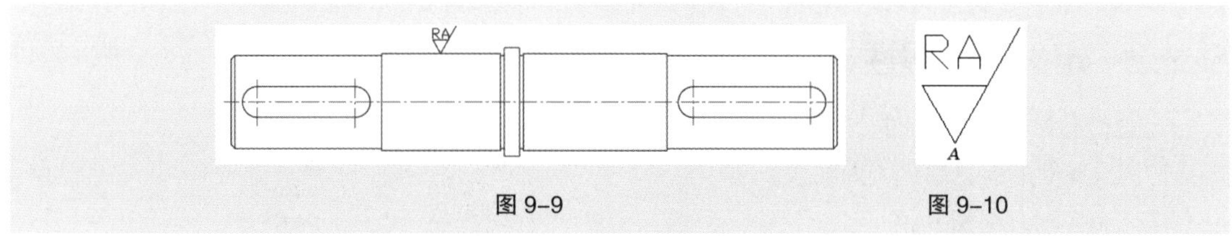

图 9-9　　图 9-10

（7）单击“块定义”对话框中的“确定”按钮，弹出“编辑属性”对话框，如图 9-11 所示。单击“确定”按钮，完成后的表面粗糙度符号如图 9-12 所示。

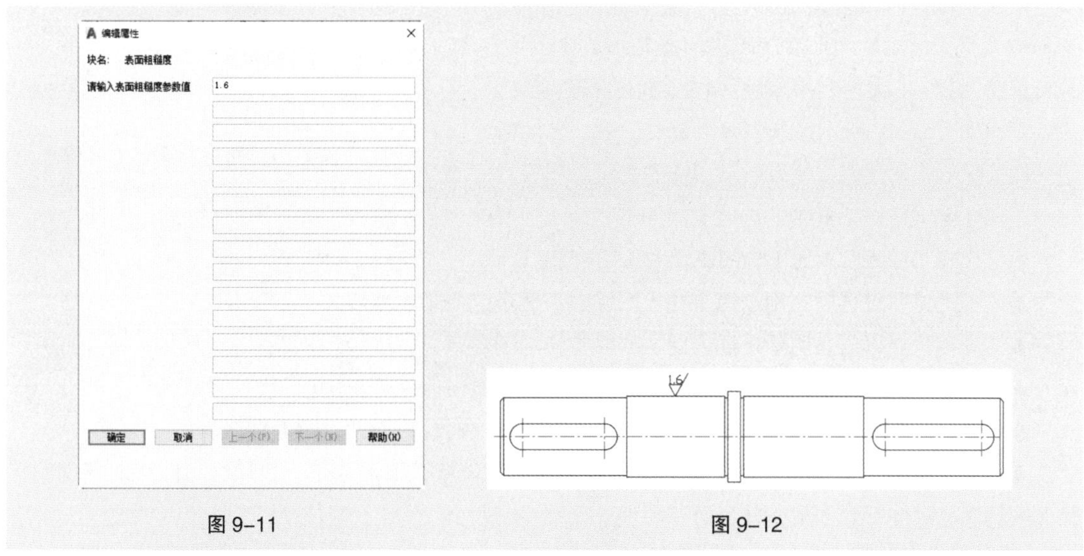

图 9-11　　图 9-12

（8）选择“插入 > 块”命令，弹出“插入”对话框，如图 9-13 所示。单击“确定”按钮，然后在绘图窗口中选择图块的插入位置。

（9）在命令行中输入表面粗糙度参数值。表面粗糙度参数值的默认值为“1.6”，若直接按 Enter 键，则表面粗糙度符号如图 9-14 所示。若输入“3.2”，则表面粗糙度符号如图 9-15 所示。完成后的传动轴零件图如图 9-16 所示。

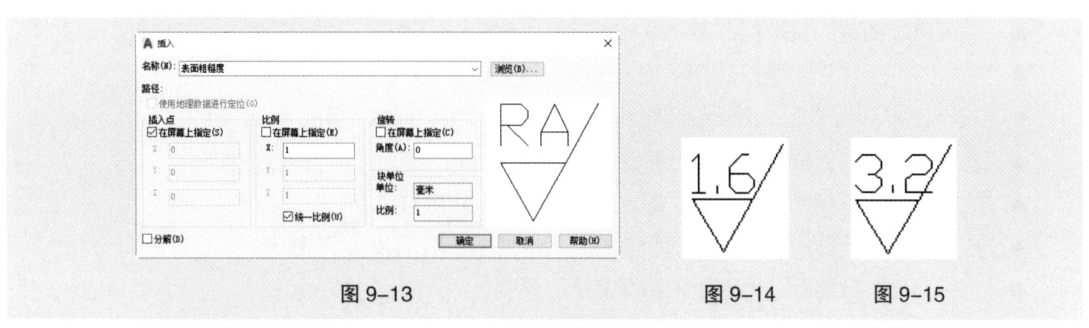

图 9-13　　图 9-14　　图 9-15

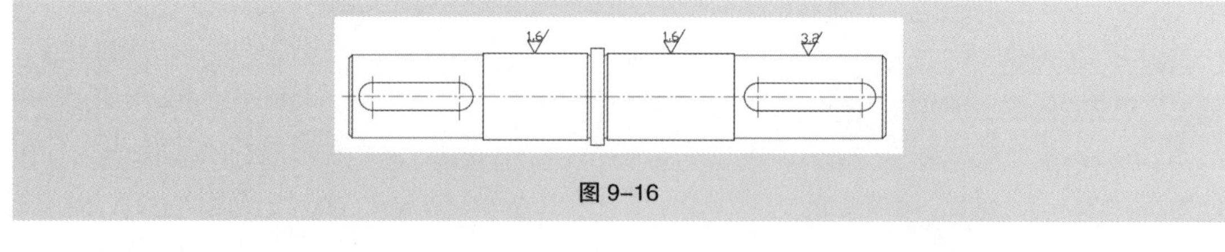

图 9-16

9.2.2 定义图块属性

定义带有属性的图块时，需要将作为图块的图形和标记图块属性的信息都定义为图块。

启用命令的方法如下。

● 工具栏：单击“插入”选项卡中的“定义属性”按钮。

● 菜单命令：选择“绘图 > 块 > 定义属性”命令。

● 命令行：输入“ATTDEF”，按 Enter 键。

选择“绘图 > 块 > 定义属性”命令，弹出“属性定义”对话框，如图 9-17 所示。从中可以定义模式、属性标记、属性提示、属性值、插入点及属性的文字选项等。

图 9-17

“属性定义”对话框中的选项说明如下。

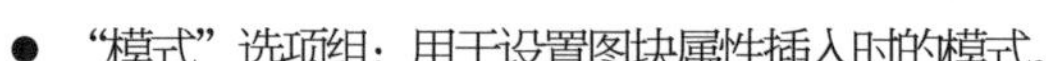
● “模式”选项组：用于设置图块属性插入时的模式。

▲“不可见”复选框：用于指定插入图块时不显示或打印属性值。

▲“固定”复选框：用于在插入图块时赋予属性固定值。

▲“验证”复选框：用于在插入图块时，提示验证属性值是否正确。

▲“预设”复选框：用于插入包含预置属性值的图块时，将属性设置为默认值。

▲“锁定位置”复选框：用于锁定块参照中属性的位置；取消勾选后，属性可以相对于使用夹点编辑的块的其他部分移动，并且可以调整多行属性的大小。

▲“多行”复选框：用于指定属性值可以包含多行文字；勾选此复选框后，可指定属性的边界宽度。

● “属性”选项组：用于设置图块属性的各项值。

▲“标记”文本框：用于标识图形每次出现的属性。

▲“提示”文本框：用于指定在插入包含该属性定义的图块时显示的提示。

▲“默认”数值框：用于指定默认属性值。

● “插入点”选项组：用于设置属性的位置。

▲“在屏幕上指定”复选框：通过鼠标指针在绘图窗口中设置图块属性插入点的位置。

▲“X”“Y”“Z”数值框：用于输入图块属性插入点的 x、y、z 坐标值。

● “文字设置”选项组：用于设置图块属性文字的对正、样式、高度和旋转。

▲“对正”下拉列表框：用于指定属性文字的对正方式。

▲“文字样式”下拉列表框：用于指定属性文字的预定义样式。

▲“注释性”复选框：如果块是注释性的，则属性将与块的方向相匹配。

▲“文字高度”数值框：用于指定属性文字的高度。

▲“旋转”数值框：可以使用鼠标指针来确定属性文字的旋转角度。

▲“边界宽度”数值框：用于指定多线属性中文字行的最大长度。

● “在上一个属性定义下对齐”复选框：用于将属性标记直接置于定义的上一个属性的下面。如果之前没有创建属性定义，则此复选框不可用。

9.2.3 修改图块属性

1．修改单个图块的属性

创建带有属性的图块之后，可以对其属性进行修改，如修改属性标记和提示等。

启用命令的方法如下。

● 工具栏：单击“修改Ⅱ”工具栏中的“编辑属性”按钮或“插入”选项卡中的“编辑属性”按钮。

● 菜单命令：选择“修改 > 对象 > 属性 > 单个”命令。

● 鼠标：双击带有属性的图块。

修改表面粗糙度符号的参数值的方法如下。

（1）打开云盘中的“Ch09 > 素材 > 带属性的表面粗糙度符号 .dwg”文件。

（2）选择“修改 > 对象 > 属性 > 单个”命令，选择表面粗糙度符号，如图 9-18 所示，弹出“增强属性编辑器”对话框，如图 9-19 所示。

图 9-18

图 9-19

（3）该对话框的“属性”选项卡显示了图块的属性，如标记、提示和参数值。此时可以在“值”数值框中输入表面粗糙度的新参数值“6.3”。

（4）单击“增强属性编辑器”对话框中的“确定”按钮，将表面粗糙度的参数值“3.2”修改为“6.3”，如图 9-20 所示。

“增强属性编辑器”对话框中的选项说明如下。

● “属性”选项卡：用于修改图块的属性，如标记、提示和参数值等。

● “文字选项”选项卡：此选项卡如图 9-21 所示，用于修改属性文字在图形中的显示方式，如文字样式、对正方式、文字高度和旋转角度等。

● “特性”选项卡：此选项卡如图 9-22 所示，用于修改图块属性所在的图层及线型、颜色和线宽等。

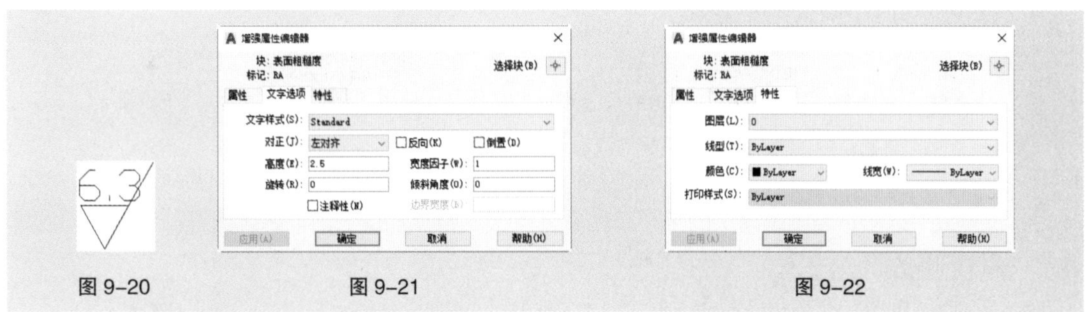

图 9-20　　图 9-21　　图 9-22

2．修改图块的参数值

启用“编辑属性”命令，可以直接修改图块的参数值。

启用命令的方法：在命令行输入“ATTEDIT”，按 Enter 键。

启用“编辑属性”命令来修改表面粗糙度符号的参数值的方法如下。

（1）在命令行中输入“ATTEDIT”，按 Enter 键。

（2）命令行提示“选择块参照”时，在绘图窗口中选择需要修改参数值的表面粗糙度符号。

（3）弹出“编辑属性”对话框，如图 9-23 所示。在“请输入表面粗糙度”数值框中输入新的参数值“6.3”。

（4）单击“确定”按钮，即可将表面粗糙度的参数值“3.2”修改为“6.3”。

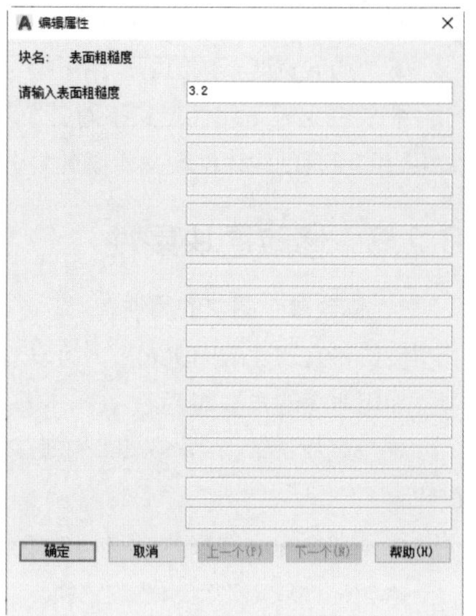

图 9-23

3．块属性管理器

当图形中存在多种图块时，可以启用“块属性管理器 ”命令来管理所有图块的属性。

启用命令的方法如下。

- 工具栏：单击“修改Ⅱ”工具栏中的“块属性管理器”按钮。
- 菜单命令：选择“修改 > 对象 > 属性 > 块属性管理器”命令。
- 命令行：输入“BATTMAN”，按 Enter 键。

选择“修改 > 对象 > 属性 > 块属性管理器”命令，弹出“块属性管理器”对话框，如图 9-24 所示。在该对话框中可以编辑选择的块的属性。

“块属性管理器”对话框中的选项说明如下。

- “选择块”按钮：用于在绘图窗口中选择要进行编辑的图块。
- “块”下拉列表框：用于选择要编辑的图块。
- “设置”按钮：单击该按钮，会弹出“块属性设置”对话框，如图 9-25 所示，可以设置“块属性管理器”对话框中属性信息的显示方式。

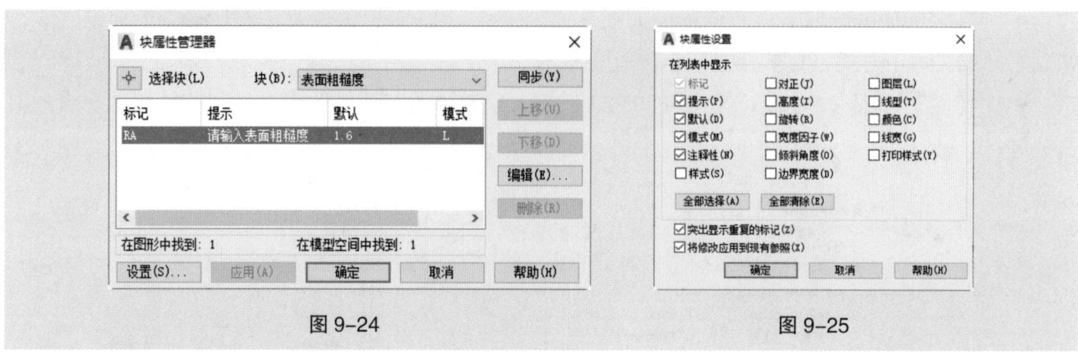

图 9-24　　　　图 9-25

- “同步”按钮：当修改图块的某一属性后，单击“同步”按钮，将更新所有已被选择的且具有当前属性的图块。
- “上移”按钮：在提示序列中，向上一行移动选择的属性标签。
- “下移”按钮：在提示序列中，向下一行移动选择的属性标签。选择固定属性时，“上移”或“下移”按钮不可用。

- “编辑”按钮：单击该按钮，会弹出“编辑属性”对话框，在“属性”“文字选项”“特性”选项卡中可以修改图块的各项属性，如图 9-26 所示。
- “删除”按钮：删除列表框中所选的属性定义。
- “应用”按钮：将设置应用到图块中。
- “确定”按钮：保存设置并关闭对话框。

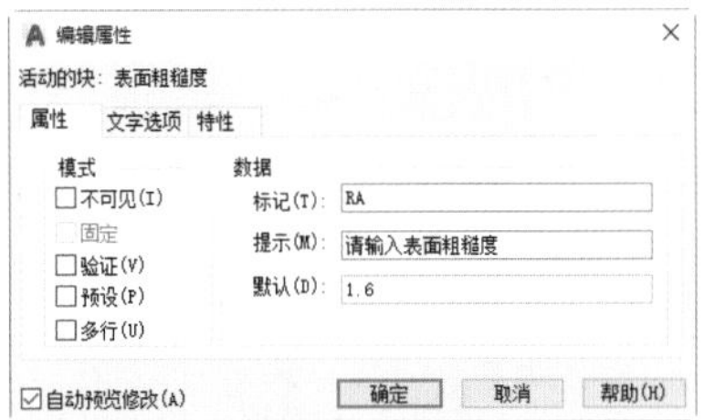

图 9-26

9.3 动态块

9.3.1 课堂案例——创建门动态块

【案例学习目标】熟练运用“块编辑器”命令创建动态块。

【案例知识要点】利用“块编辑器”命令创建门动态块，如图 9-27 所示。

【效果所在位置】云盘 /Ch09/DWG/ 创建门动态块。

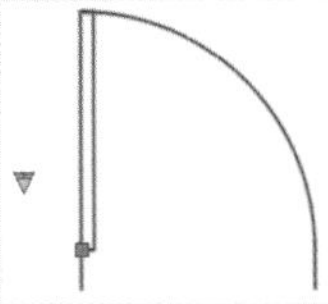

创建门动态块

图 9-27

（1）打开云盘中的“Ch09 > 素材 > 门动态块.dwg”文件，图形如图 9-28 所示。

（2）单击“插入”选项卡“块定义”选项组中的“块编辑器”按钮，弹出“编辑块定义”对话框，如图 9-29 所示。选择当前图形作为要创建或编辑的块，单击“确定”按钮，进入“块编辑器”界面，如图 9-30 所示。

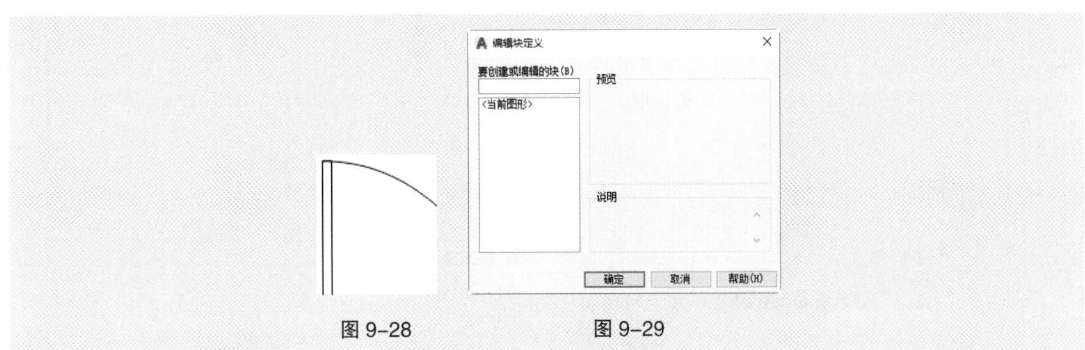

图 9-28　　图 9-29

（3）对门板进行阵列。单击“环形阵列”按钮，设置“项目数”为 7，“填充”为 90，完成后的效果如图 9-31 所示。

（4）删除多余门板。单击“删除”按钮，删除多余的门板，保留 0°、30°、45°、60°、90° 位置处的门板，效果如图 9-32 所示。

（5）绘制圆弧线。单击“圆弧”按钮，绘制门板在 30°、45°、60°位置时的圆弧，效果如图 9-33 所示。

（6）定义动态块的可见性参数。在“块编写选项板”的“参数”选项卡中，单击“可见性参数”按钮，在编辑区域中的合适位置单击，效果如图 9-34 所示。

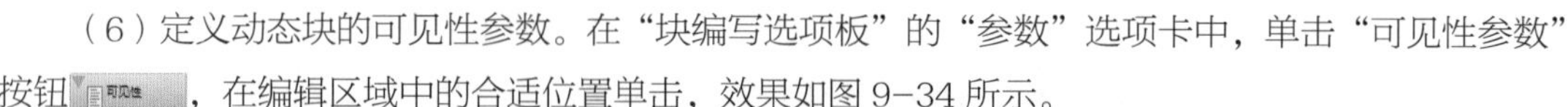

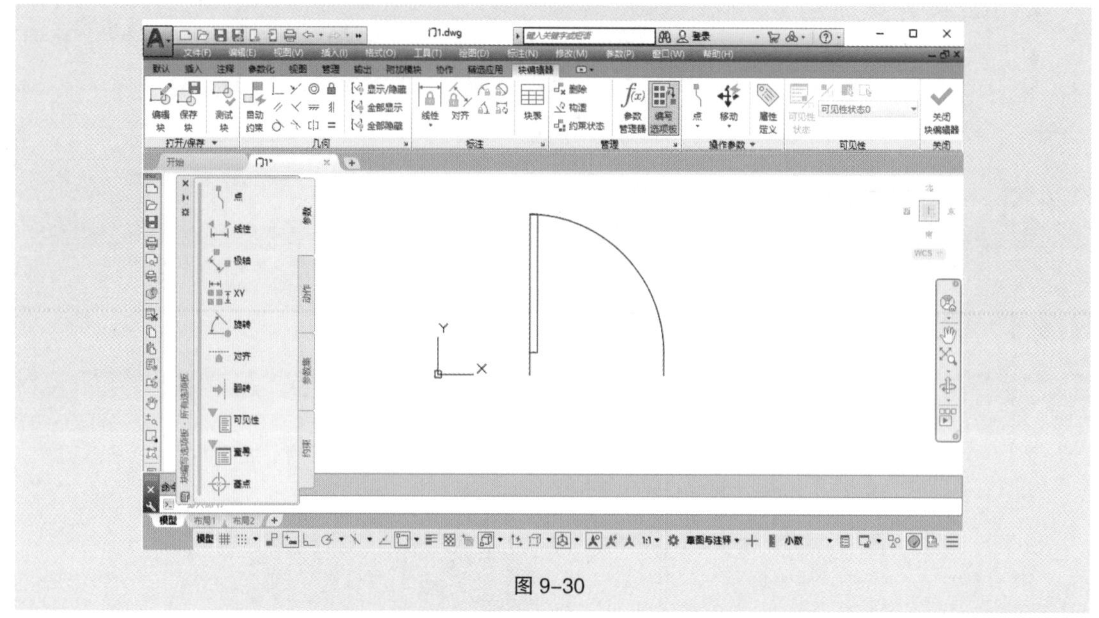

图 9-30

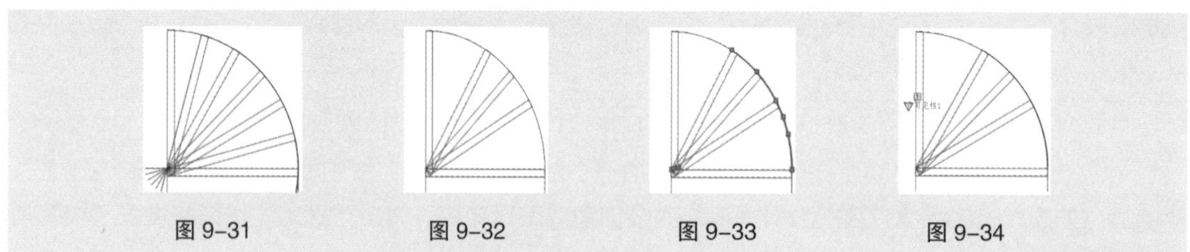

图 9-31　图 9-32　图 9-33　图 9-34

（7）创建可见性状态。在“块编辑器”选项卡的“可见性”选项组中单击“可见性状态”按钮，弹出“可见性状态”对话框，如图 9-35 所示。单击“新建”按钮，弹出“新建可见性状态”对话框，在“可见性状态名称”文本框中输入“打开 90 度”，在“新状态的可见性选项”选项组中选择“在新状态中隐藏所有现有对象”单选按钮，如图 9-36 所示，然后单击“确定”按钮。按照相同的方法依次新建“打开 60 度”“打开 45 度”“打开 30 度”可见性状态。

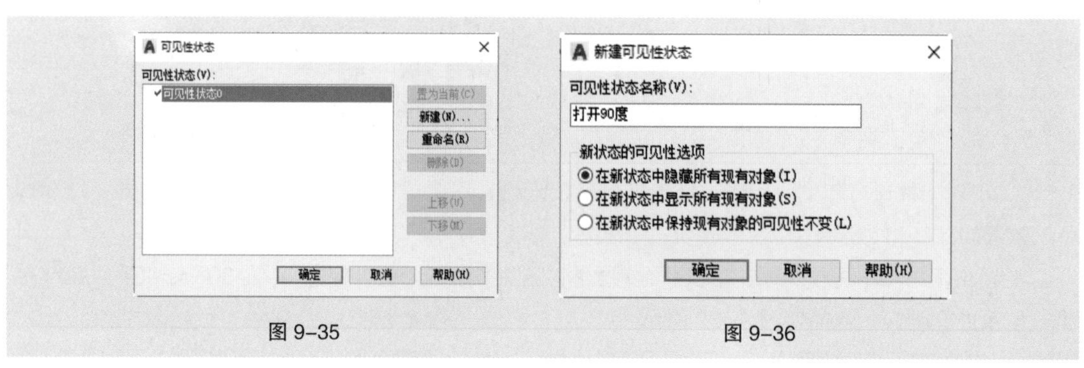

图 9-35　图 9-36

（8）重命名可见性状态。在“可见性状态”对话框的“可见性状态”列表框中选择“可见性状态 0”选项，单击右侧的“重命名”按钮，将可见性状态名称更改为“打开 0 度”，如图 9-37 所示。选择“打开 90 度”选项，单击“置为当前”按钮，将其设置当前状态，如图 9-38 所示。单击“确定”按钮，返回块编辑器的绘图区域。

（9）定义可见性状态的动作。在绘图区域中选择所有的图形，单击“块编辑器”选项卡“可见性”选项组中的“使不可见”按钮，使绘图区域中的图形不可见。单击“块编辑器”选项卡“可见性”选项组中的“使可见”按钮，在绘图区域中选择需要可见的图形，操作步骤如下。效果如图 9-39 所示。

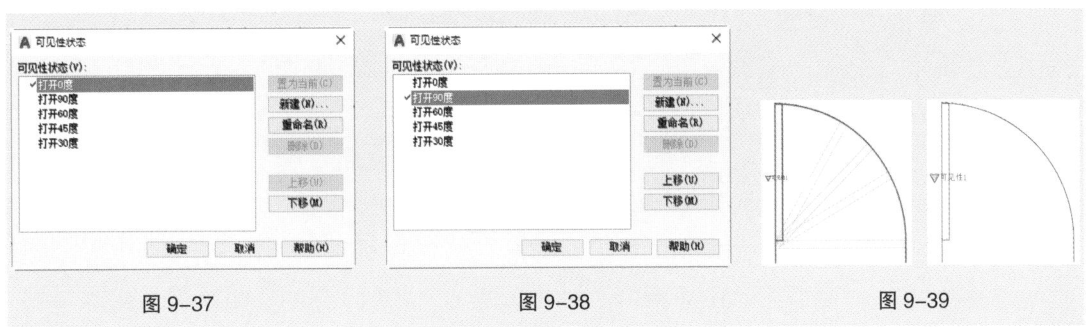

图 9-37　　图 9-38　　图 9-39

选择要使之可见的对象：　　// 单击“使可见”按钮

选择对象：找到 1 个　　// 依次单击需要可见的图形

选择对象：找到 1 个，总计 2 个

选择对象：找到 1 个，总计 3 个

选择对象：找到 1 个，总计 4 个

选择对象：

_bvshow

在当前状态或所有可见性状态中显示 [当前 (C)/ 全部 (A)] < 当前 >: c　　// 按 Enter 键

（10）定义其余可见性状态的动作。在工具栏中的“可见性状态”下拉列表框中选择“打开 60 度”选项，如图 9-40 所示。单击工具栏中的“使可见”按钮，在块编辑器的绘图区域中选择需要可见的图形，按 Enter 键，效果如图 9-41 所示。根据步骤（9）所示方法完成“打开 0 度”“打开 30 度”“打开 45 度”可见性状态的动作定义。

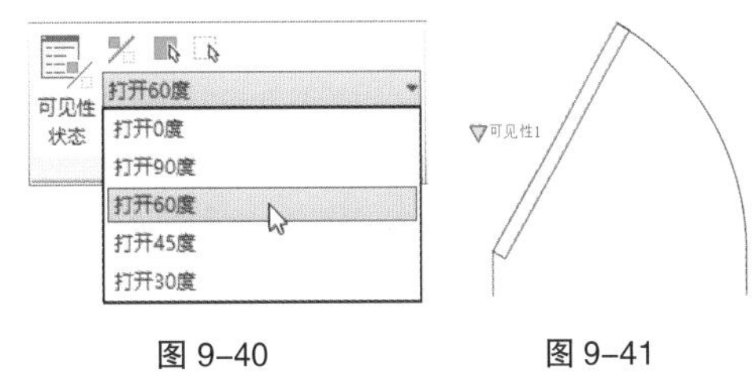

图 9-40　　图 9-41

（11）保存动态块。单击“块编辑器”选项卡“打开 / 保存”选项组下方的按钮，在弹出的下拉菜单中选择“将块另存为”命令，弹出“将块另存为”对话框，在“块名”文本框中输入“门”，如图 9-42 所示。单击“确定”按钮，保存已经定义好的动态块。单击“关闭块编辑器”按钮，退出“块编辑器”界面。

（12）插入动态块。单击“绘图”工具栏中的“插入块”按钮，弹出“插入”对话框，如图 9-43 所示。单击“确定”按钮，在绘图区域中单击合适的位置，插入动态块“门”，效果如图 9-44 所示。

（13）选择动态块“门”，然后单击“可见性状态”按钮，弹出下拉菜单，从中可以选择门开启的角度。选择“打开 45 度”命令，如图 9-45 所示。完成后的效果如图 9-46 所示。

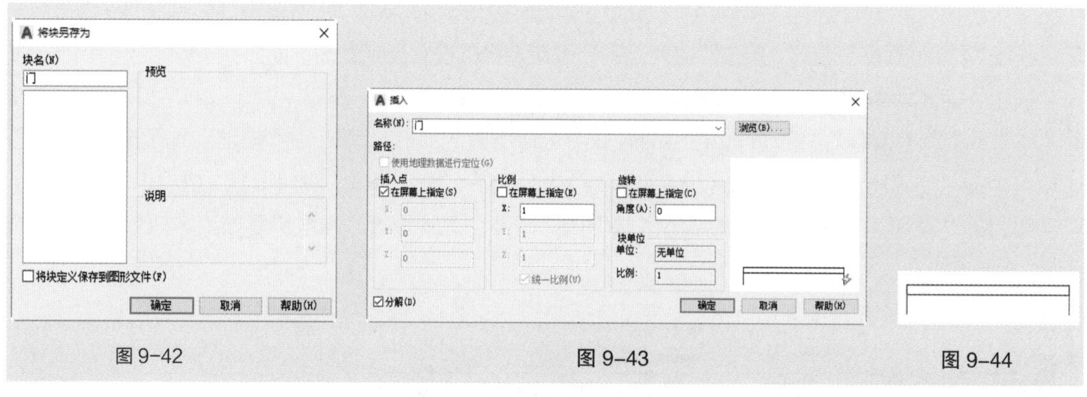

图 9-42　　图 9-43　　图 9-44

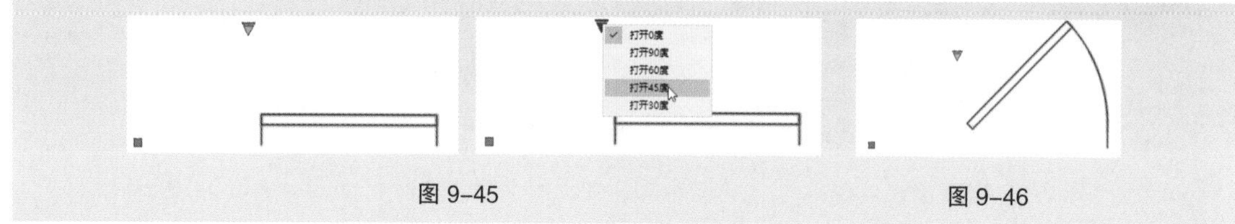

图 9-45　　图 9-46

9.3.2　动态块

用户在操作过程中可以轻松地更改图形中的动态块参照。可以通过自定义按钮或自定义特性来操作动态块参照中的几何图形，实现在位调整图块，而不用搜索另一个图块以插入或重定义现有的图块。

在 AutoCAD 2019 中利用块编辑器来创建动态块的方法如下。

块编辑器是专门用于创建块定义并添加动态行为的编写区域。利用“块编辑器”命令可以创建动态图块。在块编辑器这一个专门的编写区域中，能够添加使块成为动态块的元素，可以从头创建块，也可以在现有的块定义中添加动态行为，还可以像在绘图区域中一样创建几何图形。

启用“块编辑器”命令的方法如下。

- 工具栏：单击“插入”选项卡“块定义”选项组中的“块编辑器”按钮。
- 菜单命令：选择“工具 > 块编辑器”命令。
- 命令行：输入“BEDIT”（快捷命令：BE），按 Enter 键。

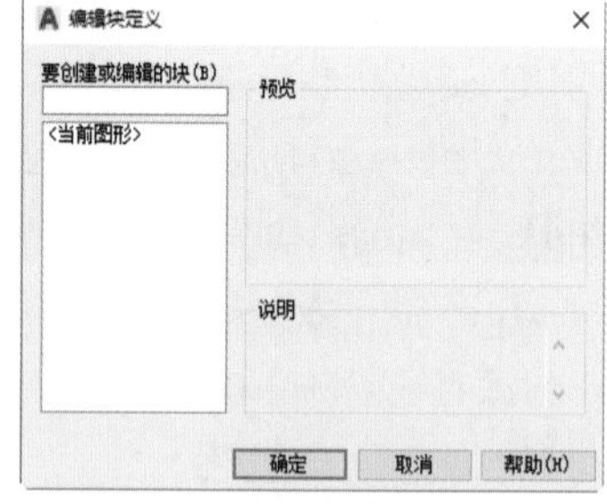

图 9-47

利用上述任意一种方法启用“块编辑器”命令，均会弹出“编辑块定义”对话框，如图 9-47 所示，在该对话框中定义要创建或编辑的块。在“要创建或编辑的块”文本框里输入要创建的块，或者在下面的列表框里选择创建好的块进行编辑。然后单击“确定”按钮，系统在绘图区域弹出“块编辑器”界面，如图 9-48 所示。

块编辑器包括块编辑选项板、绘图区域和工具栏 3 个部分。

- 块编写选项板用于快速访问块编写工具。
- 绘图区域用于绘制块图形，用户可以根据需要在编辑器的主绘图区域中绘制和编辑几何图形。
- 工具栏用于显示当前正在编辑的块定义的名称，并提供执行操作所需的按钮：“保存块定义”

按钮、“参数管理器”按钮、“自动约束”按钮、“定义属性”按钮、“关闭块编辑器”按钮等。

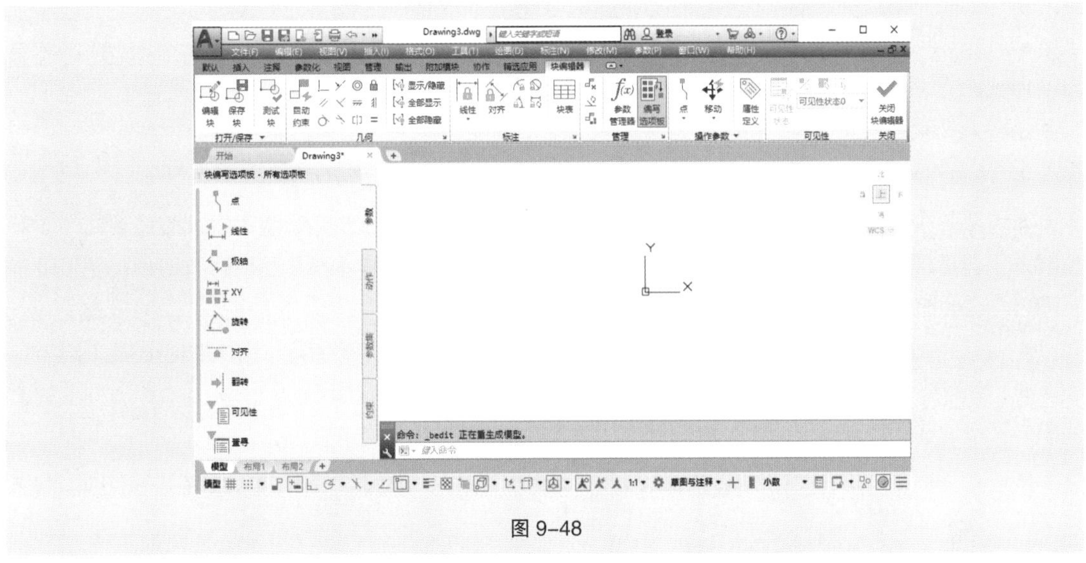

图 9-48

提示

用户可以使用块编辑器中的大部分命令。如果输入了块编辑器中不允许执行的命令，则命令行显示一条选择无效的提示信息。

9.4 外部参照

AutoCAD 2019 将外部参照看作一种图块，但外部参照与图块有一些区别。例如，将图形对象作为图块插入时，它可以保存在图形中，但不会随原始图形的改变而更新。而将图形作为外部参照插入时，系统会将该参照图形链接到当前图形，这样以后打开外部参照并修改参照图形时，会把所做的修改更新到当前图形中。

9.4.1 引用外部参照

外部参照将数据保存于一个外部图形中，当前图形数据库中仅存放外部图形的一个引用。“外部参照”命令可以附加、覆盖、连接或更新外部参照图形。

启用命令的方法如下。

● 工具栏：单击“参照”工具栏中的“附着外部参照”按钮。

● 命令行：输入“XATTACH”，按 Enter 键。

选择“插入 > 外部参照”命令，弹出“外部参照”对话框，单击“附着 DWG”按钮，在弹出的“选择参照文件”对话框选择需要引用的外部参照图形文件，单击“打开”按钮，弹出“附着外部参照”对话框，如图 9-49 所示。

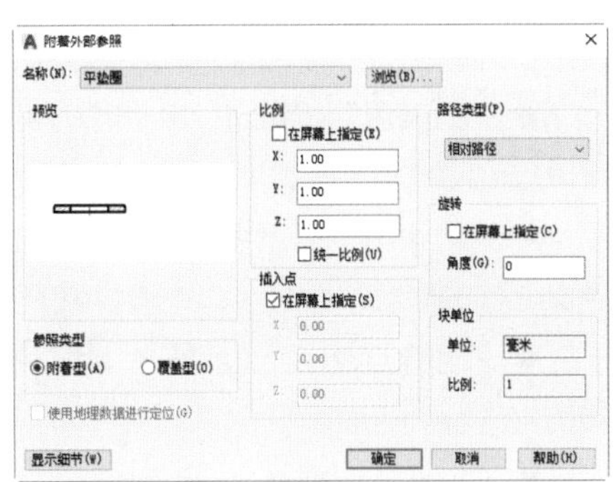

图 9-49

设置完成后单击“确定”按钮，然后在绘图窗口中选择插入的位置即可。

“附着外部参照”对话框中的选项说明如下。

● “名称”下拉列表框：用于选择外部参照文件。

● “浏览”按钮：单击该按钮，会弹出“选择参照文件”对话框，从中可以选择相应的外部参照图形文件。

● “参照类型”选项组：用于设置外部参照图形的插入方式，有以下两种选择。

▲“附着型”单选按钮：用于表示可以附着包含其他外部参照的外部参照。

▲“覆盖型”单选按钮：与附着的外部参照不同，当图形作为外部参照附着或覆盖到另一图形中时，不包括覆盖的外部参照。通过覆盖外部参照，无须通过附着外部参照来修改图形，便可以查看图形与其他编组中的图形的相关方式。

● “路径类型”下拉列表框：用于指定外部参照的保存路径是完整路径、相对路径还是无路径。

● “比例”选项组：用于指定所选外部参照的比例因子，可以直接输入 x、y、z 3 个方向上的比例因子，或勾选“在屏幕上指定”复选框，在插入图形时指定外部参照的比例。

● “插入点”选项组：用于指定所选外部参照的插入点，可以直接输入 x、y、z 3 个方向上的坐标，或勾选“在屏幕上指定”复选框，在插入图形时指定外部参照的位置。

● “旋转”选项组：用于指定插入外部参照时图形的旋转角度。

● “块单位”选项组：用于显示图块的单位信息，有以下两种选择。

▲“单位”文本框：显示插入图块的图形单位。

▲“比例”文本框：显示插入图块的单位比例因子，它是根据块和图形单位计算出来的。

9.4.2 更新外部参照

当在图形中引用了外部参照文件时，在修改外部参照后，AutoCAD 2019 并不会自动更新当前图形中的外部参照，而是需要用户启用“外部参照管理器”命令重新加载来进行更新。

启用命令的方法如下。

● 工具栏：单击“参照”工具栏中的“外部参照”按钮。

● 菜单命令：选择“插入 > 外部参照”命令。

● 命令行：输入“ EXTERNALREFERENCES”，按 Enter 键。

选择“插入 > 外部参照”命令，弹出“外部参照”对话框，如图 9-50 所示。

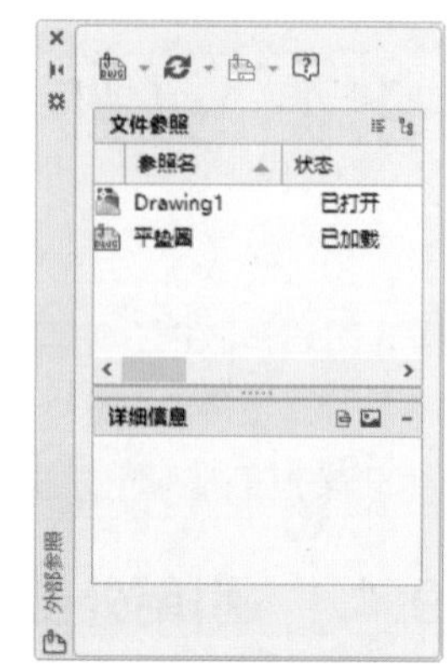

图 9-50

“外部参照”对话框中的选项说明如下。

● “列表图”按钮：用于在列表中以无层次列表的形式显示附着的外部参照及其相关数据，可以按名称、状态、类型、文件日期、文件大小、保存路径和文件名对列表中的外部参照进行排序。

● “树状图”按钮：单击该按钮，将显示一个外部参照的层次结构图，图中会显示外部参照定义之间的嵌套关系层次、外部参照的类型及它们的状态的关系。

● “附着 DWG”选项：用于将文件附着到当前图形。从列表中选择一种格式以显示“选择参照文件”对话框。

● “刷新”选项：用于刷新列表显示或重新加载所有参照以显示在参照文件中可能发生的任何更改。

● “更改路径”选项：用于修改选定文件的路径。用户可以将路径设置为绝对或相对。如果参照文件与当前图形存储在相同位置，也可以删除路径。还可使用“选择新路径”选项为缺少的参照选择新路径。“查找和替换”选项支持从选定的所有参照中找出使用指定路径的所有参照，并将此路径的所有匹配项替换为指定的新路径。

● “帮助”选项：用于打开帮助主页。

9.4.3 编辑外部参照

由于外部参照引用文件不属于当前文件的内容，所以当外部引用的内容比较烦琐时，只能进行少量的修改。如果想要对外部参照引用文件进行大量的修改，建议打开原始图形进行编辑。

启用命令的方法如下。

● 菜单命令：选择“工具 > 外部参照和块在位编辑 > 在位编辑参照”命令。

● 命令行：输入“REFEDIT”，按 Enter 键。

编辑外部参照引用文件的方法如下。

（1）选择“工具 > 外部参照和块在位编辑 > 在位编辑参照”命令，命令行提示“选择参照”，在绘图窗口中选择要在位编辑的外部参照图形，弹出“参照编辑”对话框。该对话框中列出了所选外部参照的文件名称及预览图，如图 9-51 所示。

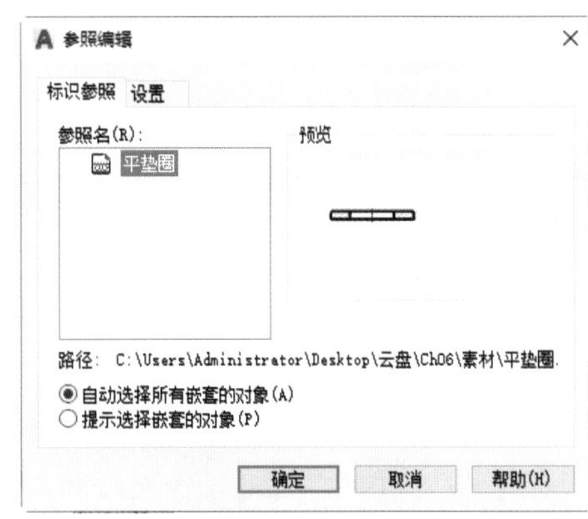

图 9-51

（2）单击“确定”按钮，返回绘图窗口，系统进入对外部参照文件的在位编辑状态。

（3）在参照图形中选择需要编辑的对象，然后使用编辑工具对其进行编辑修改；也可以单击“添加到工作集”按钮，选择图形，并将其添加到在位编辑的选择集中；还可以单击“从工作集删除”按钮，选择工作集中要删除的对象。

（4）在编辑过程中，如果想放弃对外部参照的修改，可以单击“放弃修改”按钮，系统弹出提示对话框，提示是否放弃对参照的编辑，如图 9-52 所示。

（5）完成外部参照的在位编辑操作后，如果想将编辑应用在当前图形中，可以单击“保存修改”按钮，系统弹出提示对话框，提示是否保存并应用对参照的编辑，如图 9-53 所示。此编辑结果也将存入外部引用的源文件中。

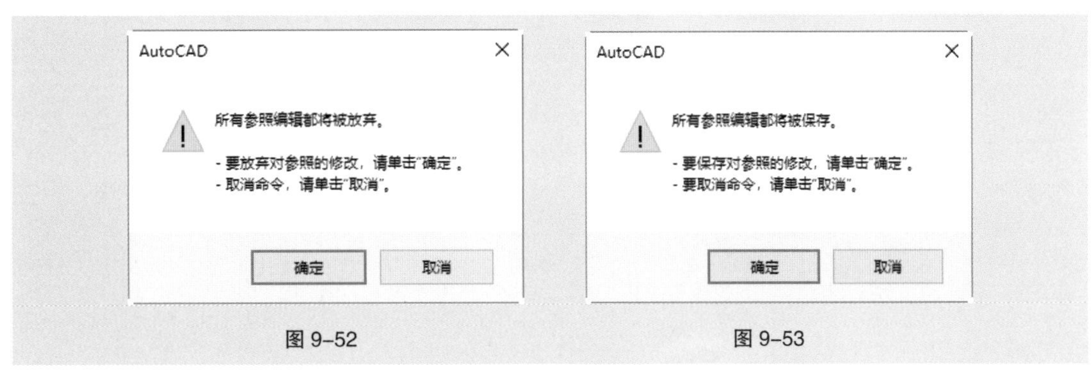

图 9-52　　图 9-53

（6）只有在指定放弃或保存对参照的修改后，才能结束对外部参照的编辑，返回到正常绘图状态。

9.5 课堂练习——绘制深沟球轴承图

【练习知识要点】利用 AutoCAD 2019 自带的图形库绘制深沟球轴承图，效果如图 9–54 所示。

【效果所在位置】云盘 /Ch09/DWG/ 绘制深沟球轴承图。

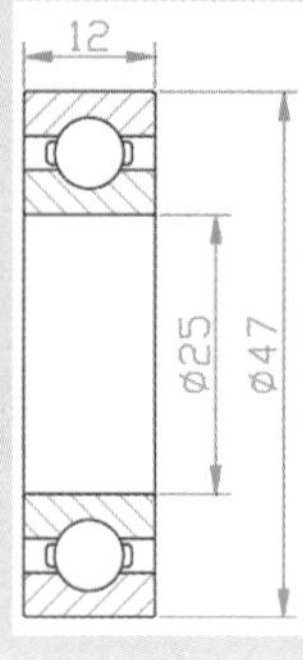

图 9–54

9.6 课后习题——绘制客房立面布置图

【习题知识要点】利用图块绘制客房立面布置图，效果如图 9–55 所示。

【效果所在位置】云盘 /Ch09/DWG/ 绘制客房立面布置图。

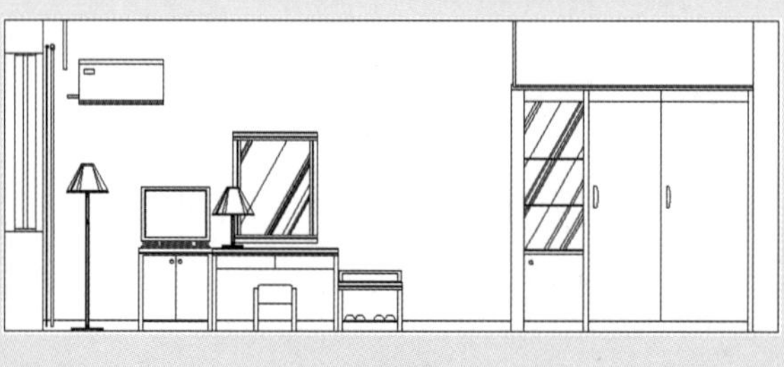

图 9–55

10

第10章 三维模型

第10章简介

本章介绍

本章主要介绍三维模型的基础知识和简单操作，如三维图形的观察、三维视图的操作、绘制三维模型和绘制三维曲面，以及如何对三维模型进行布尔运算等。通过本章的学习，读者可以初步认识和了解AutoCAD 2019的三维建模功能。

学习目标

- 了解世界坐标系和用户坐标系；
- 掌握新建用户坐标系的方法；
- 掌握使用视点预置命令和视点命令设置视点的方法；
- 掌握使用三维动态观察器的方法和多视口观察的方法；
- 掌握绘制三维模型的方法；
- 掌握利用布尔运算绘制组合体的方法；
- 掌握三维模型的阵列、镜像、旋转和对齐等操作方法；
- 掌握压印、抽壳和清除与分割等操作方法。

技能目标

- 掌握花瓶模型的绘制方法；
- 掌握螺母的绘制方法。

10.1 三维坐标系

在三维空间中，图形的位置和大小均是用三维坐标来表示的。三维坐标就是平时所说的XYZ空间。在 AutoCAD 2019 中，三维坐标系包括世界坐标系和用户坐标系。

10.1.1 世界坐标系

世界坐标系的图标如图 10–1 所示，其 X 轴正向向右，Y 轴正向向上，Z 轴正向由屏幕指向操作者，坐标原点位于屏幕左下角。当用户从三维空间观察世界坐标系时，其图标如图 10–2 所示。

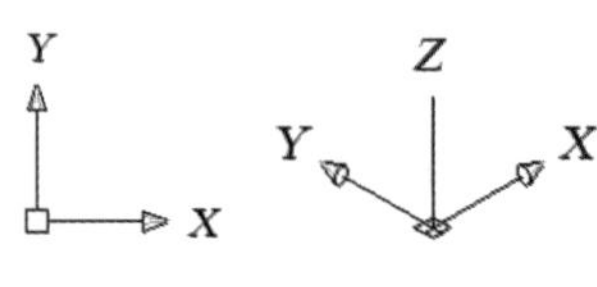

图 10–1　图 10–2

在三维世界坐标系中，根据其表示方法可分为直角坐标、圆柱坐标和球坐标 3 种形式。下面分别对这 3 种坐标形式的定义及坐标值的输入方式进行介绍。

1. 直角坐标

直角坐标又称笛卡儿坐标，它是通过右手定则来确定坐标系各方向的。

- 右手定则

右手定则是以人的右手作为判断工具，拇指指向 X 轴正方向，食指指向 Y 轴正方向，然后弯曲其余 3 指，这 3 根手指的弯曲方向即坐标系的 Z 轴正方向。

采用右手定则还可以确定坐标轴的旋转正方向，其方法是将大拇指指向坐标轴的正方向，然后将其余 4 指弯曲，此时手指的弯曲方向即该坐标轴的旋转正方向。

- 坐标值输入形式

采用直角坐标确定空间的一点位置时，需要用户指定该点的 X、Y、Z 3 个坐标值。

绝对坐标值的输入形式是：X, Y,Z。

相对坐标值的输入形式是：@X, Y,Z。

2. 圆柱坐标

采用圆柱坐标确定空间的一点位置时，需要用户指定该点在 XY 平面内的投影点与坐标系原点的距离、投影点和原点的连线与 X 轴的夹角及该点的 Z 坐标值。

绝对坐标值的输入形式是：$r<\theta,Z$。

其中，r 表示输入点在 XY 平面内的投影点与坐标系原点的距离，θ 表示投影点和原点的连线与 X 轴的夹角，Z 表示输入点的 Z 坐标值。

相对坐标值的输入形式是：$@r<\theta,Z$。

例如："1000<30, 800" 表示输入点在 XY 平面内的投影点到坐标系的原点有 1000 个单位，该投影点和原点的连线与 X 轴的夹角为 30°，且沿 Z 轴方向有 800 个单位。

3. 球坐标

采用球坐标确定空间的一点位置时，需要用户指定该点与坐标系原点的距离、该点和坐标系原点的连线在 XY 平面上的投影与 X 轴的夹角、该点和坐标系原点的连线与 XY 平面形成的夹角。

绝对坐标值的输入形式是：$r<\theta<\phi$。

其中，r 表示输入点与坐标系原点的距离，θ 表示输入点和坐标系原点的连线在 XY 平面上的投影与 X 轴的夹角，ϕ 表示输入点和坐标系原点的连线与 XY 平面形成的夹角。

相对坐标值的输入形式是：@ $r<\theta<\phi$ 。

例如：“1000<120<60”表示输入点与坐标系原点的距离为 1000 个单位，输入点和坐标系原点的连线在 *XY* 平面上的投影与 *X* 轴的夹角为 120° ，该连线与 *XY* 平面的夹角为 60° 。

10.1.2　用户坐标系

在 AutoCAD 2019 中绘制二维图形时，绝大多数命令仅在 *XY* 平面内或在与 *XY* 平面平行的平面内有效。另外，在三维模型中，其截面的绘制也是采用二维绘图命令，这样当用户需要在某斜面上进行绘图时，该操作就不能直接进行。

例如，当前坐标系为世界坐标系，用户需要在模型的斜面上绘制一个新的圆柱，如图 10-3 所示。由于世界坐标系的 *XY* 平面与模型的斜面存在一定夹角，因此不能直接进行绘制。此时用户必须先将模型的斜面定义为坐标系的 *XY* 平面。由用户定义的坐标系就称为用户坐标系。

建立用户坐标系，主要有两种用途：一种是可以灵活定位 *XY* 平面，以便用二维绘图命令绘制立体截面；另一种是便于将模型尺寸转化为坐标值。

启用命令的方法如下。

- 工具栏：单击“UCS”工具栏中的“UCS”按钮，如图 10-4 所示。
- 菜单命令：选择“工具”菜单中有关用户坐标系的菜单命令，如图 10-5 所示。
- 命令行：输入“UCS”，按 Enter 键。

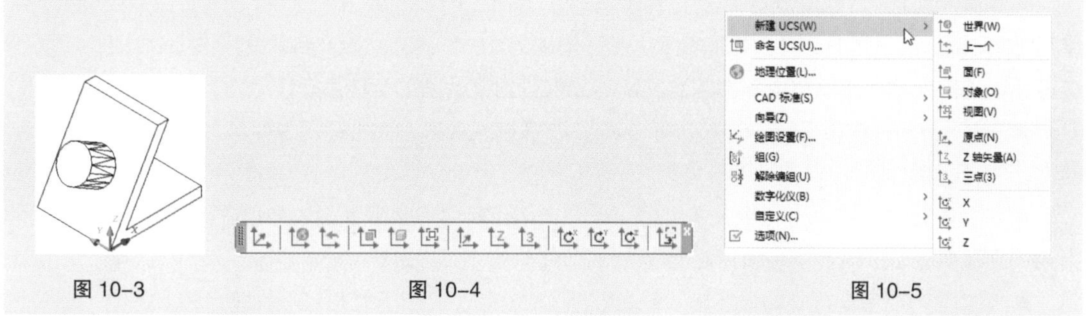

图 10-3　　图 10-4　　图 10-5

启用“用户坐标系”命令，命令行窗口提示如下。

命令 : _ucs　　　　// 单击“UCS”按钮

当前 UCS 名称 : * 世界 *　　　　// 提示当前的坐标系形式

指定 UCS 的原点或 [面 (F)/ 命名 (NA)/ 对象 (OB)/ 上一个 (P)/ 视图 (V)/ 世界 (W)/X/Y/Z/Z 轴 (ZA)] < 世界 >:

提示选项说明如下。

● 面（F）：用于与三维模型的选定面对齐。要选择一个面，可在此面的边界内或面的边上单击，被选择的面将亮显，UCS 的 *X* 轴将与找到的第一个面上最近的边对齐。操作步骤如下。

指定 UCS 的原点或 [面 (F)/ 命名 (NA)/ 对象 (OB)/ 上一个 (P)/ 视图 (V)/ 世界 (W)/X/Y/Z/Z 轴 (ZA)] < 世界 >: f　　　　// 输入“f”并按 Enter 键，选择“新建”选项

选择实体对象的面 :　　　　// 选择实体表面

输入选项 [下一个 (N)/X 轴反向 (X)/Y 轴反向 (Y)] < 接受 >:

提示选项说明如下。

▲“下一个”选项：用于将 UCS 定位于邻接的面或选定边的后向面。

▲“X 轴反向”（X）选项：用于将 UCS 绕 *X* 轴旋转 180°。

▲“Y 轴反向（Y）”选项：用于将 UCS 绕 *Y* 轴旋转 180°，如果按 Enter 键，则接受该位置；否则将重复出现提示，直到接受位置为止。

● 命名（NA）：在命令行中输入字母“na”，按 Enter 键，命令行窗口提示如下。

输入选项 [恢复 (R)/ 保存 (S)/ 删除 (D)/?]:

即按名称保存并恢复通常使用的 UCS 方向。

提示选项说明如下。

▲“恢复（R）”选项：用于恢复已保存的 UCS，使它成为当前 UCS。

▲“保存（S）”选项：用于把当前 UCS 按指定名称保存。

▲“删除（D）”选项：用于从已保存的用户坐标系列表中删除指定的 UCS。

▲“?”选项：用于列出用户定义坐标系的名称，并列出每个保存的 UCS 相对于当前 UCS 的原点及 *X* 轴、*Y* 轴和 *Z* 轴。如果当前 UCS 尚未命名，则它将列为 WORLD 或 UNNAMED，这取决于它是否与 WCS 相同。

● 对象（OB）：在命令行中输入字母“ob”，按 Enter 键，命令行窗口提示如下。

选择对齐 UCS 的对象：

即根据选择的三维对象定义新的坐标系，新建 UCS 的拉伸方向（*Z* 轴正方向）与选择对象的拉伸方向相同。

● 上一个（P）：在命令行中输入字母“p”，按 Enter 键，AutoCAD 2019 将恢复到最近一次使用的 UCS；AutoCAD 2019 中最多保存最近使用的 10 个 UCS；如果当前使用的 UCS 是由上一个坐标系移动得来的，使用“上一个”选项则不能恢复到移动前的坐标系。

● 视图（V）：在命令行中输入字母“v”，以垂直于观察方向（平行于屏幕）的平面为 *XY* 平面，建立新的坐标系，UCS 原点保持不变。

● 世界（W）：在命令行中输入字母“w”，将当前用户坐标系设置为世界坐标系；WCS 是所有用户坐标系的基准，不能被重新定义。

● X/Y/Z：在命令行中输入字母“x”或“y”或“z”，用于绕指定轴旋转当前 UCS。

● Z 轴（ZA）：在命令行中输入字母“za”，按 Enter 键，命令行窗口提示如下。

指定新原点或 [对象 (O)] <0,0,0>:

即用指定的 *Z* 轴的正半轴定义 UCS。

10.1.3 新建用户坐标系

可以通过以下 7 种方法新建用户坐标系。

（1）通过指定新坐标系的原点可以创建一个新的用户坐标系。用户输入新坐标系原点的坐标值后，系统会将当前坐标系的原点变为新坐标值所确定的点，但 *X* 轴、*Y* 轴和 *Z* 轴的方向不变。

启用命令的方法如下。

● 工具栏：单击“UCS”工具栏中的“原点”按钮。

● 菜单命令：选择“工具 > 新建 UCS > 原点”命令。

启用“原点”命令创建新的用户坐标系，命令行窗口提示如下。

命令 : _ucs

当前 UCS 名称 : * 世界 *

指定 UCS 的原点或 [面 (F)/ 命名 (NA)/ 对象 (OB)/ 上一个 (P)/ 视图 (V)/ 世界 (W)/X/Y/Z/Z 轴 (ZA)]

< 世界 >: _o　　// 单击“原点”按钮

指定新原点 <0,0,0>:　　// 确定新坐标系的原点

（2）通过指定新坐标系的原点与 *Z* 轴来创建一个新的用户坐标系。在创建过程中，系统会根据右手定则判断坐标系的方向。

启用命令的方法如下。

- 工具栏：单击“UCS”工具栏中的“Z 轴矢量”按钮。
- 菜单命令：选择“工具 > 新建 UCS > Z 轴矢量”命令。

启用“Z 轴矢量”命令创建新的用户坐标系，命令行窗口提示如下。

命令 : _ucs

当前 UCS 名称 : * 世界 *

指定 UCS 的原点或 [面 (F)/ 命名 (NA)/ 对象 (OB)/ 上一个 (P)/ 视图 (V)/ 世界 (W)/X/Y/Z/Z 轴 (ZA)]

< 世界 >: _zaxis　　// 单击“Z 轴矢量”按钮

指定新原点 <0,0,0>:　　// 确定新坐标系的原点

在正 Z 轴范围上指定点 <0.0000,0.0000,1.0000 >:　　// 确定新坐标系 *Z* 轴的正方向

（3）通过指定新坐标系的原点、*X* 轴方向及 *Y* 轴的方向来创建一个新的用户坐标系。

启用命令的方法如下。

- 工具栏：单击“UCS”工具栏中的“三点”按钮。
- 菜单命令：选择“工具 > 新建 UCS > 三点”命令。

启用“三点”命令创建新的用户坐标系，命令行窗口提示如下。

命令 : _ucs

当前 UCS 名称 : * 世界 *

指定 UCS 的原点或 [面 (F)/ 命名 (NA)/ 对象 (OB)/ 上一个 (P)/ 视图 (V)/ 世界 (W)/X/Y/Z/Z 轴 (ZA)]

< 世界 >: _3　　// 单击“三点”按钮

指定新原点 <0,0,0>:　　// 确定新坐标系的原点

在正 X 轴范围上指定点 <1.0000,0.0000,0.0000>:　　// 确定新坐标系 *X* 轴的的正方向

在 UCS XY 平面的正 Y 轴范围上指定点 <0.0000,1.0000,0.0000>:　　// 确定新坐标系 *Y* 轴的正方向

（4）通过指定一个已有对象来创建新的用户坐标系。创建的新坐标系与选择对象具有相同的 *Z* 轴方向，它的原点及 *X* 轴的正方向按表 10-1 的规则确定。

启用命令的方法如下。

- 工具栏：单击“UCS”工具栏中的“对象”按钮。
- 菜单命令：选择“工具 > 新建 UCS > 对象”命令。

表 10-1

可选对象	创建的 UCS 方向
线段	以离拾取点最近的端点为原点，*X* 轴方向与线段的方向一致
圆	以圆心为原点，*X* 轴通过拾取点
圆弧	以圆弧圆心为原点，*X* 轴通过离拾取点最近的一点
标注	以标注文字中心为原点，*X* 轴平行于绘制标注时有效 UCS 的 *X* 轴
点	以选取点为原点，*X* 轴方向可以任意确定

（续表）

可选对象	创建的 UCS 方向
二维多段线	以多段线的起点为原点，*X* 轴沿从起点到下一顶点的线段延伸
二维填充	以二维填充的第一点为原点，*X* 轴为两起始点之间的线段
三维面	第一点为坐标系原点，*X* 轴为第一点到第二点的连线方向，第一点到第四点的连线方向为 *Y* 的正向方向，*Z* 轴遵从右手定则
文字、块引用、属性定义	以对象的插入点为原点，*X* 轴由对象绕其拉伸方向旋转定义，用于建立新 UCS 的对象在新 UCS 中的旋转角为 0°

（5）通过选择三维模型的面来创建新用户坐标系。被选中的面以虚线显示，新建坐标系的 *XY* 平面落在该模型面上，同时其 *X* 轴与所选择面的最近边对齐。

启用命令的方法如下。

- 工具栏：单击“UCS”工具栏中的“面 UCS”按钮。
- 菜单命令：选择“工具 > 新建 UCS > 面”命令。

启用“面 UCS”命令创建新的用户坐标系，命令行窗口提示如下。

命令 : _ucs

当前 UCS 名称 : * 世界 *

指定 UCS 的原点或 [面 (F)/ 命名 (NA)/ 对象 (OB)/ 上一个 (P)/ 视图 (V)/ 世界 (W)/X/Y/Z/Z 轴 (ZA)]

< 世界 >: _f　　// 单击“面 UCS”按钮

选择实体对象的面 :　　// 选择实体的面

输入选项 [下一个 (N) /X 轴反向 (X) /Y 轴反向 (Y)] < 接受 >:　　// 按 Enter 键

提示选项说明如下。

- 下一个（N）：用于将 UCS 放到邻近的模型面上。
- X 轴反向（X）：用于将 UCS 绕 *X* 轴旋转 180° 。
- Y 轴反向（Y）：用于将 UCS 绕 *Y* 轴旋转 180° 。

（6）通过当前视图来创建新用户坐标系。新坐标系的原点为当前坐标系的原点位置，其 *XOY* 平面设置在与当前视图平行的平面上。

启用命令的方法如下。

- 工具栏：单击“UCS”工具栏中的“视图”按钮。
- 菜单命令：选择“工具 > 新建 UCS > 视图”命令。

（7）通过指定绕某一坐标轴旋转的角度来创建新用户坐标系。

启用命令的方法如下。

- 工具栏：单击“UCS”工具栏中的“X”按钮、“Y”按钮或“Z”按钮。
- 菜单命令：选择“工具 > 新建 UCS > X”或“Y”或“Z”命令。

10.2 三维视图操作

在 AutoCAD 2019 中，用户可以采用系统提供的观察方向对模型进行观察，也可以自定义观察方向。另外，在 AutoCAD 2019 中，用户还可以进行多视口观察。

10.2.1 视图观察

AutoCAD 2019 提供了 10 个标准视点，供用户用来观察模型，其中包括 6 个正交投影视图和 4 个等轴测视图，它们分别为主视图、后视图、俯视图、仰视图、左视图、右视图，以及西南等轴测视图、东南等轴测视图、东北等轴测视图和西北等轴测视图。

启用命令的方法如下。

- 工具栏：单击“视图”工具栏上的按钮，如图 10-6 所示。
- 菜单命令：选择“视图 > 三维视图”子菜单下提供的命令，如图 10-7 所示。

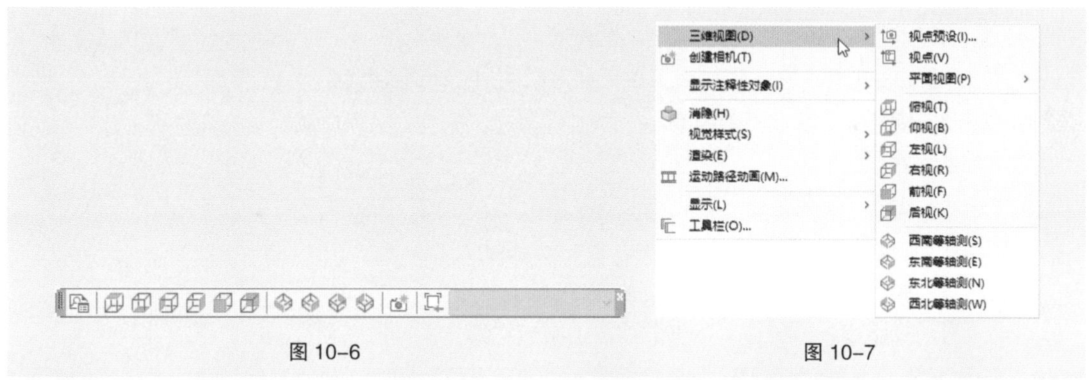

图 10-6　　图 10-7

10.2.2 设置视点

用户也可以自定义视点，在任意位置查看模型。在模型空间中，可以通过启用“视点预置”命令或“视点”命令来设置视点。

启用命令的方法：选择“视图 > 三维视图 > 视点预设”或“视点”命令。

1. 利用“视点预设”命令设置视点

（1）选择“视图 > 三维视图 > 视点预设”命令，弹出“视点预设”对话框，如图 10-8 所示。

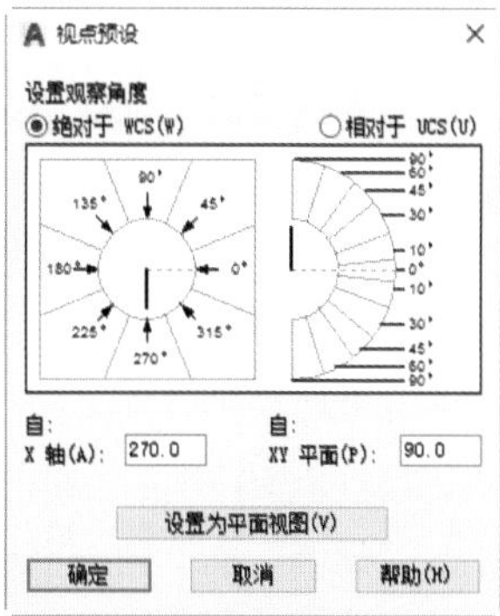

（2）设置视点位置。“视点预设”对话框中有两个刻度盘，左边刻度盘用来设置视线在 *XY* 平面内的投影与 *X* 轴的夹角，用户可直接在“X 轴”数值框中输入该值。右边刻度盘用来设置视线与 *XY* 平面的夹角，同理用户也可以直接在“XY 平面”数值框中输入该值。

（3）参数设置完成后，单击“确定”按钮即可对模型进行观察。

图 10-8

2. 利用“视点”命令设置视点

（1）选择“视图 > 三维视图 > 视点”命令，模型空间会自动显示罗盘和三轴架，如图 10-9 所示。

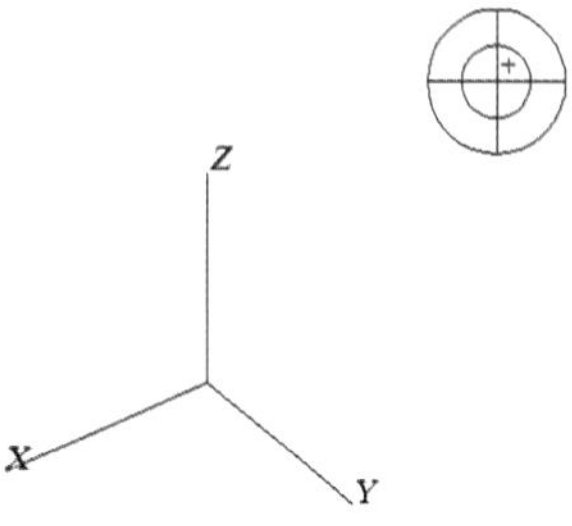

（2）移动鼠标指针，当鼠标指针落于坐标球的不同位置时，三轴架将以不同状态显示，此时三轴架的显示直接反映了三维坐标轴的状态。

（3）当三轴架的状态达到所要求的效果后，单击即可对模型进行观察。

图 10-9

10.2.3 动态观察器

利用动态观察器可以通过鼠标对三维模型进行多角度观察，从而使操作更加灵活、观察角度更加全面。动态观察又分为受约束的动态观察、自由动态观察和连续动态观察 3 种。

（1）受约束的动态观察：沿 *XY* 平面或 *Z* 轴约束三维动态观察。

启用命令的方法如下。

- 工具栏：单击“动态观察”工具栏中的“受约束的动态观察”按钮。
- 菜单命令：选择“视图 > 动态观察 > 受约束的动态观察”命令。
- 命令行：输入“3DORBIT”，按 Enter 键。

启用“受约束的动态观察”命令，鼠标指针显示为形状，如图 10-10 所示，此时按住鼠标左键移动鼠标，如果水平拖动鼠标，模型将平行于世界坐标系的 *XY* 平面移动；如果垂直拖动鼠标，模型将沿 *Z* 轴移动。

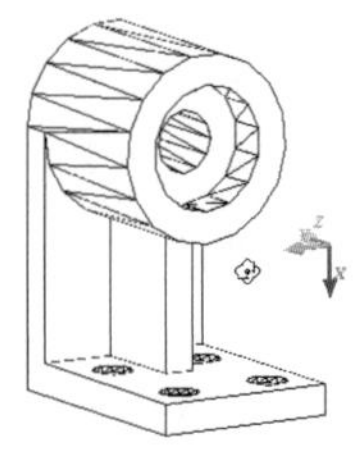

图 10-10

（2）自由动态观察：不参照平面，在任意方向上进行动态观察。沿 *XY* 平面和 *Z* 轴进行动态观察时，视点不受约束。

启用命令的方法如下。

- 工具栏：单击“动态观察”工具栏中的“自由动态观察”按钮。
- 菜单命令：选择“视图 > 动态观察 > 自由动态观察”命令。
- 命令行：输入“3DFORBIT”，按 Enter 键。

启用“自由动态观察”命令，在当前视口中激活三维自由动态观察视图，如图 10-11 所示。如果用户坐标系图标为开，则表示当前 UCS 的着色三维 UCS 图标显示在三维动态观察视图中。在启动命令之前可以查看整个图形，或者选择一个或多个对象。

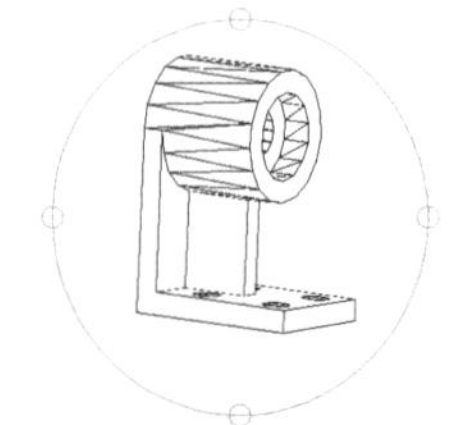

图 10-11

在拖动鼠标指针旋转观察模型时，鼠标指针位于转盘的不同部位，会显示为不同的形状。拖动鼠标指针也会产生不同的显示效果。

移动鼠标指针到大圆之外时，鼠标指针显示为形状，此时拖动鼠标指针，视图将绕通过转盘中心并垂直于屏幕的轴旋转。

移动鼠标指针到大圆之内时，鼠标指针显示为形状，此时可以在水平、铅垂、对角方向拖动鼠标指针，旋转视图。

移动鼠标指针到左边或右边小圆之上时，鼠标指针显示为形状，此时拖动鼠标指针，视图将绕通过转盘中心的竖直轴旋转。

移动鼠标指针到上边或下边小圆之上时，鼠标指针显示为形状，此时拖动鼠标指针，视图将绕通过转盘中心的水平轴旋转。

（3）连续动态观察：连续地进行动态观察。在要进行连续动态观察对象的移动方向上按住鼠标左键并拖动鼠标，然后释放鼠标左键，对象沿该方向继续移动。

启用命令的方法如下。

- 工具栏：单击“动态观察”工具栏中的“连续动态观察”按钮。
- 菜单命令：选择“视图 > 动态观察 > 连续动态观察”命令。
- 命令行：输入“3DCORBIT”命令。

启用“连续动态观察”命令，鼠标指针显示为形状，此时，在绘图区域中按住鼠标左键并沿任意方向拖动鼠标，使对象沿正在拖动的方向移动。释放鼠标左键，对象在指定的方向上继续进行它们的轨迹运动，如图 10-12 所示。鼠标拖动速度决定了对象的旋转速度。

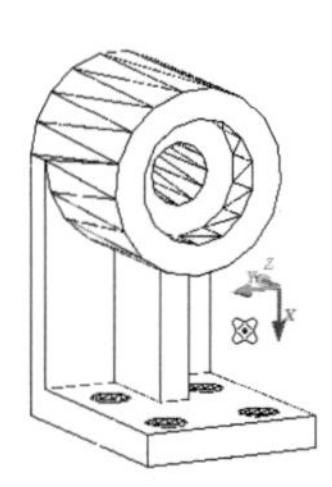

图 10-12

10.2.4 多视口观察

在模型空间内，用户可以将绘图窗口拆分成多个视口，这样在创建复杂的图形时，可以从不同的视口的多个方向观察模型，如图 10-13 所示。

启用命令的方法如下。

- 菜单命令：选择“视图 > 视口”子菜单下提供的绘制命令，如图 10-14 所示。
- 命令行：输入“VPORTS”，按 Enter 键。

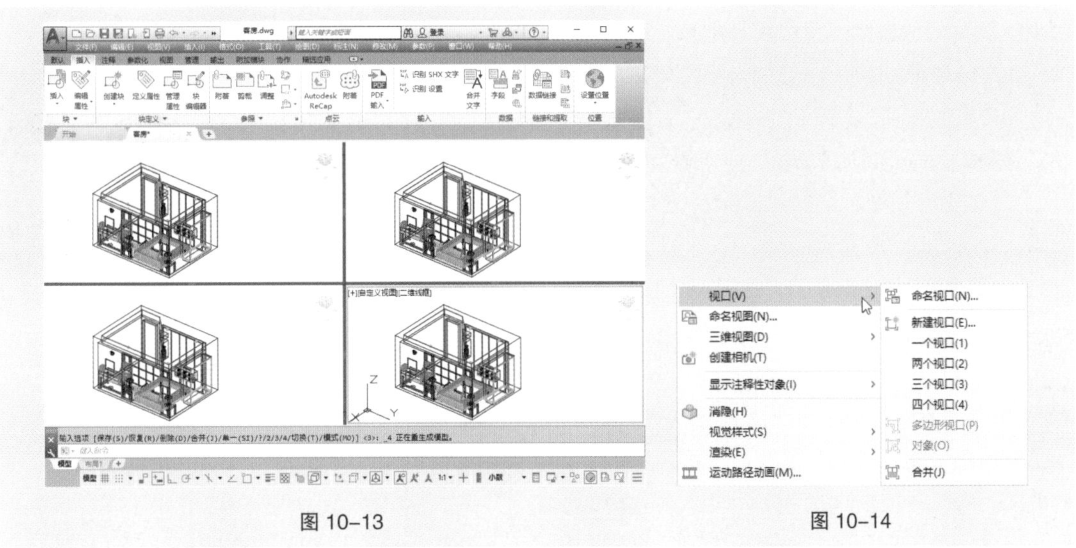

图 10-13　　图 10-14

提示

当用户在一个视口中对模型进行了修改，其他视口也会立即进行相应的更新。

10.3 绘制三维模型

10.3.1 课堂案例——绘制花瓶模型

【案例学习目标】掌握并熟练运用“旋转”命令创建三维模型。

【案例知识要点】使用“旋转”命令绘制花瓶模型，效果如图 10-15 所示。

【效果所在位置】云盘 /Ch10/DWG/ 绘制花瓶模型。

图 10-15

（1）打开图形文件。选择“文件 > 打开”命令，打开云盘中的“Ch10 > 素材 > 绘制花瓶”文件，如图 10-16 所示。

（2）旋转花瓶。选择“绘图 > 建模 > 旋转”命令，将花瓶图形对象旋转成三维模型，操作步骤如下。效果如图 10-17 所示。

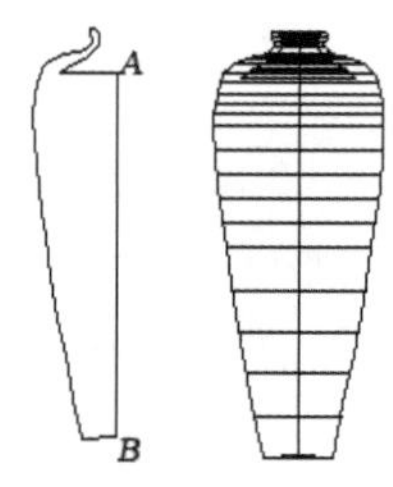

图 10-16　图 10-17

```
命令 : _revolve                                          // 选择“旋转”命令
当前线框密度 :ISOLINES=4, 闭合轮廓创建模式 = 实体            // 显示当前线框的密度
选择要旋转的对象或 [ 模式 (MO)]: 找到 1 个                   // 选择旋转截面
选择要旋转的对象或 [ 模式 (MO)]:                            // 按 Enter 键
指定轴起点或根据以下选项之一定义轴 [ 对象 (O) X Y Z]:        // 单击捕捉图 10-16 所示的 A 点
指定轴端点 :                                               // 单击捕捉 B 点
指定旋转角度或 [ 起点角度 (ST)/ 反转 (R)/ 表达式 (EX)] <360>:  // 按 Enter 键
```

（3）观察模型。选择“视图 > 三维视图 > 西南等轴测”命令，观察花瓶模型，如图 10-18 所示。

（4）消隐模型。选择“视图 > 消隐”命令，观察花瓶模型的消隐效果，如图 10-19 所示。

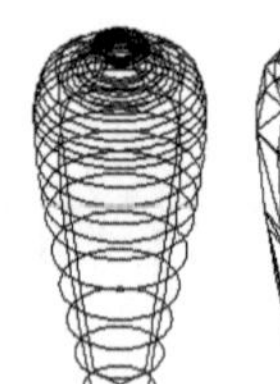
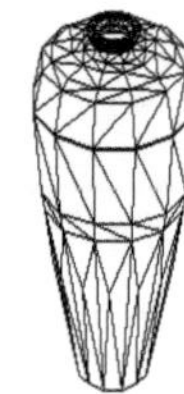

图 10-18　图 10-19

10.3.2　拉伸三维模型

通过拉伸将二维图形绘制成三维模型时，该二维图形必须是一个封闭的二维对象或由封闭曲线构成的面域，并且拉伸的路径必须是一条多段线。

可作为拉伸对象的二维图形有圆、椭圆、用“正多边形”命令绘制的正多边形、用“矩形”命令绘制的矩形、封闭的样条曲线和封闭的多段线等。

而利用“直线”“圆弧”等命令绘制的一般闭合图形则不能直接进行拉伸，需要用户先将其定义为面域。

启用命令的方法如下。

- 工具栏：单击“建模”工具栏中的“拉伸”按钮。
- 菜单命令：选择“绘图 > 建模 > 拉伸”命令。
- 命令行：输入“EXTRUDE”，按 Enter 键。

选择“绘图 > 建模 > 拉伸”命令，启用“拉伸面”命令，通过拉伸将二维图形绘制成三维模型。操作步骤如下。

```
命令 : _extrude                                          // 选择“拉伸”命令
当前线框密度 : ISOLINES=4 , 闭合轮廓创建模式 = 实体          // 显示当前线框的密度
选择要拉伸的对象或 [ 模式 (MO)]: 找到 1 个                   // 选择封闭的拉伸对象
选择要拉伸的对象或 [ 模式 (MO)]:                            // 按 Enter 键
指定拉伸的高度或 [ 方向 (D)/ 路径 (P)/ 倾斜角 (T)/ 表达式 (E)]: 300  // 输入拉伸的高度
```

完成后效果如图 10-20 所示。当用户输入了拉伸的倾斜角度后，效果如图 10-21 所示。

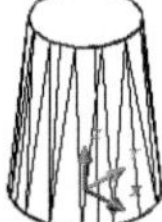

图 10-20　图 10-21

10.3.3　旋转三维模型

通过旋转将二维图形绘制成三维模型时，该二维图形也必须是一个封闭的二维对象或由封闭曲

线构成的面域。此外，用户可以通过定义两点来创建旋转轴，也可以选择已有的对象或坐标系的 *X* 轴、*Y* 轴作为旋转轴。

启用命令的方法如下。

- 工具栏：单击“实体”工具栏中的“旋转”按钮。
- 菜单命令：选择“绘图 > 建模 > 旋转”命令。
- 命令行：输入“REVOLVE”，按 Enter 键。

图 10–22

选择“绘图 > 建模 > 旋转”命令，启用“旋转”命令，通过旋转将二维图形绘制成三维模型，操作步骤如下。效果如图 10–22 所示。

命令 : _revolve　　//选择“旋转”命令
当前线框密度 : ISOLINES=10 , 闭合轮廓创建模式 = 实体　　//显示当前线框的密度
选择要旋转的对象或 [模式 (MO)]: 找到 1 个　　//选择旋转截面
选择要旋转的对象或 [模式 (MO)]:　　//按 Enter 键
指定旋转轴的起点或
指定轴起点或根据以下选项之一定义轴 [对象 (O) X Y Z]: x　　//选择“X 轴”选项
指定旋转角度或 [起点角度 (ST)/ 反转 (R)/ 表达式 (EX)] <360>:　　//按 Enter 键

提示选项说明如下。

- 旋转轴的起点：通过两点的方式定义旋转轴。
- 对象（O）：选择一条已有的线段作为旋转轴。
- X 轴（X）：选择 *X* 轴作为旋转轴。
- Y 轴（Y）：选择 *Y* 轴作为旋转轴。
- Z 轴（Z）：选择 *Z* 轴作为旋转轴。

10.3.4 长方体

使用“长方体”命令可创建长方体。

启用命令方法如下。

- 工具栏：单击“建模”工具栏中的“长方体”按钮。
- 菜单命令：选择“绘图 > 建模 > 长方体”命令。
- 命令行：输入“BOX”，按 Enter 键。

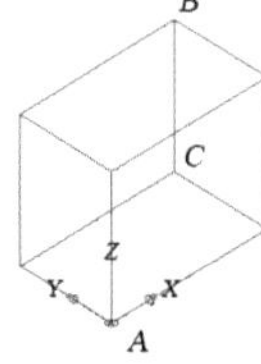

图 10–23

绘制长、宽、高分别为 100mm、60mm、80mm 的长方体，操作步骤如下。效果如图 10–23 所示。

命令 : _box　　//单击“长方体”按钮
指定第一个角点或 [中心 (C)]:<0,0,0>　　//输入长方体角点 A 的三维坐标
指定其他角点或 [立方体 (C)/ 长度 (L)]: 100,60,80　　//输入长方体另一角点 B 的三维坐标

提示选项说明如下。

- 中心（C）：定义长方体的中心点，并根据该中心点和一个角点来绘制长方体。
- 立方体（C）：选择该选项后即可根据提示输入立方体的边长。
- 长度（L）：选择该选项后，系统会依次提示用户输入长方体的长、宽、高来定义长方体。

另外，在绘制长方体的过程中，当命令行窗口提示指定长方体的第二个角点时，用户还可以通

过输入长方体底面角点 C 的平面坐标和长方体的高度来完成长方体的绘制，也就是说绘制上面所说的长方体也可以通过下面的操作步骤来完成。

命令 : _box　　// 单击“长方体”按钮

指定长方体的角点或 [中心 (C)] <0,0,0>:　　// 输入长方体角点 A 的三维坐标

指定其他角点或 [立方体 (C)/ 长度 (L)]: 80,100　　// 输入长方体底面角点 C 的平面坐标

指定高度或 [两点 (2P)]<300.0000>: 60　　// 输入长方体的高度

10.3.5 球体

使用“球体”命令可创建球体。

启用命令的方法如下。

- 工具栏：单击“建模”工具栏中的“球体”按钮。
- 菜单命令：选择“绘图 > 建模 > 球体”命令。
- 命令行：输入“SPHERE”，按 Enter 键。

绘制半径为 100mm 的球体效果，操作步骤如下。效果如图 10-24 所示。

命令 : _sphere　　// 单击“球体”按钮

指定中心点或 [三点 (3P)/ 两点 (2P)/ 相切、相切、半径 (T)]: 0,0,0　　// 输入球心的坐标

指定半径或 [直径 (D)]: 100　　// 输入球体的半径

绘制完球体后，可以选择“视图 > 消隐”命令，对球体进行消隐观察，如图 10-25 所示。与消隐后观察的图形相比，图 10-24 所示球体的外形线框的线条太少，不能反映整个球体的外观，此时用户可以修改系统参数 ISOLINES 的值来增加线条的数量，操作步骤如下。

命令 : ISOLINES　　// 输入系统参数的名称

输入 ISOLINES 的新值 <4>: 20　　// 输入系统参数的新值

设置完系统参数后，再次创建同样大小的球体模型，效果如图 10-26 所示。

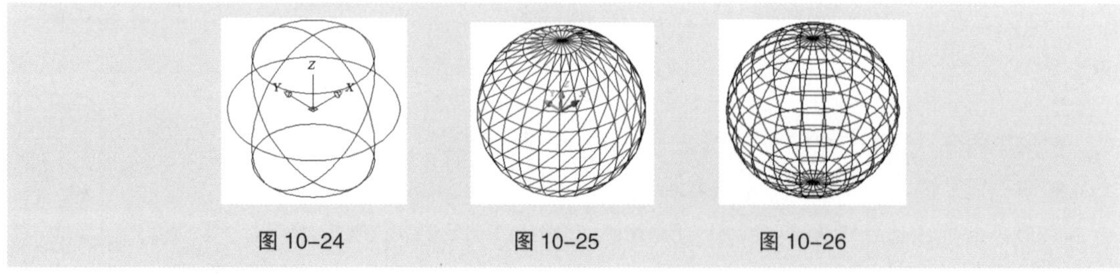

图 10-24　　图 10-25　　图 10-26

10.3.6 圆柱体

使用加“圆柱体”命令可创建圆柱体。

启用命令的方法如下。

- 工具栏：单击“建模”工具栏中的“圆柱体”按钮。
- 菜单命令：选择“绘图 > 建模 > 圆柱体”命令。
- 命令行：输入“CYLINDER”，按 Enter 键。

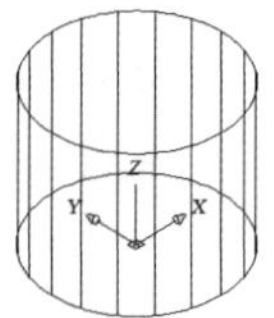

图 10-27

绘制直径为 20mm、高为 16mm 的圆柱体，操作步骤如下。效果如图 10-27 所示。

命令 : _cylinder　　// 单击“圆柱体”按钮

指定底面的中心点或 [三点 (3P)/ 两点 (2P)/ 相切、相切、半径 (T)/ 椭圆 (E)]: 0,0,0

// 输入圆柱体底面中心点的坐标

指定底面半径或 [直径 (D)]: 10　　// 输入圆柱体底面的半径

指定高度或 [两点 (2P)/ 轴端点 (A)] <76.5610>: 16　　// 输入圆柱体的高度

提示选项说明如下。

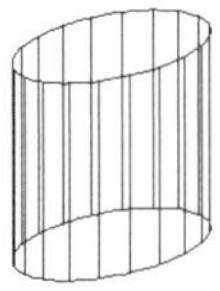

- 三点（3P）：通过指定 3 个点来定义圆柱体的底面周长和底面。
- 两点（2P）：用来指定底面圆的直径的两个端点。
- 相切、相切、半径（T）：定义具有指定半径，且与两个对象相切的圆柱体底面。
- 椭圆（E）：用来绘制椭圆柱，如图 10-28 所示。

图 10-28

- 两点（2P）：用来指定圆柱体的高度为两个指定点之间的距离。
- 轴端点（A）：指定圆柱体轴的端点位置；轴端点是圆柱体的顶面中心点，它可以位于三维空间的任何位置，它定义了圆柱体的长度和方向。

10.3.7 圆锥体

使用“圆锥体”命令可创建圆锥体。

启用命令的方法如下。

- 工具栏：单击“建模”工具栏中的“圆锥体”按钮。
- 菜单命令：选择“绘图 > 建模 > 圆锥体”命令。
- 命令行：输入“CONE”，按 Enter 键。

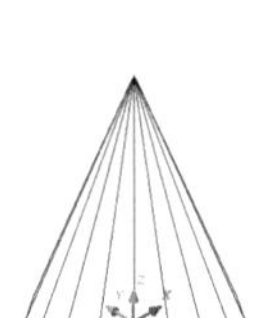

图 10-29

绘制一个底面直径为 30mm、高为 40mm 的圆锥体，操作步骤如下。效果如图 10-29 所示。

命令 : _cone　　// 单击“圆锥体”按钮

指定底面的中心点或 [三点 (3P)/ 两点 (2P)/ 相切、相切、半径 (T)/ 椭圆 (E)]: 0,0,0

// 输入圆锥体底面中心点的坐标

指定底面半径或 [直径 (D)]: 15　　// 输入圆锥体底面的半径

指定高度或 [两点 (2P)/ 轴端点 (A)/ 顶面半径 (T)] <16.0000>: 40　　// 输入圆锥体的高度

绘制完圆锥体后，可以选择“视图 > 消隐”命令，对其进行消隐观察。

个别提示选项说明如下。

- 椭圆（E）：将圆锥体底面设置为椭圆形状，用来绘制椭圆锥，如图 10-30 所示。
- 轴端点（A）：通过输入圆锥体顶点的坐标来绘制倾斜圆锥体，圆锥体的生成方向为底面圆心与顶点的连线方向。

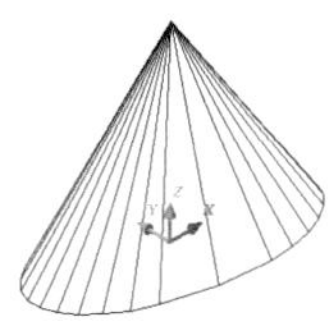

图 10-30

- 顶面半径（T）：创建圆台时指定圆台的顶面半径。

10.3.8 楔体

使用“楔体”命令可创建楔体。

启用命令的方法如下。

- 工具栏：单击“建模”工具栏中的“楔体”按钮。
- 菜单命令：选择“绘图 > 建模 > 楔体”命令。
- 命令行：输入“WEDGE”，按 Enter 键。

绘制楔体，操作步骤如下。效果如图 10-31 所示。

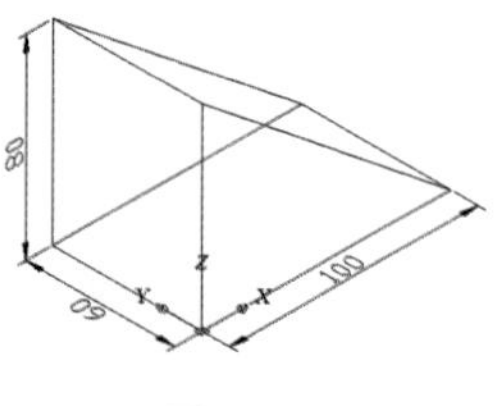

图 10-31

命令 : _wedge　　　　　　　　　　　// 单击“楔体”按钮

指定第一个角点或 [中心 (C)]:0,0,0　　　　// 输入楔体第一个角点的坐标

指定其他角点或 [立方体 (C)/ 长度 (L)]: 100,60,80

// 输入楔体的另一个角点的坐标

10.3.9 圆环体

使用“圆环体”命令可创建圆环体。

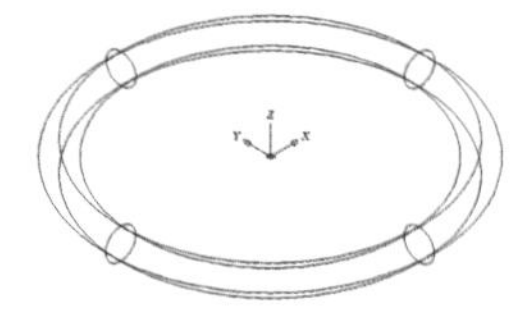
图 10-32

启用命令的方法如下。

- 工具栏：单击“建模”工具栏中的“圆环”按钮。
- 菜单命令：选择“绘图 > 建模 > 圆环体”命令。
- 命令行：输入“TORUS”，按 Enter 键。

绘制半径为 150mm、圆管半径为 15mm 的圆环体，操作步骤如下。效果如图 10-32 所示。

命令 : _torus　　　　　　　　　　　// 单击“圆环”按钮

指定中心点或 [三点 (3P)/ 两点 (2P)/ 相切、相切、半径 (T)]: 0,0,0

// 输入圆环体中心点的坐标

指定半径或 [直径 (D)]: 150　　　　　// 输入圆环体的半径

指定圆管半径或 [两点 (2P)/ 直径 (D)]: 15　// 输入圆管的半径

绘制完圆环体后，可以选择“视图 > 消隐”命令，对其进行消隐观察，如图 10-33 所示。

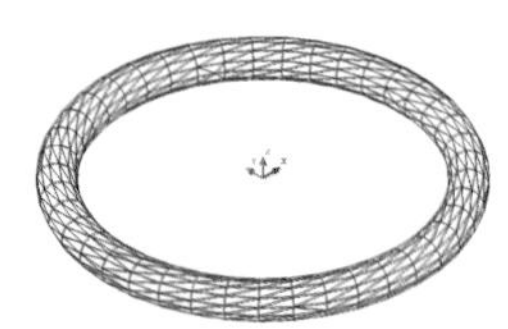
图 10-33

10.3.10 利用剖切法绘制组合体

剖切法是通过定义一个剖切平面将已有的三维模型剖切为两个部分。在剖切过程中，用户可以选择剖切后保留部分模型或全部保留。

启用命令的方法如下。

- 菜单命令：选择“修改 > 三维操作 > 剖切”命令。
- 命令行：输入“SLICE”，按 Enter 键。

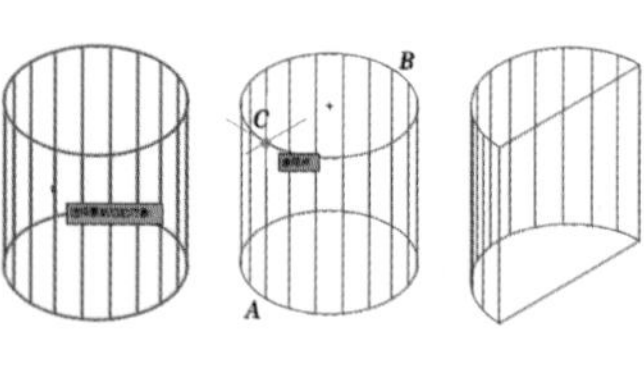

图 10-34

选择“修改 > 三维实操 > 剖切”命令，启用“剖切”命令，通过定义一个剖切平面将圆柱体剖切为两个部分，操作步骤如下。效果如图 10-34 所示。

命令 : _slice　　　　　　　　　　　// 选择“剖切”命令

选择要剖切的对象 : 找到 1 个　　　　　// 选择圆柱体

选择要剖切的对象 :　　　　　　　　　// 按 Enter 键

指定切面的起点或 [平面对象 (O)/ 曲线 (S)/Z 轴 (Z)/ 视图 (V)/xy (XY)/yz (YZ)/zx (ZX)/ 三点 (3)] < 三点 >: < 对捕捉 开 >　　// 打开“对象捕捉”开关，单击象限点 *A* 点

指定平面上的第二个点 :　　　　　　　// 单击象限点 *B* 点

指定平面上的第三个点 :　　　　　　　// 单击象限点 *C* 点

在所需的侧面上指定点或 [保留两个侧面 (B)]< 保留两个侧面 >:

// 单击要保留的一侧的点

10.3.11 课堂案例——绘制螺母

【案例学习目标】掌握绘制三维模型的各项命令。

【案例知识要点】使用“圆”“面域”“差集”“拉伸”“圆角”“倒角”“多边形”“交集”命令来绘制螺母，效果如图 10-35 所示。

【效果所在位置】云盘 /Ch10/DWG/ 绘制螺母。

图 10-35

（1）创建图形文件。选择“文件 > 新建”命令，弹出“选择样板”对话框，单击“打开”按钮，创建新的图形文件。

（2）单击“圆”按钮，绘制两个半径分别为 4 和 9 的圆。单击“面域”按钮，按照命令行窗口的提示，将绘制的两个圆形成两个面域。单击“西南等轴测”按钮，从西南方向观察效果，如图 10-36 所示。

（3）单击“差集”按钮，将由大圆形成的面域作为被减对象，将由小圆形成的面域作为要减去的对象，执行布尔减运算。单击“视觉样式”工具栏中的“概念视觉样式”按钮，效果如图 10-37 所示。

命令：_subtract 选择要从中减去的实体或面域 ... // 单击“差集”按钮
选择对象：找到 1 个 // 选择大圆形成的面域
选择对象： // 按 Enter 键
选择要减去的实体或面域 ..
选择对象：找到 1 个 // 选择小圆形成的面域
选择对象： // 按 Enter 键

（4）单击“拉伸”按钮，将环面作为拉伸对象，并定义拉伸高度为 9.4，完成螺母基体的绘制。选择“视图 > 消隐”命令，效果如图 10-38 所示。

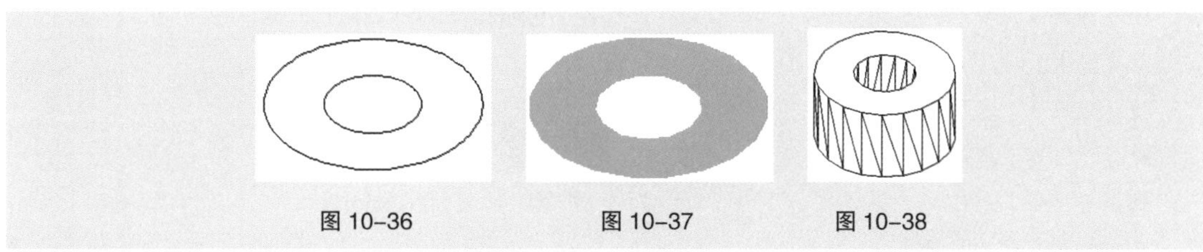

图 10-36 图 10-37 图 10-38

命令：_extrude // 单击“拉伸”按钮
当前线框密度： ISOLINES=4，闭合轮廓创建模式 = 实体
选择要拉伸的对象或 [模式 (MO)]: // 选择环面
选择要拉伸的对象：找到 1 个 // 选择一个对象

选择要拉伸的对象或 [模式 (MO)]: // 按 Enter 键

指定拉伸高度或 [方向 (D)/ 路径 (P)/ 倾斜角 (T))/ 表达式 (E)]: 9.4 // 输入拉伸高度

（5）单击“二维线框”按钮，以线框模式观察图形，单击“倒角”按钮，对内孔的棱边 *A*、*B* 进行倒角，如图 10-39 所示，完成倒角后，效果如图 10-40 所示。

操作步骤如下。

命令 : _chamfer // 单击“倒角”按钮

(“修剪”模式) 当前倒角距离 1 = 0.0000，距离 2 = 0.0000

选择第一条直线或 [放弃 (U)/ 多段线 (P)/ 距离 (D)/ 角度 (A)/ 修剪 (T)/ 方式 (E)/ 多个 (M)]:

// 选择棱边 *A*

基面选择 ...

输入曲面选择选项 [下一个 (N)/ 当前 (OK)] < 当前 >: // 按 Enter 键

指定基面的倒角距离或 [表达式 (E)]: 1 // 输入基面内的倒角距离

指定其他曲面的倒角距离 <1.0000>: // 按 Enter 键

选择边或 [环 (L)]: // 选择棱边 *A*

选择边或 [环 (L)]: // 选择棱边 *B*

选择边或 [环 (L)]: // 按 Enter 键

（6）单击“圆角”按钮，对模型的棱边 *C*、*D* 进行倒圆角，如图 10-41 所示，效果如图 10-42 所示。

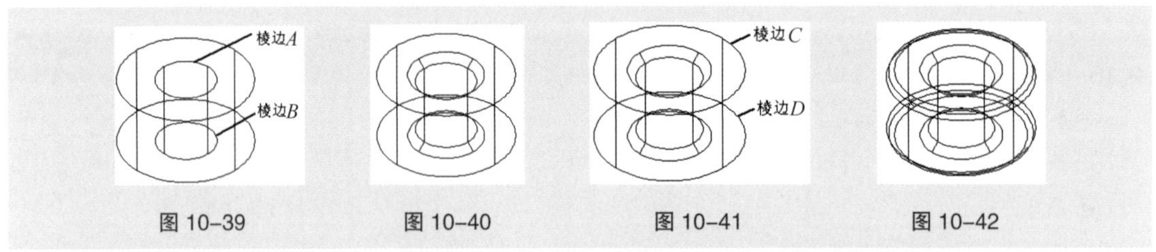

图 10-39 图 10-40 图 10-41 图 10-42

命令 : _fillet // 单击“圆角”按钮

当前设置 : 模式 = 修剪，半径 = 0.0000

选择第一个对象或 [放弃 (U)/ 多段线 (P)/ 半径 (R)/ 修剪 (T)/ 多个 (M)]:

// 选择棱边 *C*

输入圆角半径或 [表达式 (E)]: 1 // 输入圆角的半径

选择边或 [链 (C)/ 环 (L)/ 半径 (R)]: c // 选择“链”选项

选择边链或 [边 (E)/ 半径 (R)]: // 选择棱边 *C*

选择边链或 [边 (E)/ 半径 (R)]: // 选择棱边 *D*

选择边链或 [边 (E)/ 半径 (R)]: // 按 Enter 键

已选定 2 条边用于圆角

（7）单击“多边形”按钮，定义边数为 6，选择“外切与圆”选项，半径设为 8，绘制一个正六边形，图形效果如图 10-43 所示。单击“移动”按钮，捕捉刚绘制的正六边形的中心并将其移动到螺母基体的底面圆心处，如图 10-44 所示。

（8）单击“拉伸”按钮，将正六边形作为拉伸对象，并定义拉伸高度为 12，选择“视图 > 消隐”命令，图形效果如图 10-45 所示。单击“交集”按钮，依次选择螺母基体及上一步骤产生的拉伸实体，执行布尔交运算，完成螺母的绘制，图形效果如图 10-46 所示。单击“概念视觉样式”按钮，对创建好的螺母模型进行着色观察，图形效果如图 10-47 所示。

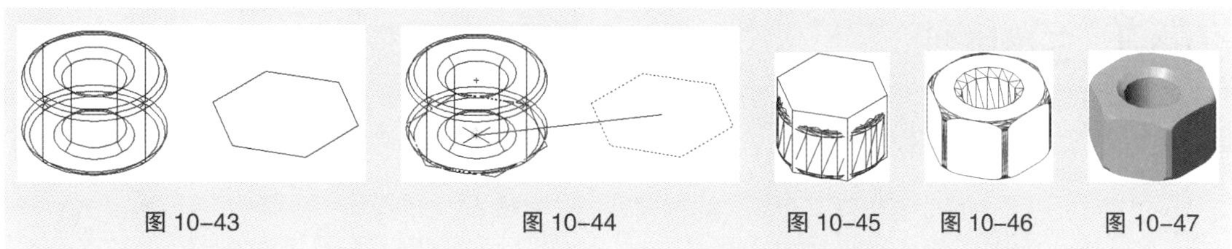

图 10-43 图 10-44 图 10-45 图 10-46 图 10-47

```
命令：_intersect                          // 单击“交集”按钮
选择对象：找到 1 个                        // 选择螺母基体
选择对象：找到 1 个，总计 2 个              // 选择步骤（8）产生的拉伸实体
选择对象：                                // 按 Enter 键
```

10.3.12 利用布尔运算绘制组合体

AutoCAD 2019 可以对三维模型进行布尔运算，使其产生各种形状的组合体。布尔运算分为并运算、差运算、交运算 3 种方式。

1. 并运算

并运算可以合并两个或多个实体（或面域），使其构成一个组合对象。

启用命令的方法如下。

- 工具栏：单击“实体编辑”工具栏中的“并集”按钮。
- 菜单命令：选择“修改 > 实体编辑 > 并集”命令。
- 命令行：输入“UNION”，按 Enter 键。

2. 差运算

差运算可以删除两个模型间的公共部分。

启用命令的方法如下。

- 工具栏：单击“实体编辑”工具栏中的“差集”按钮。
- 菜单命令：选择“修改 > 实体编辑 > 差集”命令。
- 命令行：输入“SUBTRACT”，按 Enter 键。

3. 交运算

交运算可以用两个或多个重叠模型的公共部分创建组合体。

启用命令的方法如下。

- 工具栏：单击“实体编辑”工具栏中的“交集”按钮。
- 菜单命令：选择“修改 > 实体编辑 > 交集”命令。
- 命令行：输入“INTERSECT”，按 Enter 键。

10.4 编辑三维模型

本节将对三维模型的阵列、镜像、旋转及对齐命令进行讲解，一方面可帮助读者对三维模型的空间概念有更进一步的认识，另一方面也可以同相关的二维图形的编辑命令进行比较，从而进一步巩固前面各章学习的知识。

10.4.1 三维阵列

利用“三维阵列”命令可阵列三维模型。在阵列过程中，用户需要输入阵列的列数、行数和层数。其中，列数、行数、层数分别是指模型在 X、Y、Z 方向的数目。此外，根据模型的阵列特点，可分为矩形阵列与环形阵列，如图 10-48 所示。

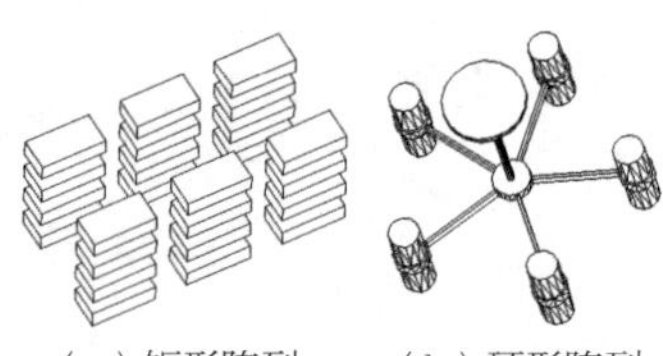

（a）矩形阵列　（b）环形阵列

图 10-48

启用命令的方法如下。

- 菜单命令：选择“修改 > 三维操作 > 三维阵列”命令。
- 命令行：输入“3DARRAY”，按 Enter 键。

进行矩形阵列时，若输入的间距为正值，则向坐标轴的正方向阵列；若输入的间距为负值，则向坐标轴的负方向阵列。

进行环形阵列时，若输入的间距为正值，则沿逆时针方向阵列；若输入的间距为负值，则沿顺时针方向阵列。

选择“修改 > 三维操作 > 三维阵列”命令，启用“三维阵列”命令后，命令行窗口提示如下。

```
命令 : _3darray                                   // 选择“三维阵列”命令
选择对象 : 找到 1 个                              // 选择长方体模型
选择对象 :                                        // 按 Enter 键
输入阵列类型 [ 矩形 (R)/ 环形 (P)] < 矩形 >:      // 按 Enter 键
输入行数 (---) <1>: 2                             // 输入行数
输入列数 (|||) <1>: 3                             // 输入列数
输入层数 (...) <1>: 4                             // 输入层数
指定行间距 (---): 300                             // 输入行间距
指定列间距 (|||): 300                             // 输入列间距
指定层间距 (...): 100                             // 输入层间距
命令 : _3darray                                   // 选择“三维阵列”命令
选择对象 : 找到 1 个                              // 选择吊灯模型
选择对象 :                                        // 按 Enter 键
输入阵列类型 [ 矩形 (R)/ 环形 (P)] < 矩形 >:p     // 选择“环形”选项
输入阵列中的项目数目 : 5                          // 输入阵列数目
指定要填充的角度 (+= 逆时针 ,-= 顺时针 ) <360>:   // 按 Enter 键
旋转阵列对象？ [ 是 (Y)/ 否 (N)] <Y>:             // 按 Enter 键
指定阵列的中心点 : _cen 于                        // 单击“对象捕捉”工具栏上的“捕捉
                                                  // 到圆心”按钮⊙，捕捉吊灯支架的圆心
指定旋转轴上的第二点 : _cen 于                    // 捕捉圆心
```

10.4.2 三维镜像

“三维镜像”命令通常用于绘制具有对称结构的三维模型，如图 10-49 所示。

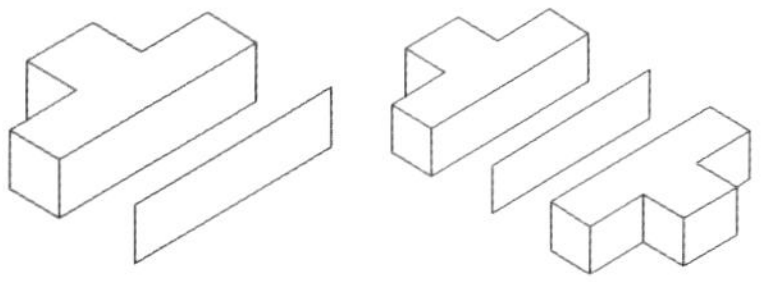

图 10-49

启用命令的方法如下。

- 菜单命令：选择“修改 > 三维操作 > 三维镜像”命令。
- 命令行：输入“MIRROR3D”，按 Enter 键。

选择“修改 > 三维操作 > 三维镜像”命令，启用“三维镜像”命令后，命令行窗口提示如下。

命令 : _mirror3d　　　　// 选择“三维镜像”命令
选择对象 : 找到 1 个　　　　// 选择镜像对象
选择对象 :　　　　// 按 Enter 键
指定镜像平面 (三点) 的第一个点或
[对象 (O)/ 最近的 (L)/Z 轴 (Z)/ 视图 (V)/XY 平面 (XY)/YZ 平面 (YZ)/ZX 平面 (ZX)/ 三点 (3)] < 三点 >:
　　　　// 捕捉镜像平面的第一个点
在镜像平面上指定第二点 :　　　　// 捕捉镜像平面的第二个点
在镜像平面上指定第三点 :　　　　// 捕捉镜像平面的第三个点
是否删除源对象？ [是 (Y)/ 否 (N)] < 否 >:　　　　// 按 Enter 键

提示选项说明如下。

- 对象（O）：将所选对象（圆、圆弧或多段线等）所在的平面作为镜像平面。
- 最近的（L）：使用上一次镜像操作中使用的镜像平面作为本次操作的镜像平面。
- Z 轴（Z）：依次选择两点，系统会自动将两点的连线作为镜像平面的法线，同时镜像平面通过所选的第一点。
- 视图（V）：选择一点，系统会自动将通过该点且与当前视图平面平行的平面作为镜像平面。
- XY 平面（XY）：选择一点，系统会自动将通过该点且与当前坐标系的 *XY* 平面平行的平面作为镜像平面。
- YZ 平面（YZ）：选择一点，系统会自动将通过该点且与当前坐标系的 *YZ* 平面平行的平面作为镜像平面。
- ZX 平面（ZX）：选择一点，系统会自动将通过该点且与当前坐标系的 *ZX* 平面平行的平面作为镜像平面。
- 三点（3）：通过指定 3 点来确定镜像平面。

10.4.3 三维旋转

通过“三维旋转”命令可以灵活定义旋转轴，并对三维模型进行任意旋转。

启用命令的方法如下。

- 菜单命令：选择“修改 > 三维操作 > 三维旋转”命令。
- 命令行：输入“ROTATE3D”，按 Enter 键。

选择“修改 > 三维操作 > 三维旋转”命令，启用“三维旋转”命令，将图 10-50 所示的正六棱柱绕 *X* 轴旋转 90°，操作步骤如下。效果如图 10-51 所示，

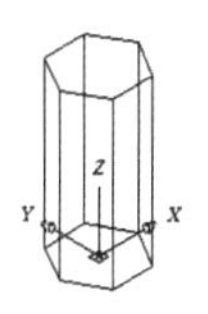

图 10-50

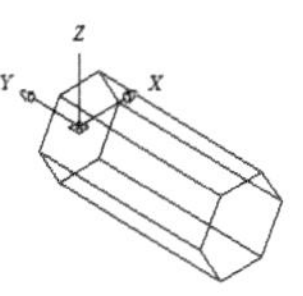

图 10-51

```
命令：_rotate3d                              // 选择"三维旋转"命令
当前正向角度：ANGDIR= 逆时针 ANGBASE=0
选择对象：找到 1 个                          // 选择正六棱柱
选择对象：                                   // 按 Enter 键
指定轴上的第一个点或定义轴依据
[ 对象 (O)/ 最近的 (L)/ 视图 (V)/X 轴 (X)/Y 轴 (Y)/Z 轴 (Z)/ 两点 (2)]: z
                                             // 选择"Z 轴"选项
指定 Z 轴上的点 <0,0,0>:                     // 按 Enter 键
指定旋转角度或 [ 参照 (R)]: 90               // 输入旋转角度
```

提示选项说明如下。

- 对象（O）：通过选择一个对象确定旋转轴。若选择线段，则该线段就是旋转轴；若选择圆或圆弧，则旋转轴通过其圆心，并与其所在的平面垂直。
- 最近的（L）：使用上一次旋转操作中使用的旋转轴作为本次操作的旋转轴。
- 视图（V）：选择一点，系统会自动将通过该点且与当前视图平面垂直的线段作为旋转轴。
- X 轴（X）：选择一点，系统会自动将通过该点且与当前坐标系 *X* 轴平行的线段作为旋转轴。
- Y 轴（Y）：选择一点，系统会自动将通过该点且与当前坐标系 *Y* 轴平行的线段作为旋转轴。
- Z 轴（Z）：选择一点，系统会自动将通过该点且与当前坐标系 *Z* 轴平行的线段作为旋转轴。
- 两点（2）：通过指定两点来确定旋转轴。

10.4.4 三维对齐

三维对齐是指通过移动、旋转一个模型使其与另一个模型对齐。在三维对齐的操作过程中，最关键的是选择合适的源点与目标点。其中，源点是在被移动、旋转的对象上选择；目标点是在相对不动、作为放置参照的对象上选择。

启用命令的方法如下。

- 菜单命令：选择"修改 > 三维操作 > 对齐"命令。
- 命令行：输入"ALIGN"，按 Enter 键。

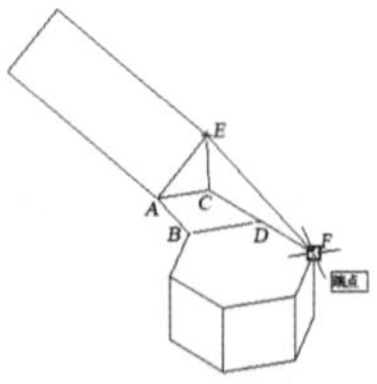

选择"修改 > 三维操作 > 对齐"命令，启用"三维对齐"命令，将图 10-52 所示的正三棱柱和正六棱柱对齐，操作步骤如下。效果如图 10-53 所示。

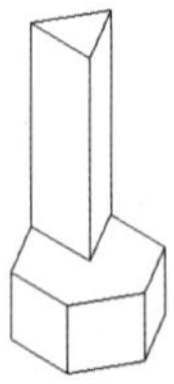

图 10-52　　图 10-53

```
命令：align                                  // 选择"三维对齐"命令
选择对象：找到 1 个                          // 选择正三棱柱
选择对象：                                   // 按 Enter 键
指定源平面和方向…
指定基点或 [ 复制 (C)]:                      // 选择正三棱柱上的 A 点
指定第二个点或 [ 继续 (C)] <C>:              // 选择正三棱柱上的 C 点
指定第三个点或 [ 继续 (C)] <C>:              // 选择正三棱柱上的 E 点
指定第一个目标点：                           // 选择正六棱柱上的 B 点
指定第二个目标点或 [ 退出 (X)] <X>:          // 选择正六棱柱上的 D 点
指定第三个目标点或 [ 退出 (X)] <X>:          // 选择正六棱柱上的 F 点
```

10.5 压印与抽壳

压印能将图形对象绘制到另一个三维图形的表面，抽壳能快速绘制具有相等壁厚的壳体。

10.5.1 压印

启用“压印”命令可以将选择的图形对象压印到另一个三维图形的表面。可以用来压印的图形对象包括圆、圆弧、线段、二维和三维多段线、椭圆、样条曲线、面域、实心体等。另外，用来压印的图形对象必须与三维图形的一个或几个面相交。

启用命令的方法如下。

- 工具栏：单击“实体编辑”工具栏中的“压印”按钮。
- 菜单命令：选择“修改 > 实体编辑 > 压印边”命令。

将图 10-54 所示的圆压印到立方体模型上，绘制出图 10-55 所示的图形。操作步骤如下。

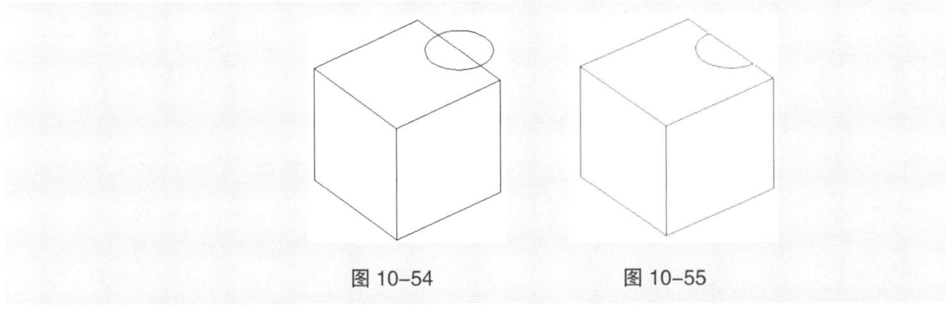

图 10-54　　图 10-55

```
命令 : _solidedit                                    // 单击“压印”按钮
实体编辑自动检查 : SOLIDCHECK=1
输入实体编辑选项 [ 面 (F)/ 边 (E)/ 体 (B)/ 放弃 (U)/ 退出 (X)] < 退出 >: _body
输入体编辑选项
[ 压印 (I)/ 分割实体 (P)/ 抽壳 (S)/ 清除 (L)/ 检查 (C)/ 放弃 (U)/ 退出 (X)] < 退出 >: _imprint
选择三维图形 :                                        // 选择立方体模型
选择要压印的对象 :                                    // 选择圆
是否删除源对象 [ 是 (Y)/ 否 (N)] <N>: y               // 选择“是”选项
选择要压印的对象 :                                    // 按 Enter 键
输入体编辑选项 [ 压印 (I)/ 分割实体 (P)/ 抽壳 (S)/ 清除 (L)/ 检查 (C)/ 放弃 (U)/ 退出 (X)] < 退出 >:
                                                      // 按 Enter 键
实体编辑自动检查 : SOLIDCHECK=1
输入实体编辑选项 [ 面 (F)/ 边 (E)/ 体 (B)/ 放弃 (U)/ 退出 (X)] < 退出 >:
                                                      // 按 Enter 键
```

10.5.2 抽壳

“抽壳”命令通常用来绘制壁厚相等的壳体，还可以删除模型的某些表面使其形成敞口的壳体。

启用命令的方法如下。

● 工具栏：单击“实体编辑”工具栏中的“抽壳”按钮。

● 菜单命令：选择“修改 > 实体编辑 > 抽壳”命令。

将图 10-56 所示的长方体模型抽壳，绘制出图 10-57 所示的图形。 操作步骤如下。

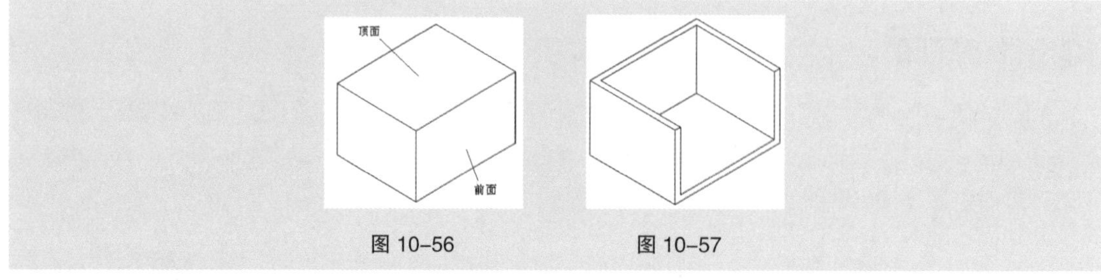

图 10-56　　图 10-57

```
命令 : _solidedit                                          // 单击“抽壳”按钮
实体编辑自动检查 : SOLIDCHECK=1
输入实体编辑选项 [ 面 (F)/ 边 (E)/ 体 (B)/ 放弃 (U)/ 退出 (X)] < 退出 >: _body
输入体编辑选项 [ 压印 (I)/ 分割实体 (P)/ 抽壳 (S)/ 清除 (L)/ 检查 (C)/ 放弃 (U)/ 退出 (X)] < 退出 >: _shell
选择三维图形 :                                              // 选择长方体
删除面或 [ 放弃 (U)/ 添加 (A)/ 全部 (ALL)]: 找到一个面，已删除 1 个。
                                                            // 选择长方体的顶面
删除面或 [ 放弃 (U)/ 添加 (A)/ 全部 (ALL)]: 找到一个面，已删除 1 个。
                                                            // 选择长方体的前面
删除面或 [ 放弃 (U)/ 添加 (A)/ 全部 (ALL)]:                  // 按 Enter 键
输入抽壳偏移距离 : 5                                        // 输入壳的厚度
已开始实体校验。
已完成实体校验。
输入体编辑选项 [ 压印 (I)/ 分割实体 (P)/ 抽壳 (S)/ 清除 (L)/ 检查 (C)/ 放弃 (U)/ 退出 (X)] < 退出 >:
                                                            // 按 Enter 键
实体编辑自动检查 : SOLIDCHECK=1
输入实体编辑选项 [ 面 (F)/ 边 (E)/ 体 (B)/ 放弃 (U)/ 退出 (X)] < 退出 >:
                                                            // 按 Enter 键
```

在定义壳体厚度时，输入的值可为正也可为负。当输入的值为正时，模型表面向内偏移形成壳体；输入的值为负时，模型表面向外偏移形成壳体。

10.6 清除与分割

“清除”命令用于删除所有重合的边、顶点及压印形成的图形等。

“分割”命令用于将体积不连续的模型分割为几个独立的三维模型。通常，在进行布尔运算中的差运算后会产生一个体积不相连的三维模型，此时利用“分割”命令可将其分割为几个独立的三维模型。

启用命令的方法如下。

- 工具栏：单击“实体编辑”工具栏中的“清除”按钮或“分割”按钮。
- 菜单命令：选择“修改 > 实体编辑 > 清除”或“分割”命令。

10.7 课堂练习——观察双人床

【练习知识要点】利用“二维线框”“消隐”“真实视觉样式”命令，对双人床图形进行图形观察，如图 10–58 所示。

【效果所在位置】云盘 /Ch10/DWG/ 观察双人床。

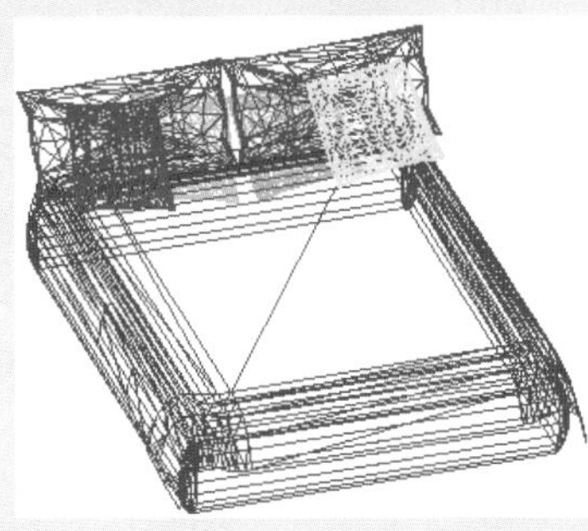

图 10–58

10.8 课后习题——绘制深沟球轴承

【习题知识要点】利用“直线”“圆”“圆角”“修剪”“面域”“旋转”“三维阵列”命令绘制深沟球轴承，效果如图 10–59 所示。

【效果所在位置】云盘 /Ch10/DWG/ 绘制深沟球轴承。

图 10–59

11

第 11 章 商业案例实训

本章介绍

本章结合多个应用领域商业案例的实际应用，通过项目背景、项目要求、项目设计、项目要点进一步详解 AutoCAD 2019 的强大功能和使用技巧。通过本章的学习，读者可以了解商业案例的设计理念和制作要点，独立设计制作出专业的作品。

学习目标

- 了解 AutoCAD 的常用设计领域；
- 掌握 AutoCAD 在不同设计领域的使用技巧。

技能目标

- 掌握标准直齿圆柱齿轮的绘制方法；
- 掌握花岗岩拼花图形的绘制方法；
- 掌握泵盖的绘制方法；
- 掌握咖啡厅墙体的绘制方法。

11.1 基本绘图——绘制标准直齿圆柱齿轮

11.1.1 项目背景

绘制标准直齿圆柱齿轮

1. 客户名称

通达机电设备有限公司。

2. 客户需求

设计制作标准直尺圆柱齿轮平面图。由于该图要用于生产和加工，所以绘制的图形要精细、详尽，需将图形细节最大限度地表达出来，让制作过程和所体现的细节一目了然，以提高生产效率。

11.1.2 项目要求

（1）设计要求绘制线条清晰、明快。

（2）表现要求直观、醒目、准确。

（3）整体设计完整、详尽。

（4）设计规格以国家的行业标准为准。

（5）能以不同的比例尺寸清晰显示图形效果。

11.1.3 项目设计

本项目设计效果如图 11-1 所示。

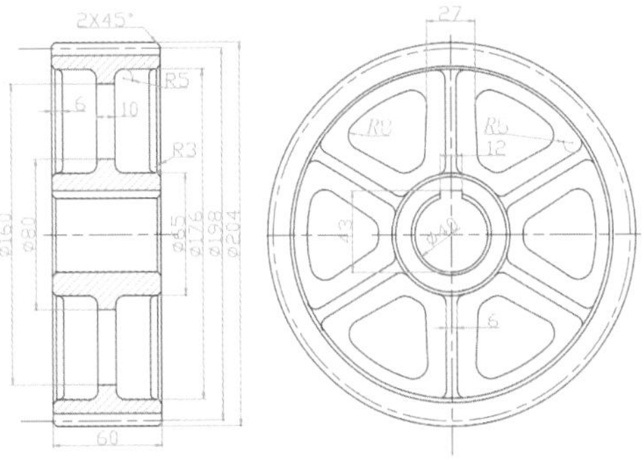

图 11-1

11.1.4 项目要点

使用“直线”“偏移”“圆”“圆角”“倒角”“打断”“修剪”“图案填充”“删除”“镜像”“阵列”等命令，绘制标准直齿圆柱齿轮图形。

11.2 图案设计——绘制花岗岩拼花图形

11.2.1 项目背景

1. 客户名称

兴盛室内设计有限公司。

2. 客户需求

要求设计制作花岗岩拼花图形用于生产和加工，要求图形精细、美观，将图形细节最大限度地表达出来，让制作过程和所体现的细节一目了然，以提高生产效率。

11.2.2 项目要求

（1）设计要求绘制的图形要精细明确、美观大方。

（2）表现要求直观、醒目、清晰、准确。

（3）整体设计完整、详尽。

（4）设计规格以国家的行业标准为准。

（5）能以不同的观察视角清晰地显示图形效果。

11.2.3 项目设计

本项目设计效果如图 11-2 所示。

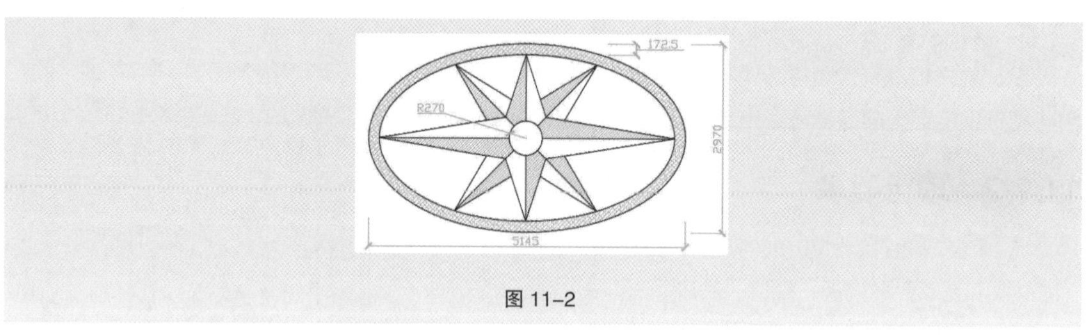

图 11-2

11.2.4 项目要点

使用“椭圆”“圆”“直线”“阵列”“修剪”“删除”“图案填充”命令绘制花岗岩拼花图形。

11.3 三维设计——绘制泵盖

11.3.1 项目背景

1. 客户名称

阿奎罗机电设备有限公司。

2. 客户需求

设计制作泵盖立体图。由于该图要用于生产和观摩，所以绘制的图形要精细、详尽，需将图形细节最大限度地表达出来，让制作过程和所体现的细节一目了然，以提高生产效率。

11.3.2 项目要求

（1）设计要求清晰、严谨、明快、精准。

（2）表现要求直观、醒目、清晰、准确。

（3）整体设计完整、详尽。

（4）设计规格以国家的行业标准为准。

（5）能以不同的观察视角清晰显示图形效果。

11.3.3 项目设计

本项目设计效果如图 11-3 所示。

图 11-3

11.3.4 项目要点

使用“面域”“拉伸”“旋转”“复制”“镜像”“并集”“差集”命令，绘制泵盖的三维模型；使用“消隐”命令、“自由动态观察”和“西南等轴测”工具，完成三维泵盖图形的绘制。

11.4 墙体设计——绘制咖啡厅墙体

11.4.1 项目背景

绘制咖啡厅墙体

1. 客户名称

辉煌建行室内装饰设计有限公司。

2. 客户需求

绘制与标注咖啡厅墙体，由于该图要用于施工，所以图形的绘制和标注要准确、明快、严谨，需将图形的细节和尺寸最大限度地表达出来，让施工过程更加顺利，以提高工作效率。

11.4.2 项目要求

（1）绘图和标注的数值准确、严谨。

（2）绘制和标注的位置清晰、一目了然。

（3）图形的表示要完整、详尽。

（4）符号的应用要通俗易懂。

（5）标注规格以实际地形为准。

11.4.3 项目设计

本项目设计效果如图 11-4 所示。

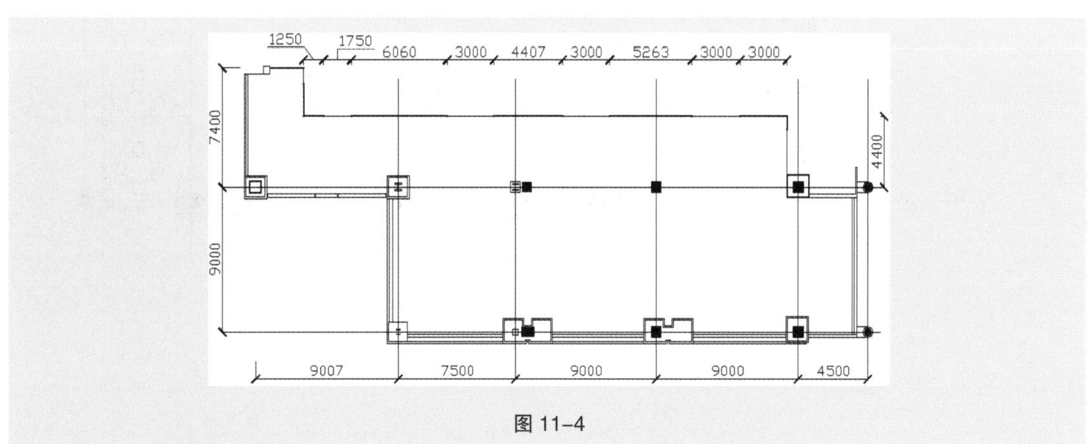

图 11-4

11.4.4 项目要点

使用“矩形”“分解”“偏移”“多段线”“复制”“圆”“修剪”“直线”“图案填充”命令，绘制咖啡厅墙体。

11.5 课堂练习——绘制咖啡厅平面布置图

11.5.1 项目背景

绘制咖啡厅平面布置图 1

绘制咖啡厅平面布置图 2

绘制咖啡厅平面布置图 3

绘制咖啡厅平面布置图 4

1. 客户名称

辉煌建行室内装饰设计有限公司。

2. 客户需求

咖啡厅平面布置图，由于该图要用于施工，所以绘制和衔接的图形要准确、清晰、完整，需将图形细节最大限度地表达出来，让所体现的细节一目了然，以提高工作效率。

11.5.2 项目要求

（1）图形的衔接要准确、严谨。

（2）表现要求直观醒目、清晰准确。

（3）文字的标示要清晰、准确。

（4）整体图形的表现要完整、详尽。

11.5.3 项目设计

本项目设计效果如图 11-5 所示。

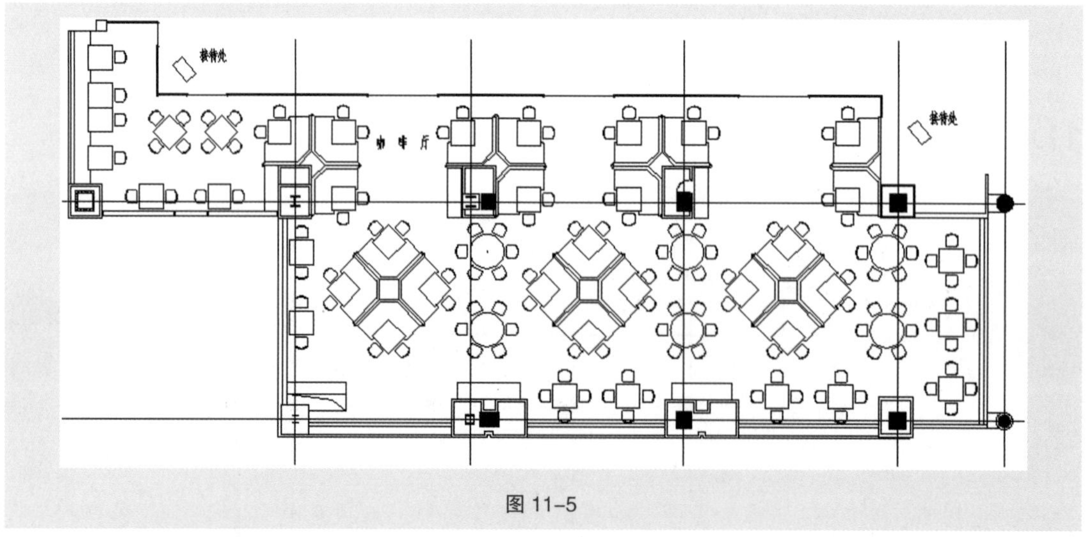

图 11-5

11.5.4 项目要点

使用“多线”“移动”“旋转”“镜像”“复制”“矩形”“直线”“分解”“删除”“偏移”“多行文字”命令，制作咖啡厅平面布置图。

11.6 课后习题——绘制滑动轴承座

11.6.1 项目背景

绘制滑动轴承座

1. 客户名称

大可机械有限公司。

2. 客户需求

设计制作滑动轴承座，由于该图要用于生产和加工，所以图形的装配要精细、严谨，需将图形细节最大限度地表达出来，让制作过程和所体现的细节一目了然，以提高生产效率。

11.6.2 项目要求

（1）设计要求线条清晰、明快。

（2）表现要直观醒目、清晰准确。

（3）整体设计完整、详尽。

（4）设计规格以国家的行业标准为准。

（5）能以不同的形式显示图形效果。

11.6.3 项目设计

本项目设计效果如图 11-6 所示。

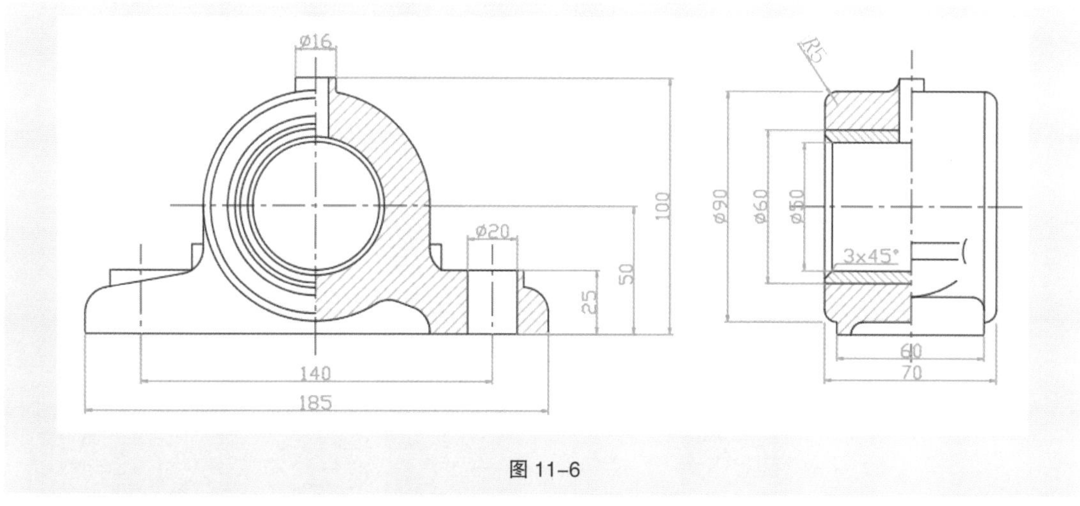

图 11-6

11.6.4 项目要点

使用“圆”“修剪”“偏移”“镜像”“圆角”“倒角”“移动”“图案填充”命令绘制滑动轴承座图形。

扩展知识扫码阅读

设计基础知识

1. 认识基本形体

2. 透视原理

3. 平面构成

4. 形式美法则

5. 点、线、面三人要素

6. 基本形与骨骼

7. 色彩

8. 图形创意方法

9. 版式设计

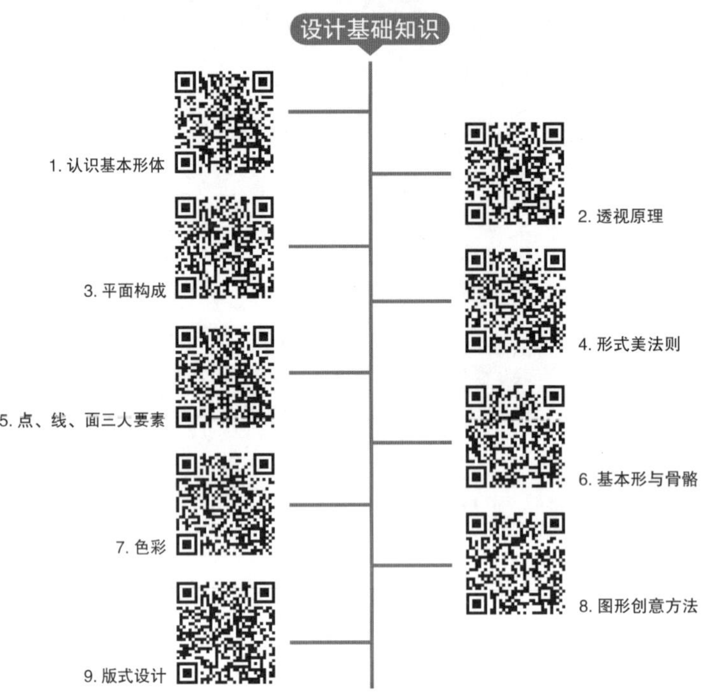

设计应用知识

1. 图标设计

图标的概念

图标的设计流程

图标的设计原则

图标的设计规范

图标的风格类型

2.App 界面设计

App 的概念

App 的设计流程

App 的设计原则

iOS 设计规范

Android 设计规范

App 常用界面类型

3. 招贴广告设计

4. 电商网店设计

Photoshop 在电商中的应用

淘宝店铺各模块图片尺寸及具体要求

网店首页各元素的设计

商品详情页面各元素设计

5. 书籍设计

6. 包装设计

7. 网页设计